普通高等教育机械类专业规划教材

CATIA V5R21 机械设计教程

詹熙达 主编

机 械 工 业 出 版 社

本书是以我国高等院校机械类各专业学生为对象而编写的"十二五"规划精品教材,以最新推出的CATIA V5R21 为写作蓝本,介绍了该软件的操作方法和应用技巧。为方便广大教师和学生的教学和学习,本书附带 1 张多媒体 DVD 学习光盘,制作了 219 个 CATIA 应用技巧和具有针对性的实例教学视频并进行了详细的语音讲解,时间长达 6 个小时(363 分钟);光盘中还包含本书所有的素材文件、练习文件和范例文件(DVD 光盘教学文件容量共计 3.3GB)。另外,为方便 CATIA 低版学校学生的学习,光盘中特提供了 CATIA V5R20 的素材源文件。

　　在内容安排上,为了使学生能更快地掌握 CATIA 软件的基本功能,书中结合大量的范例对软件中的概念、命令和功能进行了讲解,以范例的形式讲述了应用 CATIA 产品设计的过程。这些范例都是实际生产一线具有代表性的例子,并且这些范例是根据北京兆迪科技有限公司为国内外一些著名公司(含国外独资和合资公司)编写的培训案例整理而成的,具有很强的实用性和广泛的适用性,能使学生较快地进入产品设计实战状态。在每一章还安排了大量的填空题、选择题、实操题和思考题等题型,便于教师布置课后作业和学生进一步巩固所学知识。在写作方式上,本书紧贴软件的实际操作界面,使初学者能够直观、准确地操作软件进行学习,从而尽快地上手,提高学习效率。在学习完本书后,学生能够迅速地运用 CATIA 软件来完成一般机械产品从零件三维建模(含钣金件)、装配到制作工程图的设计工作。本书内容全面,条理清晰,实例丰富,讲解详细,可作为高等院校机械类各专业学生的 CAD/CAM 课程教材,也可作为广大工程技术人员的 CATIA 自学快速入门教程和参考书籍。

图书在版编目(CIP)数据

CATIA V5R21 机械设计教程/詹熙达主编. —3 版. —北京:机械工业出版社,2013.4(2021.8重印)
　　普通高等教育机械类专业规划教材
　　ISBN 978-7-111-42063-7

Ⅰ. ①C…　Ⅱ. ①詹…　Ⅲ. ①机械设计—计算机辅助设计—应用软件—高等学校—教材　Ⅳ. ①TH122

中国版本图书馆 CIP 数据核字(2013)第 068522 号

机械工业出版社(北京市百万庄大街22 号　邮政编码 100037)
策划编辑:管晓伟　责任编辑:管晓伟
责任印制:李　昂
北京捷迅佳彩印刷有限公司印刷
2021 年 8 月第 3 版第 12 次印刷
184mm×260mm · 22.25 印张 · 549 千字
17001—18500 册
标准书号:ISBN 978-7-111-42063-7
　　　　　ISBN 978-7-89433-878-5(光盘)
定价:59.80 元(含多媒体 DVD 光盘 1 张)

电话服务	网络服务	
客服电话:010-88361066	机　工　官　网:	www.cmpbook.com
010-88379833	机　工　官　博:	weibo.com/cmp1952
010-68326294	金　书　网:	www.golden-book.com
封底无防伪标均为盗版	机工教育服务网:	www.cmpedu.com

前　言

CATIA 是法国达索（Dassault）系统公司的大型高端 CAD/CAE/CAM 一体化应用软件，在世界 CAD/CAE/CAM 领域中处于领导地位，其内容涵盖了产品从概念设计、工业造型设计、三维模型设计、分析计算、动态模拟与仿真、工程图输出，到生产加工成产品的全过程，应用范围涉及航空航天、汽车、机械、造船、通用机械、数控（NC）加工、医疗器械和电子等诸多领域。本书是以我国高等院校机械类各专业学生为主要读者对象而编写的，其内容安排是根据我国大学本科学生就业岗位群职业能力的要求，并参照达索（Dassault）公司 CATIA 全球认证培训大纲而确定的。本书特色如下：

- 内容全面，涵盖了机械产品设计中零件设计（含钣金件）、装配和工程图制作的全过程。
- 范例丰富，对软件中的主要命令和功能，先结合简单的范例进行讲解，然后安排一些较复杂的综合范例帮助读者深入理解、灵活应用。
- 写法独特，采用 CATIA V5R21 软件中真实的对话框、操控板和按钮等进行讲解，使初学者能够直观、准确地操作软件，从而大大提高学习效率。
- 附加值高，随书光盘中含有与本书全程同步的视频录像文件（含语音讲解，时间长达 6 个小时（363 分钟），DVD 教学文件容量共计 3.3GB）能够更好地帮助读者轻松、高效地学习。

建议本书的教学采用 48 学时（包括学生上机练习），教师也可以根据实际情况，对书中内容进行适当取舍，将课程调整到 32 学时。

本书是根据北京兆迪科技有限公司为国内外一些著名公司（含国外独资和合资公司）编写的培训教案整理而成的。该公司专门从事 CAD/CAM/CAE 技术的研究、开发、咨询及产品设计与制造服务，并提供 CATIA、Ansys、Adams 等软件的专业培训及技术咨询。本书在编写过程中得到了该公司的大力帮助，在此衷心表示感谢。

本书由詹熙达主编，参加编写的人员有王焕田、刘静、雷保珍、刘海起、魏俊岭、任慧华、詹路、冯元超、刘江波、周涛、段进敏、赵枫、邵为龙、侯俊飞、龙宇、施志杰、詹棋、高政、孙润、李倩倩、黄红霞、尹泉、李行、詹超、尹佩文、赵磊、王晓萍、陈淑童、周攀、吴伟、王海波、高策、冯华超、周思思、黄光辉、党辉、冯峰、詹聪、平迪、管璇、王平、李友荣。本书已经多次校对，如有疏漏之处，恳请广大读者予以指正。

电子邮箱：zhanygjames@163.com

编　者

注意：本书是为我国高等院校机械类各专业而编写的教材，为了方便教师教学，特制作了本书的教学 PPT 课件和习题答案，同时备有一定数量的、与本教材教学相关的高级教学参考书籍供任课教师选用。需要该 PPT 课件和教学参考书的任课教师，请写邮件或打电话索取（电子邮箱：zhanygjames@163.com，电话：010-82176248，010-82176249）。索取时务必说明贵校本课程的教学目的和教学要求、学校名称、教师姓名、联系电话、电子邮箱以及邮寄地址。

本书导读

为了能更好地学习本书的知识，请您仔细阅读下面的内容：

读者对象

本书为高等院校机械类各专业学生的三维 CAD 课程教材，也可作为工程技术人员的 CATIA 自学入门教程和参考书籍。

写作环境

本书使用的操作系统为 Windows XP Professional，对于 Windows 2000 Server/XP 操作系统，本书的内容和范例也同样适用。本书采用的写作蓝本是 CATIA V5R21 中文版。

光盘使用

为方便读者练习，特将本书所有素材文件、已完成的实例文件、配置文件和视频语音讲解文件等放入随书附带的光盘中，读者在学习过程中可以打开相应素材文件进行操作和练习。

在光盘的 dbv521.1 目录下共有 4 个子目录：

（1）catia21_system_file 子目录：包含一些系统文件。

（2）work 子目录：包含本书的全部已完成的实例文件。

（3）video 子目录：包含本书讲解中所有的视频文件（含语音讲解），学习时，直接双击某个视频文件即可播放。

（4）before 子目录：为方便 CATIA 低版本用户和读者的学习，光盘中特提供了 CATIA V5R20 版本配套文件。

光盘中带有"ok"扩展名的文件或文件夹表示已完成的实例。

建议读者在学习本书前，先将随书光盘中的所有文件复制到计算机硬盘的 D 盘中。

本书约定

● 本书中有关鼠标操作的简略表述说明如下：

 ☑ 单击：将鼠标指针移至某位置处，然后按一下鼠标的左键。

 ☑ 双击：将鼠标指针移至某位置处，然后双击鼠标的左键。

 ☑ 右击：将鼠标指针移至某位置处，然后按一下鼠标的右键。

 ☑ 单击中键：将鼠标指针移至某位置处，然后按一下鼠标的中键。

 ☑ 滚动中键：只是滚动鼠标的中键，而不能按中键。

 ☑ 选择（选取）某对象：将鼠标指针移至某对象上，单击以选取该对象。

 ☑ 拖移某对象：将鼠标指针移至某对象上，然后按下鼠标的左键不放，同时移动鼠标，将该对象移动到指定的位置后再松开鼠标的左键。

- 本书中的操作步骤分为 Task、Stage 和 Step 三个级别，说明如下：
  - ☑ 对于一般的软件操作，每个操作步骤以 Step 字符开始，例如，下面是草绘环境中绘制样条曲线操作步骤的表述：

    Step1. 选择命令。选择下拉菜单 插入 ➡ 轮廓 ▶ ➡ 样条线 ▶ ➡ 样条线 命令。

    Step2. 定义样条曲线的控制点。单击一系列点，可观察到一条"橡皮筋"样条附着在鼠标指针上。

    Step3. 按两次 Esc 键结束样条线的绘制。

  - ☑ 每个 Step 操作视其复杂程度，其下面可含有多级子操作，例如 Step1 下可能包含（1）、（2）、（3）等子操作、（1）子操作下可能包含①、②、③等子操作，①子操作下可能包含 a)、b)、c) 等子操作。

  - ☑ 如果操作较复杂，需要几个大的操作步骤才能完成，则每个大的操作冠以 Stage1、Stage2、Stage3 等，Stage 级别的操作下再分 Step1、Step2、Step3 等操作。

  - ☑ 对于多个任务的操作，则每个任务冠以 Task1、Task2、Task3 等，每个 Task 操作下则可包含 Stage 和 Step 级别的操作。

- 由于已建议读者将随书光盘中的所有文件复制到计算机硬盘的 D 盘中，所以书中在要求设置工作目录或打开光盘文件时，所述的路径均以 "D:" 开始。

技术支持

本书是根据北京兆迪科技有限公司为国内外一些著名公司（含国外独资和合资公司）编写的培训教案整理而成的，具有很强的实用性，其主编和参编人员均来自北京兆迪科技有限公司。该公司专门从事 CAD/CAM/CAE 技术的研究、开发、咨询及产品设计与制造服务，并提供 CATIA、Ansys、Adams 等软件的专业培训及技术咨询。读者在学习本书的过程中如果遇到问题，可通过访问该公司的网站 http://www.zalldy.com 来获得技术支持。

咨询电话：010-82176248，010-82176249。

目　录

出版说明
前言
本书导读
第 1 章　CATIA V5 导入 1
　1.1　CATIA V5 功能简介 1
　1.2　创建用户文件夹 4
　1.3　启动 CATIA V5 软件 4
　1.4　CATIA V5 工作界面 4
　1.5　工作界面的定制 6
　　1.5.1　"开始"菜单的定制 6
　　1.5.2　用户工作台的定制 8
　　1.5.3　工具栏的定制 8
　　1.5.4　命令定制 11
　　1.5.5　选项定制 12
　1.6　环境设置 12
　1.7　CATIA V5 的基本操作 14
　　1.7.1　鼠标的操作 14
　　1.7.2　指南针的使用 15
　　1.7.3　对象的选择 17
　　1.7.4　模型视图在屏幕上的显示 19
　1.8　习题 19

第 2 章　草图设计 21
　2.1　草图设计工作台简介 21
　2.2　进入与退出草图设计工作台 21
　2.3　草图设计工作台的设置 22
　2.4　绘制草图 24
　　2.4.1　概述 24
　　2.4.2　绘制直线 24
　　2.4.3　绘制相切直线 25
　　2.4.4　绘制轴 26
　　2.4.5　绘制矩形 27
　　2.4.6　绘制平行四边形 28
　　2.4.7　绘制圆 28
　　2.4.8　绘制圆弧 29
　　2.4.9　绘制椭圆 29
　　2.4.10　绘制圆角 30
　　2.4.11　绘制倒角 30

2.4.12　绘制六边形...31
2.4.13　绘制轮廓...31
2.4.14　绘制样条曲线...32
2.4.15　绘制延长孔...32
2.4.16　创建点...33
2.4.17　将一般元素变成构造元素.........................33
2.5　草图的编辑...33
2.5.1　直线的操纵...33
2.5.2　圆的操纵...34
2.5.3　圆弧的操纵...34
2.5.4　样条曲线的操纵...35
2.5.5　删除元素...35
2.5.6　平移对象...35
2.5.7　缩放对象...36
2.5.8　旋转对象...37
2.5.9　修剪元素...38
2.5.10　复制元素...39
2.5.11　镜像元素...39
2.5.12　对称元素...39
2.5.13　偏移曲线...39
2.6　草图的尺寸标注...40
2.6.1　标注线段长度...40
2.6.2　标注两条平行线间的距离.........................40
2.6.3　标注点和线之间的距离.............................41
2.6.4　标注两点间的距离.....................................41
2.6.5　标注两条直线间的角度.............................41
2.6.6　标注半径...41
2.6.7　标注直径...42
2.7　尺寸标注的修改...42
2.7.1　控制尺寸的显示...42
2.7.2　移动尺寸...43
2.7.3　修改尺寸值...43
2.7.4　删除尺寸...44
2.7.5　修改尺寸值的小数位数.............................44
2.8　草图中的几何约束...45
2.8.1　约束的种类...45
2.8.2　创建约束...45
2.8.3　约束的显示...46
2.8.4　接触约束...47
2.8.5　删除约束...48
2.9　草图状态解析与分析...48
2.9.1　草图状态解析...48
2.9.2　草图分析...49

2.10　草绘范例 50
　　2.10.1　草绘范例 1 50
　　2.10.2　草绘范例 2 53
　　2.10.3　草绘范例 3 54
2.11　习题 56

第 3 章　零件设计 62
3.1　进入零部件设计工作台 62
3.2　创建 CATIA 零件模型的一般过程 63
　　3.2.1　新建一个零件三维模型 63
　　3.2.2　创建一个凸台特征作为零件的基础特征 63
　　3.2.3　创建其他特征（凸台特征和凹槽特征）... 70
3.3　CATIA V5 中的文件操作 72
　　3.3.1　打开文件 72
　　3.3.2　保存文件 72
3.4　CATIA V5 的模型显示与控制 74
　　3.4.1　模型的显示方式 74
　　3.4.2　视图的平移、旋转与缩放 75
　　3.4.3　模型的视图定向 76
3.5　CATIA V5 的特征树 78
　　3.5.1　特征树概述 78
　　3.5.2　特征树界面简介 78
　　3.5.3　特征树的作用与操作 78
　　3.5.4　特征树中项目名称的修改 80
3.6　CATIA V5 软件中的层 80
　　3.6.1　层的基本概念 81
　　3.6.2　进入层的操作界面并创建新层 81
　　3.6.3　将项目创建到层中 81
　　3.6.4　设置层的隐藏 82
3.7　设置零件模型的属性 82
　　3.7.1　概述 82
　　3.7.2　零件模型材料的设置 83
　　3.7.3　零件模型单位的设置 85
3.8　模型的测量与分析 86
　　3.8.1　测量距离 86
　　3.8.2　测量角度 90
　　3.8.3　测量厚度 91
　　3.8.4　测量面积 92
　　3.8.5　测量体积 93
　　3.8.6　模型的质量属性分析 94
3.9　特征的修改 96
　　3.9.1　编辑特征 96
　　3.9.2　查看特征父子关系 97

3.9.3　删除特征 97

3.9.4　特征的重定义 98

3.10　特征的多级撤销及重做功能 99

3.11　参考元素 100

3.11.1　点 100

3.11.2　直线 102

3.11.3　平面 105

3.12　旋转体特征 108

3.12.1　旋转体特征简述 108

3.12.2　旋转体特征创建的一般过程 109

3.12.3　薄旋转体特征创建的一般过程 110

3.13　旋转槽特征 111

3.13.1　旋转槽特征简述 111

3.13.2　旋转槽特征创建的一般过程 111

3.14　倒角特征 112

3.15　倒圆角特征 113

3.16　孔特征 117

3.16.1　孔特征简述 117

3.16.2　孔特征（直孔）创建的一般过程 117

3.16.3　创建螺孔（标准孔） 119

3.17　螺纹修饰特征 121

3.18　抽壳特征 122

3.19　加强肋特征 123

3.20　拔模特征 125

3.21　特征的重新排序及插入操作 127

3.21.1　概述 127

3.21.2　重新排序的操作方法 128

3.21.3　特征的插入操作 129

3.22　特征生成失败及其解决方法 129

3.22.1　特征生成失败的出现 130

3.22.2　特征生成失败的解决方法 131

3.23　模型的平移、旋转、对称及缩放 132

3.23.1　模型的平移 132

3.23.2　模型的旋转 133

3.23.3　模型的对称 134

3.23.4　模型的缩放 134

3.24　特征的变换 135

3.24.1　镜像特征 136

3.24.2　矩形阵列 136

3.24.3　圆形阵列 138

3.24.4　用户阵列 140

3.24.5　删除阵列 141

3.24.6　分解阵列 141

3.25   肋特征 142
     3.25.1   肋特征简述 142
     3.25.2   肋特征创建的一般过程 143
3.26   开槽特征 144
3.27   多截面实体特征 145
     3.27.1   多截面实体特征简述 145
     3.27.2   多截面实体特征创建的一般过程 146
3.28   已移除的多截面实体 148
3.29   实体零件设计范例 149
3.30   习题 154

第 4 章   装配设计 167
4.1   概述 167
4.2   装配约束 168
     4.2.1   "相合"约束 168
     4.2.2   "接触"约束 169
     4.2.3   "偏移"约束 169
     4.2.4   "角度"约束 169
     4.2.5   "固定"约束 170
     4.2.6   "固联"约束 170
4.3   创建新装配模型的一般过程 170
     4.3.1   新建装配文件 170
     4.3.2   装配第一个零件 171
     4.3.3   装配第二个零件 172
4.4   部件的复制 176
     4.4.1   简单复制 176
     4.4.2   在阵列上实例化 176
     4.4.3   定义多实例化 178
     4.4.4   部件的对称复制 179
4.5   装配体中部件的隐藏 181
4.6   修改装配体中的部件 182
4.7   零件库 184
4.8   创建装配体的分解图 185
4.9   设置零件颜色及透明度 187
4.10   碰撞检测及装配分析 187
4.11   装配设计范例 191
4.12   习题 196

第 5 章   工程图设计 201
5.1   工程图的组成 201
5.2   设置符合国标的工程图环境 202
5.3   新建工程图 204

5.4　工程图视图...206
　　5.4.1　创建基本视图...206
　　5.4.2　移动视图和锁定视图...208
　　5.4.3　删除视图...210
　　5.4.4　视图的显示模式...210
　　5.4.5　创建全剖视图...211
　　5.4.6　创建局部剖视图...212
　　5.4.7　创建局部放大图...214
　　5.4.8　创建轴测图...215
　　5.4.9　创建断面图...215
5.5　尺寸标注...216
　　5.5.1　自动生成尺寸...216
　　5.5.2　手动标注尺寸...219
5.6　标注尺寸公差...226
5.7　尺寸的操作...227
　　5.7.1　移动、隐藏和删除尺寸...227
　　5.7.2　创建中断与移除中断...228
　　5.7.3　创建、修改剪裁与移除剪裁...229
　　5.7.4　尺寸属性的修改...231
5.8　创建注释文本...234
　　5.8.1　创建文本...235
　　5.8.2　创建带有引导线的文本...235
　　5.8.3　文本的编辑...236
5.9　标注基准符号及形位公差...237
　　5.9.1　标注基准符号...237
　　5.9.2　标注形位公差...237
5.10　标注表面粗糙度...238
5.11　CATIA 软件的打印出图...239
5.12　工程图设计范例...241
5.13　习题...248

第 6 章　线框和曲面设计...252
6.1　概述...252
6.2　线框和曲面设计工作台用户界面...253
　　6.2.1　进入线框和曲面设计工作台...253
　　6.2.2　用户界面简介...253
6.3　创建线框...254
　　6.3.1　空间点...254
　　6.3.2　点面复制（等距点）...256
　　6.3.3　空间直线...257
　　6.3.4　空间轴...259
　　6.3.5　平面...260
　　6.3.6　圆的创建...264

6.3.7 创建线圆角 265
6.3.8 空间样条曲线 265
6.3.9 创建连接曲线 266
6.3.10 创建投影曲线 267
6.3.11 创建相交曲线 268
6.3.12 创建螺旋线 269
6.3.13 测量曲线长度 270
6.3.14 曲线的曲率分析 271
6.4 创建曲面 272
6.4.1 拉伸曲面的创建 272
6.4.2 旋转曲面的创建 273
6.4.3 创建球面 274
6.4.4 创建圆柱面 275
6.4.5 创建填充曲面 276
6.4.6 创建扫掠曲面 277
6.4.7 偏移曲面 278
6.4.8 创建多截面扫掠曲面 278
6.4.9 创建桥接曲面 279
6.5 曲面的圆角 280
6.6 曲面的修剪 281
6.7 曲面的接合 282
6.8 曲面的延伸 283
6.9 曲面的曲率分析 284
6.10 将曲面转化为实体 287
6.10.1 使用"封闭曲面"命令创建实体 287
6.10.2 使用"分割"命令创建实体 288
6.10.3 使用"厚曲面"命令创建实体 289
6.11 曲面设计综合范例 290
6.11.1 范例 1 290
6.11.2 范例 2 298
6.12 习题 305

第 7 章 钣金设计 314
7.1 钣金设计概述 314
7.2 进入"钣金设计"工作台 315
7.3 创建钣金壁 315
7.3.1 钣金壁概述 315
7.3.2 创建第一钣金壁 315
7.3.3 创建附加钣金壁 320
7.4 钣金的折弯 329
7.4.1 钣金折弯概述 329
7.4.2 选取钣金折弯命令 329
7.4.3 折弯操作 329
7.5 钣金的折叠 332

7.5.1　关于钣金折叠 332
7.5.2　钣金折叠的一般操作过程 332
7.6　钣金支架设计范例 334
7.7　习题 339

第 1 章　CATIA V5 导入

CATIA V5 作为一种当前流行的高端三维 CAD 软件，随着计算机辅助设计——CAD（Computer Aided Design）技术的飞速发展和普及，越来越受到我国工程技术人员的青睐。本章介绍的是 CATIA V5 一些基本功能和设置，主要内容包括：

- CATIA V5 功能简介。
- 创建用户文件夹。
- CATIA V5 软件的启动。
- CATIA V5 工作界面简介。
- CATIA V5 工作界面的定制。
- CATIA V5 的环境设置。

1.1　CATIA V5 功能简介

CATIA（Computer Aided Tri-Dimensional Interface Application）是法国 Dassault System 公司（达索公司）开发的 CAD/CAE/CAM 一体化软件。CATIA 诞生于 20 世纪 70 年代，从 1982 年到 1993 年相继发布了 V1 版本、V2 版本、V3 版本及 V4 版本，现在应用最广的 CATIA 软件分为 V4 和 V5 两个版本。V4 版本应用于 UNIX 系统，V5 版本可用于 UNIX 系统和 Windows 系统。

为了扩大软件的用户群并使软件能够易学易用，Dassauh System 公司于 1994 年开始重新开发全新的 CATIA V5 版本，新的 V5 版本界面更加友好，功能也日趋强大，并且开创了 CAD/CAE/CAM 软件的一种全新风貌。围绕数字化产品和电子商务集成概念进行系统结构设计的 CATIA V5 版本，可为数字化企业建立一个针对产品整个开发过程的工作环境。在这个环境中，可以对产品开发过程的各个方面进行仿真，并能够实现工程人员和非工程人员之间的电子通信。产品整个开发过程包括概念设计、详细设计、工程分析、成品定义和制造乃至成品在整个生命周期中（PLM）的使用和维护。

在 CATIA V5R21 中共有 13 个模组，分别是基础结构、机械设计、形状、分析与模拟、AEC 工厂、加工、数字模型、设备与系统、制造的数字处理、加工模拟、人机工程学设计与分析、智件和 ENOVIA V5 VPM（如图 1.1.1 所示），各个模组里又有一个到几十个不同的工作台。认识 CATIA 中的工作台，可以快速地了解它的主要功能，下面将介绍 CATIA V5R21 中的一些主要模组。

1. "基础结构"模组

"基础结构"模组主要包括产品结构、材料库、CATIA 不同版本之间的转换、图片制作、实时渲染（Real Time Rendering）等工作台。

2. "机械设计"模组

从概念到细节设计，再到实际生产，CATIA V5 的"机械设计"模组可以加速产品设计的核心活动，还可以通过专用的应用程序来满足钣金与模具制造商的需求，以大幅提升其生产力并缩短上市时间。

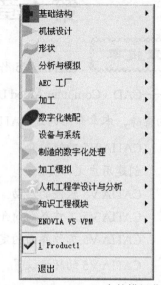

图 1.1.1 CATIA V5R21 中的模组菜单

"机械设计"模组提供了机械设计中所需要的绝大多数工作台，包括零件设计、装配件设计、草图绘制器、工程制图、线框和曲面设计等工作台。本书将主要介绍该模组中的一些工作台。

3. "形状"模组

CATIA 外形设计和风格造型提供给用户有创意、易用的产品设计组合，方便用户进行构建、控制和修改工程曲面和自由曲面，包括了自由曲面造型（FreeStyle）、创成式外形设计（Generative Shape Design）和快速曲面重建（Quick Surface Reconstruction）等工作台。

"创成式外形设计"工作台的特点是通过对设计方法和技术规范的捕捉和重新使用，从而加速设计过程，在曲面技术规范编辑器中对设计意图进行捕捉，使用户在设计周期中的任何时候都能方便快速地实施重大设计更改。

"自由曲面造型"模块提供用户一系列工具，来定义复杂的曲线和曲面。对 NURBS 的支持使得曲面的建立和修改以及与其他 CAD 系统的数据交换更加轻而易举。

4. "分析与模拟"模组

CATIA V5 创成式和基于知识的工程分析解决方案可快速对任何类型的零件或装配件进行工程分析，基于知识工程的体系结构，可方便地利用分析规则和分析结果优化产品。

5．"AEC 工厂"模组

"AEC 工厂"模组提供了方便的厂房布局设计功能，该模组可以优化生产设备布置，从而达到优化生产过程和产出的目的。"AEC 工厂"模组主要用于处理空间利用和厂房内物品的布置问题，可实现快速的厂房布置和厂房布置的后续工作。

6．"加工"模组

CATIA V5 的"加工"模组提供了高效的编程能力及变更管理能力，相对于其他现有的数控加工解决方案，其优点如下：

- 高效的零件编程能力。
- 高度自动化和标准化。
- 高效的变更管理。
- 优化刀具路径并缩短加工时间。
- 减少管理和技能方面的要求。

7．"数字模型"模组

"数字模型"模组提供了机构的空间模拟、机构运动、结构优化的功能。

8．"设备与系统"模组

"设备与系统"模组可用于在 3D 电子样机配置中模拟复杂电气、液压传动和机械系统的协同设计和集成、优化空间布局。CATIA V5 的工厂产品模块可以优化生产设备布置，从而达到优化生产过程和产出的目的，它包括了电气系统设计、管路设计等工作台。

9．"人机工程学设计与分析"模组

"人机工程学设计与分析"模组使工作人员与其操作使用的作业工具安全而有效地加以结合，使作业环境更适合工作人员，从而在设计和使用安排上统筹考虑。"人机工程学设计与分析"模组提供了人体模型构造（Human Measurements Editor）、人体姿态分析（Human Posture Analysis）、人体行为分析（Human Activity Analysis）等工作台。

10．"智件"模组

"智件"模组可以方便地进行自动设计，同时还可以有效地捕捉和重用知识。

注意：以上有关 CATIA V5 的功能模块的介绍仅供参考，如有变动应以法国 Dassauh System 公司的最新相关正式资料为准，特此说明。

1.2   创建用户文件夹

使用 CATIA V5 软件时，应该注意文件的目录管理。如果文件管理混乱，会造成系统找不到正确的相关文件，从而严重影响 CATIA V5 软件的全相关性，同时也会使文件的保存、删除等操作产生混乱，因此应按照操作者的姓名、产品名称（或型号）建立用户文件夹，如本书要求在 D 盘上创建一个名称为 cat-course 的文件夹。

1.3   启动 CATIA V5 软件

一般来说，有两种方法可启动并进入 CATIA V5 软件环境。

方法一：双击 Windows 桌面上的 CATIA V5 软件快捷图标（如图 1.3.1 所示）。

说明：只要是正常安装，Windows 桌面上会显示 CATIA V5 软件快捷图标。快捷图标的名称可根据需要进行修改。

方法二：从 Windows 系统"开始"菜单进入 CATIA V5，操作方法如下：

Step1. 单击 Windows 桌面左下角的 开始 按钮。

Step2. 选择 程序(P) ➡ CATIA ➡ CATIA V5R21 命令，如图 1.3.2 所示，系统便进入 CATIA V5 软件环境

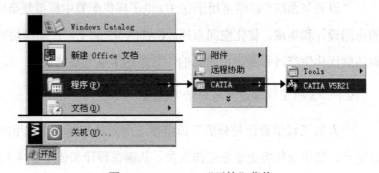

图 1.3.1 CATIA 快捷图标   图 1.3.2 Windows "开始"菜单

1.4   CATIA V5 工作界面

在学习本节时，请先打开一个模型文件，具体的操作方法是：选择下拉菜单 文件 ➡ 打开... 命令，在"选择文件"对话框中选择目录 D:\dbv521.1\work\ch01\ch01.04\ch01.04.01，选中文件 asm_clutch.CATProduct，然后单击 打开(O) 按钮。

　　CATIA V5 工作界面包括特征树、下拉菜单区、指南针、右工具栏按钮区、下部工具栏按钮区、功能输入区、消息区以及图形区（如图 1.4.1 所示）。

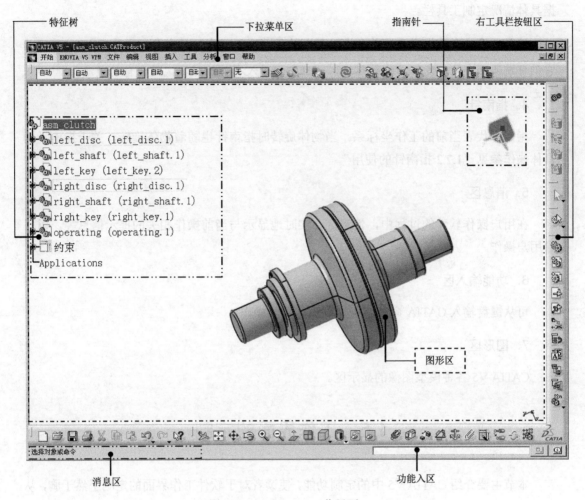

图 1.4.1　CATIA V5 工作界面

1．特征树

　　"特征树"中列出了活动文件中的所有零件及特征，并以树的形式显示模型结构，根对象（活动零件或组件）显示在特征树的顶部，其从属对象（零件或特征）位于根对象之下。例如在活动装配文件中，"特征树"列表的顶部是装配体，装配体下方是每个零件的名称；在活动零件文件中，"特征树"列表的顶部是零件，零件下方是每个特征的名称。若打开多个 CATIA V5 模型，则"特征树"只反映活动模型的内容。

2．下拉菜单区

　　下拉菜单中包含创建、保存、修改模型和设置 CATIA V5 环境参数的命令。

3．工具栏按钮区

工具栏中的命令按钮为快速开始命令及设置工作环境提供了极大的方便，用户可以根据具体情况定制工具栏。

注意：用户会看到有些菜单命令和按钮处于非激活状态（呈灰色，即暗色），这是因为它们目前还没有处在发挥功能的环境，一旦它们进入有关的环境，便会自动激活。

4．指南针

指南针代表当前的工作坐标系，当物体旋转时指南针也随着物体旋转。关于指南针的具体操作参见"1.7.2 指南针的使用"。

5．消息区

在用户操作软件的过程中，消息区会实时地显示与当前操作相关的提示信息等，以引导用户操作。

6．功能输入区

可从键盘输入 CATIA 命令字符，以进行功能操作。

7．图形区

CATIA V5 各种模型图像的显示区。

1.5　工作界面的定制

本节主要介绍 CATIA V5 中的定制功能，使读者对于软件工作界面的定制了然于胸，从而合理地设置工作环境。

进入 CATIA V5 系统后，在建模环境下选择下拉菜单 工具 ➡ 自定义... 命令，系统弹出如图 1.5.1 所示的"自定义"对话框，利用此对话框可对工作界面进行定制。

1.5.1　"开始"菜单的定制

在如图 1.5.1 所示的"自定义"对话框中单击 开始菜单 选项卡，即可进行"开始"菜单的定制。通过此选项卡，用户可以设置偏好的工作台列表，使之显示在 开始 菜单的顶部。下面以图 1.5.1 所示的 2D Layout for 3D Design 工作台为例说明定制过程。

Step1. 在 开始菜单 选项卡的 可用的 列表中，选择 2D Layout for 3D Design 工作台，然后单击对话框中的 ➡ 按钮，此时 2D Layout for 3D Design 工作台出现在对话框右侧的 收藏夹 中。

Step2. 单击对话框中的 关闭 按钮，完成"开始"菜单的定制。

Step3. 选择下拉菜单 开始 命令，此时可以看到 2D Layout for 3D Design 工作台显示在 开始 菜单的顶部（如图 1.5.2 所示）。

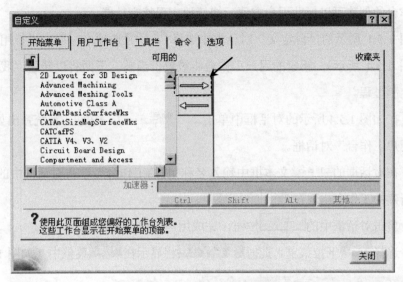

图 1.5.1　"自定义"对话框

图 1.5.2　"开始"菜单

说明：在 Step1 中，添加 2D Layout for 3D Design 工作台到收藏夹后，对话框中的 加速器: 文本框即被激活（如图 1.5.3 所示），此时用户可以通过设置快捷键来实现工作台的切换，如设置快捷键为 Ctrl + Shift，则用户在其他工作台操作时，只需使用这个快捷键即可回到 2D Layout for 3D Design 工作台。

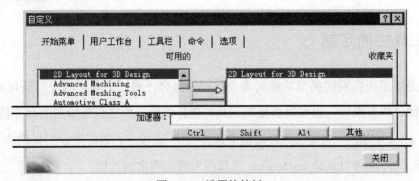

图 1.5.3　设置快捷键

1.5.2　用户工作台的定制

用户工作台是用户根据自身的需要创建的工作台，在此工作台中可进行相关工具栏的定制，工作台的创建可以帮助用户方便、快捷地实现特定功能。

在如图 1.5.1 所示的"自定义"对话框中选择 用户工作台 选项卡，即可进行用户工作台的定制（如图 1.5.4 所示），新建的用户工作台将被置于当前。下面将以新建"我的工作台"为例说明定制过程。

Step1. 在如图 1.5.4 所示的对话框中单击 新建... 按钮，系统弹出如图 1.5.5 所示的"新用户工作台"对话框。

Step2. 在对话框的 工作台名:文本框中输入名称"我的工作台"，单击对话框中的 确定 按钮，此时新建的工作台出现在 用户工作台 区域中。

Step3. 单击对话框中的 关闭 按钮，完成用户工作台的定制。

Step4. 选择 开始 下拉菜单，此时 我的工作台 将显示在 开始 菜单中（如图 1.5.6 所示）。

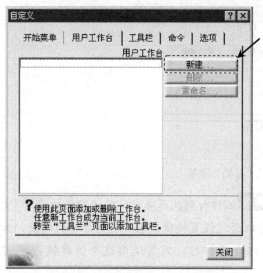

图 1.5.4　"用户工作台"选项卡

图 1.5.5　"新用户工作台"对话框

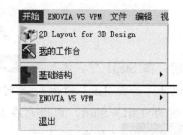

图 1.5.6　"开始"下拉菜单

1.5.3　工具栏的定制

工具栏是一组可实现同类型功能的命令按钮的集合，通过工具栏的定制既可实现现有工具栏的删除、恢复操作；也可对新建的工具栏进行编辑，使之包含所需的命令按钮。

在如图 1.5.1 所示的"自定义"对话框中选择 工具栏 选项卡，即可进行工具栏的定制（如图 1.5.7 所示）。下面将以新建 my toolbar 工具栏为例说明定制过程。

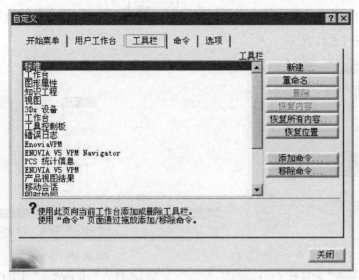

图 1.5.7　"工具栏"选项卡

Step1. 在如图 1.5.7 所示的对话框中单击　新建...　按钮，系统弹出如图 1.5.8 所示的"新工具栏"对话框，新建工具栏默认被命名为"自定义已创建默认工具栏名称 001"。

Step2. 在对话框的工具栏名称:文本框中输入名称 my toolbar，单击对话框中的　确定　按钮，此时，新建的空白工具栏将出现在主应用程序窗口的右端，同时定制的 myToolbar（我的工具栏）被加入列表中（如图 1.5.9 所示）。

图 1.5.8　"新工具栏"对话框

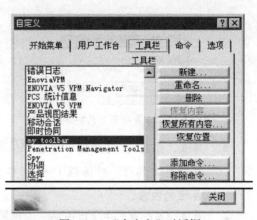

图 1.5.9　"自定义"对话框

注意：定制的 mytoolbar（我的工具栏）加入列表后，"自定义"对话框中的　删除　按钮被激活，此时可以执行工具栏的删除操作。

Step3. 在"自定义"对话框中选中 my toolbar 工具栏，单击对话框中的　添加命令...　按钮，系统弹出如图 1.5.10 所示的"命令列表"对话框（一）。

Step4. 在对话框的列表项中，按住 Ctrl 键，选择　"虚拟现实"光标　、　"虚拟现实"监视器　和

"虚拟现实"视图追踪三个选项，然后单击对话框中的 ● 确定 按钮，完成命令的添加，此时 my toolbar 工具栏如图 1.5.11 所示。

图 1.5.10　"命令列表"对话框（一）

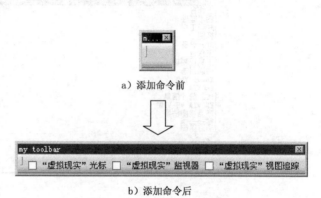

a）添加命令前

b）添加命令后

图 1.5.11　"my toolbar"工具栏

说明：

- 单击"自定义"对话框中的 重命名... 按钮，系统弹出如图 1.5.12 所示的"重命名工具栏"对话框，在此对话框中可修改工具栏的名称。
- 单击"自定义"对话框中的 移除命令... 按钮，系统弹出如图 1.5.13 所示的"命令列表"对话框（二），在此对话框中可进行命令的删除操作。

图 1.5.12　"重命名工具栏"对话框

图 1.5.13　"命令列表"对话框（二）

- 单击"自定义"对话框中的 恢复所有内容... 按钮，系统弹出如图 1.5.14 所示的"恢复所有工具栏"对话框（一），单击对话框中的 确定 按钮，可以恢复所有工具栏的内容。
- 单击"自定义"对话框中的 恢复位置 按钮，系统弹出如图 1.5.15 所示的"恢复所有工具栏"对话框（二），单击对话框中的 确定 按钮，可以恢复所有工具栏的位置。

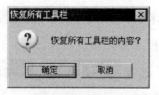

图 1.5.14　"恢复所有工具栏"对话框（一）

图 1.5.15　"恢复所有工具栏"对话框（二）

1.5.4　命令定制

命令的定制实际上就是命令的拖放操作，一般都是在工具栏中进行，其作用是帮助用户快速使用命令，节省命令操作的时间。

在图 1.5.1 所示的"自定义"对话框中选择 命令 选项卡，即可进行命令的定制（如图 1.5.16 所示）。下面将以拖放"目录 "命令到"标准"工具栏为例说明定制过程。

Step1. 在如图 1.5.16 所示的对话框的 类别 列表中选择 文件 选项，此时在对话框右侧的 命令 列表中出现对应的文件命令。

Step2. 在文件命令列表中选中 目录 命令，按住鼠标左键不放，将此命令拖动到"标准"工具栏，此时"标准"工具栏如图 1.5.17 所示。

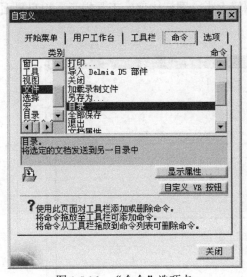

图 1.5.16　"命令"选项卡

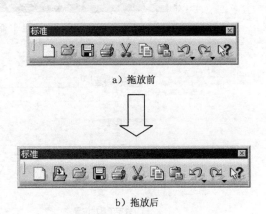

a）拖放前

b）拖放后

图 1.5.17　"标准"工具栏

说明：单击如图 1.5.16 所示对话框中的 显示属性... 按钮，可以展开对话框的隐藏部分（如图 1.5.18 所示），在对话框的 命令属性 区域，可以更改所选命令的属性，如名称、图标、命令的快捷方式等。命令属性 区域中各按钮说明如下：

- ...按钮：单击此按钮，系统将弹出"图标浏览器"对话框，从中可以选择新图标以替换原有的"目录"图标。
- 按钮：单击此按钮，系统将弹出"文件选择"对话框，用户可导入外部文件作为"目录"图标。
- 重置...按钮：单击此按钮，系统将弹出如图 1.5.19 所示的"重置"对话框，单击对话框中的 确定 按钮，可将命令属性恢复到原来的状态。

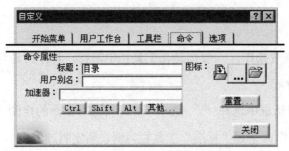
图 1.5.18　"自定义"对话框的隐藏部分

图 1.5.19　"重置"对话框

1.5.5　选项定制

在如图 1.5.1 所示的"自定义"对话框中选择 选项 选项卡，即可进行选项的定制（如图 1.5.20 所示）。通过此选项卡，可以更改图标大小、图标比率、工具提示、用户界面语言等。

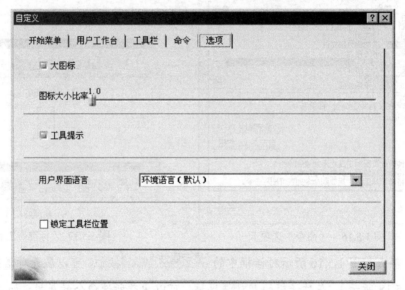
图 1.5.20　"选项"选项卡

注意：在此选项卡中，除□锁定工具栏位置 复选框外，更改其余选项均需重新启动软件，才能使更改生效。

1.6　环境设置

环境设置主要包括"选项"设置和"标准"设置。

1．选项的设置

选择 工具 ➡ 选项... 命令，系统弹出"选项"对话框，利用该对话框可以设置草图绘制器、显示、工程制图的参数。

在该对话框左侧选择 机械设计 ➡ 草图编辑器 （如图 1.6.1 所示），此时可以设置草图绘制器的相关参数。

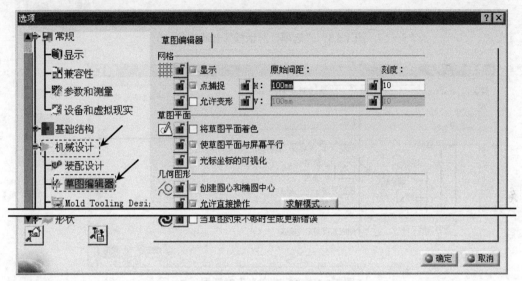

图 1.6.1　"选项"对话框（草图编辑器）

在"选项"对话框的左侧选择 显示，再选择 可视化 选项卡（如图 1.6.2 所示），此时可以设置颜色及其他相关的一些参数。

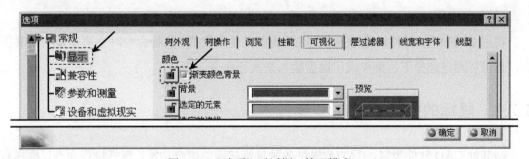

图 1.6.2　"选项"对话框（管理模式）

单击"选项"对话框中的 按钮，可以将该设置锁定，使其在普通方式下不能被改变，如图 1.6.3 所示。

2．标准的设置

选择下拉菜单 工具 ➡ 标准... 命令，系统弹出"标准定义"对话框，选择如图 1.6.4 所示的选项，此时可以设置相关参数（具体的参数定义在本书的后面会陆续讲到）。

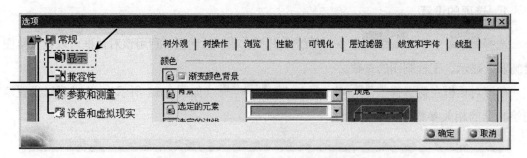

图 1.6.3　"选项"对话框（普通模式）

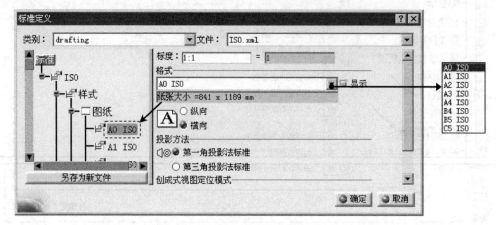

图 1.6.4　"标准定义"对话框

1.7　CATIA V5 的基本操作

使用 CATIA V5 软件以鼠标操作为主，用键盘输入数值。执行命令时主要是单击工具图标，也可以通过选择下拉菜单或用键盘输入来执行命令。

1.7.1　鼠标的操作

与其他 CAD 软件类似，CATIA 提供各种鼠标按钮的组合功能，包括执行命令、选择对象、编辑对象以及对视图和特征树的平移、旋转和缩放等。

CATIA 中鼠标操作的说明如下：

● 缩放图形区：按住鼠标中键，单击或右击，向前移动鼠标可看到图形在变大，向后移动鼠标可看到图形在缩小。

● 平移图形区：按住鼠标中键，移动鼠标，可看到图形跟着鼠标移动。

● 旋转图形区：按住鼠标中键，然后按住鼠标左键或右键，移动鼠标可看到图形在旋转。

1.7.2　指南针的使用

图 1.7.1 所示的指南针是一个重要的工具，一般位于图形区的右上角，并且总是处于激活状态，用户可以选择下拉菜单 视图 ➡ ✓ 指南针 命令将其隐藏或显示。

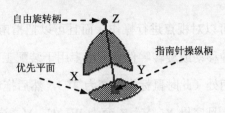

图 1.7.1　指南针

图 1.7.1 中，字母 X、Y、Z 表示坐标轴，Z 轴起到定位的作用；靠近 Z 轴的点称为自由旋转柄，用于旋转指南针，同时图形区中的模型也将随之旋转；红色方块是指南针操纵柄，用于拖动指南针，并且可以将指南针置于物体上进行操作，也可以使物体绕该点旋转；指南针中的三个平面，就是系统默认的三个基准平面。

注意： 在装配工作台中，指南针可用于操纵未被约束的零件，也可以操纵完全约束后的子装配。

通过指南针可以对视图进行旋转、移动等多种操作，同时它在操作零件时也具有非常强大的功能，不仅可对视点操作，还可直接对模型进行操作。指南针的功能具体介绍如下。

1．视点操作

视点操作是指使用鼠标对指南针进行简单的拖动，从而实现对图形区的模型进行平移或者旋转操作。

将鼠标移至指南针处，鼠标指针由 变为 ，并且鼠标所经过之处，坐标轴、坐标平面的弧形边缘以及平面本身都会以亮色显示。

单击指南针上的轴线（此时鼠标指针变为 ）并按住鼠标拖动，图形区中的模型会沿着该轴线移动，但指南针本身并不会移动。

单击指南针上的平面并按住鼠标移动，则图形区中的模型和空间也会在此平面内移动，但是指南针本身不会移动。

单击指南针平面上的弧线并按住鼠标移动，图形区中的模型会绕其法线旋转，同时，指南针本身也会旋转，而且鼠标离红色方块儿越近旋转越快。

单击指南针上的自由旋转柄并按住鼠标移动，指南针会以红色方块为中心点自由旋转，且图形区中的模型和空间也会随之旋转。

单击指南针上的 X、Y 或 Z 字母，则模型在图形区以垂直于该轴的方向显示，再次单击该字母，视点方向会变为反向。

2. 模型操作

使用鼠标和指南针不仅可以对视点进行操作，而且可以把指南针拖动到零件上，对零件进行移动、旋转操作，这种移动或旋转零件的方法多用于装配工作台中。

将鼠标移至指南针操纵柄处（此时鼠标指针变为✛），然后拖动指南针到模型上释放，此时指南针会附着在模型上，且字母 X、Y、Z 变为 W、U、V，这表示坐标轴不再与文件窗口右下角的绝对坐标相一致。这时，就可以按上面介绍的对视点的操作方法对零件进行移动或旋转操作了。

说明：

- 对模型进行操作的过程中，移动的距离和旋转的角度均会在图形区显示。显示的数据为正，表示与指南针指针的正向相同；显示的数据为负，表示与指南针指针的正向相反。
- 将指南针恢复到位置的方法：拖动指南针操纵柄到离开物体的位置，松开鼠标键，指南针就会回到图形区右上角的位置，但是不会恢复为默认的方向。
- 将指南针恢复到默认方向的方法：将其拖动到窗口右下角的绝对坐标系处；在拖动指南针离开物体的同时按 Shift 键，且先松开鼠标左键；选择下拉菜单 视图(V) ➜ 重置罗盘 命令。

3. 精确的模型操作

将指南针拖动到物体上，右击指南针，在弹出的快捷菜单中选择 编辑... 命令，系统弹出如图 1.7.2 所示的"用于罗盘控制的参数"对话框，利用该对话框可以对模型实现平移和旋转等操作。

4. 其他操作

在指南针上右击，系统弹出如图 1.7.3 所示的快捷菜单，利用此菜单可以更改指南针的相关选项。

1.7.3　对象的选择

在 CATIA V5 中选择对象有以下几种常用的方法。

1. 选取单个对象

● 直接单击需要选取的对象。

● 在特征树中单击对象的名称，即可选择对应的对象，被选取的对象会高亮显示。

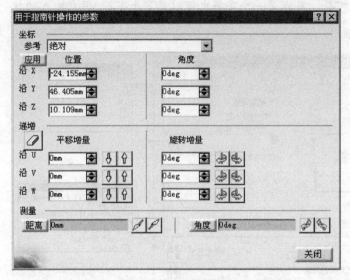

图 1.7.2　"用于指南针操作的参数"对话框

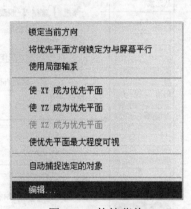

图 1.7.3　快捷菜单

2. 选取多个对象

按住 Ctrl 键，单击多个对象，可选择多个对象。

3. 利用 "选择" 工具条（如图 1.7.4 所示）选取对象

图 1.7.4　"选择"工具条

4. 利用"编辑"下拉菜单中的"搜索"功能选择具有同一属性的对象

"搜索"工具可以根据用户提供的名称、类型、颜色等信息快速选择对象。下面以一个例子说明其具体操作过程。

Step1. 打开文件。选择下拉菜单 文件 ➡ 打开... 命令，在"选择文件"对话框中找到 D:\dbv521.1work\ch01\ch01.07\ch01.07.03 目录，选中 base_block.CATPart 文件后单击 打开⑩ 按钮。

Step2. 选择命令。选择下拉菜单 编辑 ➡ 搜索… 命令，系统弹出如图 1.7.5 所示的"搜索"对话框（一）。

Step3. 定义搜索名称。在"搜索"对话框的 常规 选项卡的 名称: 文本框中输入"*平面"，按回车键后，"搜索"对话框如图 1.7.5 所示。

说明： *是通配符，代表任意字符，可以是一个字符也可以是多个字符; 用户输入的搜索名称将自动列入 名称: 下拉列表框中。

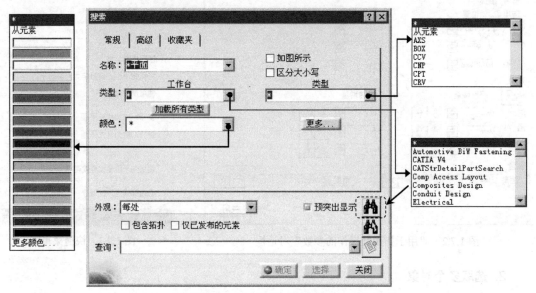

图 1.7.5   "搜索"对话框（一）

Step4. 搜索并查看结果。单击"搜索"对话框（二）的 常规 选项卡中的 🔍 按钮，此时"搜索"对话框下方将显示出符合条件的元素，如图 1.7.6 所示。

图 1.7.6   "搜索"对话框（二）

Step5. 单击"搜索"对话框中的 ● 确定 按钮，符合条件的对象即被选中。

1.7.4　模型视图在屏幕上的显示

三维模型在屏幕上有两种显示方式，"透视"投影和"平行"投影方式（图 1.7.7 所示为长方体在这两种方式下的显示状态），要选择三维实体在屏幕上的显示方式，可以在 视图 下拉列表中选择 渲染样式 ➡ 透视 或 平行 命令。

a)"透视"投影　　　　　　　　　　　　　　b)"平行"投影

图 1.7.7　长方体在屏幕上的显示

1.8　习　　　题

选择题

1、下面不属于 CATIA V5 的主要模组的是（　　）

A．基础结构模组　　　　　　　　　B．钣金模组

C．机械设计模组　　　　　　　　　D．加工模组

2、如何用鼠标实现模型的平移（　　）

A．按住左键+中键　　　　　　　　B．按住 Shift 键+中键

C．按住中键　　　　　　　　　　　D．按住左键平移

3、如何用鼠标实现模型的旋转（　　）

A．按住左键+再按住右键　　　　　B．按住 Shift 键+中键

C．按住中键+再按住右键　　　　　D．按住左键

4、如何用鼠标上下移动实现模型的缩放（　　）

A．按住中键+单击右键　　　　　　B．按住中键+按住右键

C．按住左键　　　　　　　　　　　D．按住中键

5、在 CATIA V5 软件的用户界面中，哪个区域会显示与当前操作相关的信息（　　）

A．图形区　　　　　　　　　　　　B．下拉菜单区

C．消息区　　　　　　　　　　　　D．功能输入区

6、下列关于在图形区操作模型说法正确的是（　　）

A. 模型的缩放其真实大小也发生变化
B. 模型的缩放其位置会发生变化
C. 模型的缩放其真实大小及位置都不变
D. 模型的缩放其真实大小发生变化，但位置不变

第 2 章 草图设计

本章提要 草图是创建零件特征的基础，许多特征创建时，往往需要绘制二维草图（截面草图）。一个合格草图的创建是零件特征及模型设计符合标准的关键之一。本章内容包括：

- 进入与退出草图设计工作台。
- 草图设计工作台的设置。
- 草图的绘制。
- 草图的编辑。
- 草图的尺寸标注与修改。
- 草图中的几何约束。
- 草图状态解析与分析。

2.1 草图设计工作台简介

草图设计工作台是用户建立二维草图的工作界面，通过草图设计工作台中建立的二维草图轮廓可以生成三维实体或曲面，草图中各个元素间可用约束来限制它们的位置和尺寸。因此，建立草图是建立三维实体或曲面的基础。注意：要进入草图设计工作台必须选择一个草图平面，可以在图形窗口中选择三个基准平面（xy 平面、yz 平面、zx 平面）之一，也可以在特征树上选择。

2.2 进入与退出草图设计工作台

1. 进入草图设计工作台的操作方法

打开 CATIA V5 后，选择下拉菜单 开始 ➡ 机械设计 ➡ 草图编辑器 命令，系统弹出"新建零件"对话框；在 输入零件名称 文本框中输入文件名称（也可采用默认的名称 Part1），单击 确定 按钮；在特征树中选择 xy 平面为草绘平面，系统即可进入草图设计工作台（如图 2.2.1 所示）。

说明：

● 从机械设计、外形设计等设计工作台都可以进入草图设计工作台，其方法是：选择下拉菜单 插入 ➡ 草图编辑器 ▶ ➡ ✍草图 命令（或单击"草图编辑器"工具条中的"草图"按钮✍），然后选择草图平面，系统自动进入草图设计工作台。

● 在图形区双击已有的草图可以直接进入草图设计工作台。

注意：要进入草图设计工作台必须先选择一个草绘平面，也就是要确定新草图在三维空间的放置位置。草绘平面是草图所在的某个空间平面，它可以是基准平面，也可以是实体的某个表面等。

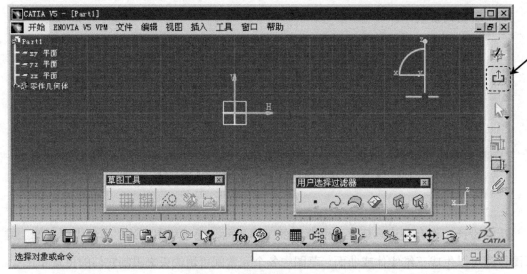

图 2.2.1　草图设计工作台

2. 退出草图设计工作台的操作方法

在草图设计工作台中，单击"工作台"工具条中的"退出工作台"按钮 ⬆，即可退出草图设计工作台。

2.3　草图设计工作台的设置

1. 设置网格间距

根据模型的大小，可设置草图设计工作台中的网格大小，其操作流程如下：

Step1. 选择下拉菜单 工具 ➡ 选项... 命令。

Step2. 系统弹出"选项"对话框，在该对话框的左边列表中，选择"机械设计"中的

草图编辑器 选项（如图 2.3.1 所示）。

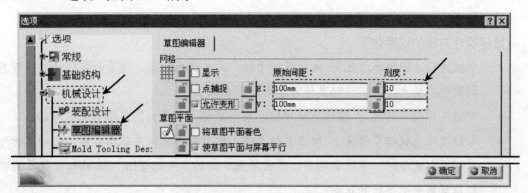

图 2.3.1　"选项"对话框（一）

Step3. 设置网格参数。选中 允许变形 复选框；在 网格 选项组中的 原始间距: 和 刻度: 文本框中输入 H 和 V 方向的间距值；在"选项"对话框中单击 确定 按钮，结束网格设置。

2．设置自动约束

自动约束是用户绘制草图时，系统根据几何图形的位置及相互关系自动添加的约束（包括几何约束和尺寸约束）。需要注意的是：绘制复杂草图时，有些自动约束是不符合操作者设计意图的，因此自动约束功能需谨慎使用。

在"选项"对话框的 草图编辑器 选项卡中，可以设置在创建草图过程中是否自动产生约束（如图 2.3.2 所示）。只有在这里选中了这些显示选项，在绘制草图时，系统才会自动创建几何约束和尺寸约束。

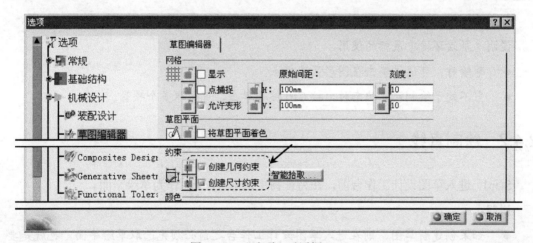

图 2.3.2　"选项"对话框（二）

3．草绘区的快速调整

单击"草图工具"工具栏中的"网格"按钮 ，可以控制草图设计工作台中网格的显示。当网格显示时，如果看不到网格，或者网格太密，可以缩放草绘区；如果想调整图形在草绘区的上下、左右的位置，可以移动草绘区。

鼠标操作方法的说明如下：

● 中键滚轮（缩放草绘区）：按住鼠标中键，再单击或右击，然后向前移动鼠标可看到图形在变大，向后移动鼠标可看到图形在缩小。

● 中键（移动草绘区）：按住鼠标中键，移动鼠标，可看到图形跟着鼠标移动。

● 中键滚轮（旋转草绘区）：按住鼠标中键，然后按住鼠标左键或右键，移动鼠标可看到图形在旋转。草图旋转后，单击屏幕下部的"法线视图" 按钮可使草图回到与屏幕平面平行的状态。

注意： 草绘区这样的调整不会改变图形的实际大小和实际空间位置，它的作用是便于用户查看和操作图形。

2.4　绘　制　草　图

2.4.1　概述

要绘制草图，应先从草图设计工作台中的工具条按钮区或 插入 下拉菜单中选取一个绘图命令，然后可通过在图形区中选取点来创建草图。

在绘制草图的过程中，当移动鼠标指针时，CATIA 系统会自动确定可添加的约束并将其显示。

绘制草图后，用户还可通过"约束定义"对话框继续添加约束。

说明： 草绘环境中鼠标的使用。

● 草绘时，可通过单击在图形区选择点。

● 当不处于绘制元素状态时，按 Ctrl 键并单击，可选取多个项目。

2.4.2　绘制直线

Step1. 进入草图设计工作台前，在特征树中选取 xy 平面作为草绘平面。

说明：

● 如果创建新草图，则在进入草图设计工作台之前必须先选取草绘平面，也就是要确定新草图在空间的哪个平面上绘制。

● 以后在创建新草图时，如果没有特别的说明，则草绘平面为 xy 平面。

Step2. 选择命令。选择下拉菜单 插入 ➡ 轮廓 ▶ ➡ 直线 ▶ ➡ 直线 命令（或单击"轮廓"工具栏中"线"按钮 ╱ 中的 ╸，再单击 ╱ 按钮）。此时，"草图工具"工具条如图 2.4.1 所示。

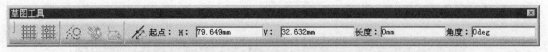

图 2.4.1 "草图工具"工具条

Step3. 定义直线的起始点。根据系统提示 选择一点或单击以定位起点 ，在图形区中的任意位置单击，以确定直线的起始点，此时可看到一条"橡皮筋"线附着在鼠标指针上。

说明：

- 单击 ╱ 按钮绘制一条直线后，系统自动结束直线的绘制；双击 ╱ 按钮可以连续绘制直线。草图设计工作台中的大多数工具按钮均可双击来连续操作。

- 系统提示 选择一点或单击以定位起点 并显示在消息区，有关消息区的具体介绍请参见 "1.4 CATIA 工作界面"的相关内容。

Step4. 定义直线的终止点。根据系统提示 选择一点或单击以定位终点 ，在图形区中的任意位置单击，以确定直线的终止点，系统便在两点间创建一条直线。

说明：

- 在草图设计工作台中，单击"撤销"按钮 可撤销上一个操作，单击"重做"按钮 重新执行被撤销的操作，这两个按钮在绘制草图时十分有用。

- CATIA 具有尺寸驱动功能，即图形的大小随着图形尺寸的改变而改变。

- 直线的精确绘制可以通过在"草图工具"工具条中输入相关的参数来实现，其他曲线的精确绘制也一样。

- 单击 ╱ 按钮绘制一条直线后，系统自动结束直线的绘制；双击 ╱ 按钮可以连续绘制直线。草图设计工作台中的大多数工具按钮均可双击来连续操作。

2.4.3 绘制相切直线

相切直线是一条连接两个指定元素（该元素必须为圆、圆弧或椭圆），并与指定元素均相切的直线。下面以图 2.4.2 为例，来说明创建相切直线的一般操作过程。

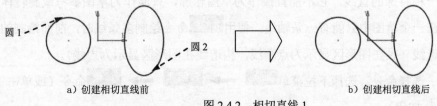

a) 创建相切直线前   b) 创建相切直线后

图 2.4.2 相切直线 1

Step1. 选择下拉菜单 文件 ➡ 打开... 命令，系统弹出如图 2.4.3 所示的"选择文件"对话框，在 查找范围(I): 下拉列表中选择目录 D:\dbv521.1\work\ch02\ch02.04\ch02.04.03，选择文件 tangency.CATPart，然后单击 打开(O) 按钮。

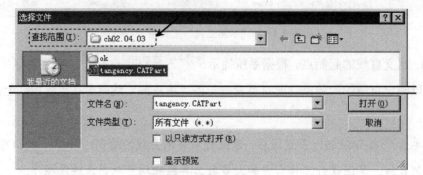

图 2.4.3　"选择文件"对话框

Step2. 选择命令。选择下拉菜单 插入 ➡ 轮廓 ▶ ➡ 直线 ▶ ➡ 双切线 命令（或单击"轮廓"工具栏中"线"按钮 中的，再单击 按钮）。

Step3. 定义第一个相切对象。根据系统提示 第一切线：选择几何图形以创建切线 ，在第一个圆上单击一点（如图 2.4.2a 所示）。

Step4. 定义第二个相切对象。根据系统提示 第二切线：选择几何图形以创建切线 ，在第二个圆上单击与直线相切的位置点，这时便生成一条与两个圆（弧）相切的直线段。

说明：单击圆或弧的位置不同，创建的直线也不一样，图 2.4.4～图 2.4.6 所示为创建的另三种双切线。

图 2.4.4　相切直线 2　　　　　图 2.4.5　相切直线 3　　　　　图 2.4.6　相切直线 4

2.4.4　绘制轴

轴是一种特殊的直线，它不能直接作为草图轮廓，只能作为草图参考或旋转体的中心线。通常在一个草图中只能有一条轴线，使用 轴 命令绘制多条线时，前面绘制的将自动转化为构造线（轴在图形区显示为点画线，构造线在图形区显示为虚线）。

Step1. 选择命令。选择下拉菜单 插入 ➡ 轮廓 ▶ ➡ 轴 命令（或单击"轮廓"工具栏中 按钮）。

Step2. 定义轴的起始点。根据系统提示 `选择一个点或单击以定位起点` ，在图形区中的任意位置单击，以确定轴线的起始点，此时可看到一条"橡皮筋"线附着在鼠标指针上。

Step3. 定义轴的终止点。根据系统提示 `选择一个点或单击以定位终点` ，选择直线的终止点，系统便在两点间创建一条轴线。

2.4.5　绘制矩形

矩形对于绘制截面十分有用，可省去绘制四条直线的麻烦。

方法一：

Step1. 选择下拉菜单 `插入` ➡ `轮廓 ▶` ➡ `预定义的轮廓 ▶` ➡ `□ 矩形` 命令（或在"轮廓"工具栏单击"矩形"按钮 `□` ）。

Step2. 定义矩形的第一个角点。根据系统提示 `选择或单击第一点创建矩形` ，在图形区某位置单击，放置矩形的一个角点，然后将该矩形拖至所需大小。

Step3. 定义矩形的第二个角点。根据系统提示 `选择或单击第二点创建矩形` ，再次单击，放置矩形的另一个角点。此时，系统即在两个角点间绘制一个矩形。

方法二：

Step1. 选择命令。选择下拉菜单 `插入` ➡ `轮廓 ▶` ➡ `预定义的轮廓 ▶` ➡ `◇ 斜置矩形` 命令（或单击"轮廓"工具栏中"矩形"按钮 `□` 中的 ↓ ，再单击 `◇` 按钮）。

Step2. 定义矩形的起点。根据系统提示 `选择一个点或单击以定位起点` ，在图形区某位置单击，放置矩形的起点，此时可看到一条"橡皮筋"线附着在鼠标指针上。

Step3. 定义矩形的第一面终点。在系统 `单击或选择一点，定位第一面的终点` 提示下，单击以放置矩形的第一面终点，然后将该矩形拖至所需大小。

Step4. 定义矩形的一个角点。在系统 `单击或选择一点，定义第二面` 提示下，再次单击，放置矩形的一个角点。此时，系统以第二点与第一点的距离为长，以第三点与第二点的距离为宽创建一个矩形。

方法三：

Step1. 选择命令。选择下拉菜单 `插入` ➡ `轮廓 ▶` ➡ `预定义的轮廓 ▶` ➡ `居中矩形` 命令（或单击"轮廓"工具栏中"矩形"按钮 `□` 中的 ↓ ，再单击 `⊡` 按钮）。

Step2. 定义矩形中心。根据系统提示 `选择或单击一点，创建矩形的中心` ，在图形区某位置单击，创建矩形的中心，然后将该矩形拖至所需大小。

Step3. 定义矩形的一个角点。在系统 `选择或单击第二点，创建居中矩形` 提示下，再次单击，放置矩形的一个角点。此时，系统立即创建一个矩形。

2.4.6 绘制平行四边形

绘制平行四边形的一般过程如下：

Step1. 选择命令。选择下拉菜单 `插入` ➡ `轮廓` ➡ `预定义的轮廓` ➡ `平行四边形` 命令（或单击"轮廓"工具栏中"矩形"按钮 ⬚ 中的 ↓ ，再单击 ⬜ 按钮）。

Step2. 定义角点 1。在图形区某位置单击，放置平行四边形的一个角点，此时可看到一条"橡皮筋"线附着在鼠标指针上。

Step3. 定义角点 2。单击以放置平行四边形的第二个角点，然后将该平行四边形拖至所需大小。

Step4. 定义角点 3。单击以放置平行四边形的第三个角点，此时，系统立即绘制成一个平行四边形。

2.4.7 绘制圆

方法一：中心/点——通过选取中心点和圆上一点来创建圆。

Step1. 选择命令。选择下拉菜单 `插入` ➡ `轮廓` ➡ `圆` ➡ `圆` 命令（或单击"轮廓"工具栏中"圆"按钮 ⊙ 中的 ↓ ，再单击 ⊙ 按钮）。

Step2. 定义圆的中心点及大小。在某位置单击，放置圆的中心点，然后将该圆拖至所需大小并单击确定。

方法二：三点——通过选取圆上的三个点来创建圆。

方法三：使用坐标创建圆。

Step1. 选择命令。选择下拉菜单 `插入` ➡ `轮廓` ➡ `圆` ➡ `使用坐标创建圆` 命令（或单击"轮廓"工具栏中"圆"按钮 ⊙ 中的 ↓ ，再单击 ⟳ 按钮），系统弹出如图 2.4.7 所示的"圆定义"对话框。

Step2. 定义参数。在"圆定义"对话框中输入中心点坐标和半径，单击 ● `确定` 按钮，系统立即创建一个圆。

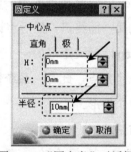

图 2.4.7 "圆定义"对话框

方法四：三切线圆。

Step1. 选择命令。选择下拉菜单 `插入` ➡ `轮廓` ➡ `圆` ➡ `三切线圆` 命令（或单击"轮廓"工具栏中"圆"按钮 ⊙ 中的 ↓ ，再单击 ◯ 按钮）。

Step2. 选取相切元素。分别选取三个元素，系统便自动创建与这三个元素相切的圆。

2.4.8　绘制圆弧

共有三种绘制圆弧的方法。

方法一：圆心及端点圆弧。

Step1. 选择命令。选择下拉菜单 插入 ➡ 轮廓 ▶ ➡ 圆 ▶ ➡ ⊙ 弧 命令（或单击"轮廓"工具栏中"圆"按钮 ⊙ 中的 ↓，再单击 ⊙ 按钮）。

Step2. 定义圆弧中心点。在某位置单击，确定圆弧中心点，然后将圆拉至所需大小。

Step3. 定义圆弧端点。在图形区单击两点以确定圆弧的两个端点。

方法二：起始受限制的三点弧——确定圆弧的两个端点和弧上的一个附加点来创建三点圆弧。

Step1. 选择下拉菜单 插入 ➡ 轮廓 ▶ ➡ 圆 ▶ ➡ ⌕ 起始受限的三点弧 命令（或单击"轮廓"工具栏中"圆"按钮 ⊙ 中的 ↓，再单击 ⌕ 按钮）。

Step2. 定义圆弧端点。在图形区某位置单击，放置圆弧一个端点；在另一位置单击，放置另一端点。

Step3. 定义圆弧上一点。移动鼠标，圆弧呈橡皮筋样变化，单击确定圆弧上的一点。

方法三：三点弧——确定圆弧的两个端点和弧上的一个附加点来创建一个三点圆弧。

Step1. 选择命令。选择下拉菜单 插入 ➡ 轮廓 ▶ ➡ 圆 ▶ ➡ ⌒ 三点弧 命令（或单击"轮廓"工具栏中"圆"按钮 ⊙ 中的 ↓，再单击 ⌒ 按钮）。

Step2. 在图形区某位置单击，放置圆弧的一个端点；在另一位置单击，放置圆弧上的一点。

Step3. 此时移动鼠标指针，圆弧呈橡皮筋样变化，单击放置圆弧的另一个端点。

说明：起始受限制的三点弧是通过依次单击圆弧起点、终点和圆弧中间的一点来创建的圆弧，它先确定圆弧的起始和终止距离，再决定圆弧的曲率；而三点弧是通过依次单击圆弧的起点、中间一点和终点来创建圆弧。

2.4.9　绘制椭圆

Step1. 选择命令。选择下拉菜单 插入 ➡ 轮廓 ▶ ➡ 二次曲线 ▶ ➡ ◯ 椭圆 命令（或单击"轮廓"工具栏中"椭圆"按钮 ◯ 中的 ↓，再单击 ◯ 按钮）。

Step2. 定义椭圆中心点。在图形区某位置单击，放置椭圆的中心点。

Step3. 定义椭圆长轴。在图形区某位置单击，定义椭圆的长轴和方向。

Step4. 确定椭圆大小。移动鼠标指针，将椭圆拉至所需形状并单击，完成椭圆的绘制。

2.4.10　绘制圆角

下面以图 2.4.8 为例，来说明绘制圆角的一般操作过程。

a）圆角前　　　　　　　　　　　　　　　　　　　b）圆角后

图 2.4.8　绘制圆角

Step1. 选择命令。选择下拉菜单 插入 ➡ 操作 ➡ 圆角 命令，此时"草图工具"工具条如图 2.4.9 所示。

图 2.4.9　"草图工具"工具条

Step2. 选用系统默认的"修剪所有元素"方式，分别选取两个元素（两条边），然后单击以确定圆角位置，系统便在这两个元素间创建圆角，并将两个元素裁剪至交点。

说明：在绘制圆角过程中，"草图工具"工具条中的"几何图形约束"和"尺寸约束"必须关闭，如果不关闭，则系统会自动创建一些约束。

2.4.11　绘制倒角

下面以图 2.4.10 为例，来说明绘制倒角的一般操作过程。

a）倒角前　　　　　　　　　　　　　　　　　　b）倒角后

图 2.4.10　绘制倒角

Step1. 选择命令。选择下拉菜单 插入 ➡ 操作 ➡ 倒角 命令。

Step2. 分别选取两个元素（两条边），此时图形区出现倒角预览（一条线段），且该线段随着光标的移动而变化。

Step3. 根据系统提示 单击定位倒角 ，在图形区单击以确认放置倒角的位置，完成倒角操作。

说明：在绘制圆角过程中，若关闭"草图工具"工具条中的"几何图形约束"和"尺寸约束"，则系统会自动捕捉并创建相关约束。

2.4.12　绘制六边形

六边形对于绘制截面十分有用，可省去绘制六条线的麻烦，还可以减少约束。

Step1. 选择命令。选择下拉菜单 插入 ➡ 轮廓 ▸ ➡ 预定义的轮廓 ▸ ➡
六边形 命令（或单击"轮廓"工具栏中"矩形"按钮 中的 ，再单击 按钮）。

Step2. 定义中心点。在图形区的某位置单击，放置六边形的中心点，然后将该六边形拖至所需大小。

Step3. 定义六边形上的点。再次单击，放置六边形的一条边的中点。此时，系统立即绘制一个六边形。

2.4.13　绘制轮廓

"轮廓"命令用于连续绘制直线和（或）圆弧，它是绘制草图时最常用的命令之一。轮廓线可以是封闭的，也可以是不封闭的。

Step1. 选择命令。选择下拉菜单 插入 ➡ 轮廓 ▸ ➡ 轮廓 命令（或单击"轮廓"工具栏中 按钮），此时"草图工具"工具条如图 2.4.11 所示。

图 2.4.11　"草图工具"工具条

Step2. 选用系统默认的"线"按钮 ，在图形区绘制图 2.4.12 所示的直线，此时"草图工具"工具条中的"相切弧"按钮 被激活，单击该按钮，绘制如图 2.4.13 所示的圆弧。

Step3. 按两次 Esc 键完成轮廓线的绘制。

说明：

● 轮廓线包括直线和圆弧，它们的区别在于，轮廓线可以连续绘制线段和（或）圆弧。

● 绘制线段或圆弧后，若要绘制相切弧，可以在画圆弧起点时拖动鼠标，系统自动转换到圆弧模式。

● 可以利用动态输入框确定轮廓线的精确参数。

● 结束轮廓线的绘制有如下三种方法：按两次 Esc 键；单击工具条中的"轮廓线"按钮 ；在绘制轮廓线的结束点位置双击。

● 如果绘制时轮廓已封闭，则系统自动结束轮廓线的绘制。

2.4.14　绘制样条曲线

下面以图 2.4.14 为例，来说明绘制样条曲线的一般操作过程。

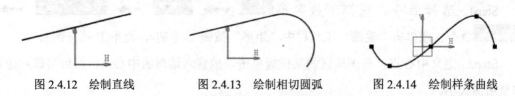

图 2.4.12　绘制直线　　　　图 2.4.13　绘制相切圆弧　　　　图 2.4.14　绘制样条曲线

样条曲线是通过任意多个点的平滑曲线，其创建过程如下：

Step1. 选择命令。选择下拉菜单 插入 ➡ 轮廓 ▶ ➡ 样条线 ▶ ➡ 样条线 命令（或单击"轮廓"工具栏中"样条曲线"按钮 中的，再单击 按钮）。

Step2. 定义样条曲线的控制点。单击一系列点，可观察到一条"橡皮筋"样条附着在鼠标指针上。

Step3. 按两次 Esc 键结束样条线的绘制。

说明：

- 当绘制的样条线形成封闭曲线时，系统自动结束样条线的绘制。
- 结束样条线的绘制有如下三种方法：按两次 Esc 键；单击工具条中的"样条线"按钮 ；在绘制轮廓线的结束点位置双击。

2.4.15　绘制延长孔

利用"延长孔"命令可以绘制键槽、螺栓孔等一类的延长孔，延长孔是由两段弧和两条直线组成的封闭轮廓。下面以图 2.4.15 所示的延长孔为例来说明其一般绘制过程。

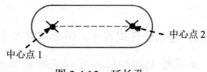

中心点 1　　　　　　　　　　～ 中心点 2

图 2.4.15　延长孔

说明：在绘制延长孔时，已将"草图工具"工具条中的"几何图形约束"和"尺寸约束"关闭。如果不关闭"几何图形约束"和"尺寸约束"，则系统会自动创建一些约束。

Step1. 选择命令。选择下拉菜单 插入 ➡ 轮廓 ▶ ➡ 预定义的轮廓 ▶ ➡ 延长孔 命令（或单击"轮廓"工具栏中"矩形"按钮 中的，再单击 按钮）。

Step2. 定义中心点 1。在图形区的某位置单击，放置延长孔的一个中心点。

Step3. 定义中心点 2。移动光标至合适位置，单击以放置延长孔的另一个中心点，然后将该延长孔拖至所需大小。

Step4. 定义延长孔上的点。再次单击，放置延长孔上一点。此时，系统立即绘制一个延长孔。

2.4.16　创建点

点的创建很简单。在设计管路和电缆布线时，创建点对工作十分有帮助。

Step1. 选择命令。选择下拉菜单 插入 ➡ 轮廓 ▶ ➡ 点 ▶ ➡ ˩ 点 命令（或单击"轮廓"工具栏中"点"按钮 ˙ 中的 ˩，再单击 ˙ 按钮）。

Step2. 在图形区的某位置单击以放置该点。

2.4.17　将一般元素变成构造元素

CATIA 中构造元素（构建线）的作用为辅助线（参考线），构造元素以虚线显示。草绘中的直线、圆弧、样条线等元素都可以转化为构造元素。下面以图 2.4.16b 为例，说明其创建方法。

Step1. 打开文件 D:\dbv521.1\work\ch02\ch02.04\ch02.04.17\construct.CATPart。

Step2. 按住 Ctrl 键不放，依次选取图 2.4.16a 中的圆、直线和圆弧。

　　a）一般元素　　　　　　　　　　　　　　　　b）构建元素

图 2.4.16　将元素转换为构建元素

Step3. 在"草图工具"工具条中单击"构造/标准元素"按钮 ，被选取的元素就转换成构造元素。

2.5　草图的编辑

2.5.1　直线的操纵

CATIA 提供了元素操纵功能，可方便地旋转、拉伸和移动元素。

操纵 1 的操作流程：在图形区，把鼠标指针 移到直线上，按下鼠标左键不放，同时移动鼠标（此时鼠标指针变为 ），此时直线随着鼠标指针一起移动（如图 2.5.1 所示），达到绘制意图后，松开鼠标左键。

操纵 2 的操作流程：在图形区，把鼠标指针 移到直线的某个端点上，按下左键不放，同时移动鼠标，此时会看到直线以另一端点为固定点伸缩或转动（如图 2.5.2 所示），达到绘制意图后，松开鼠标左键。

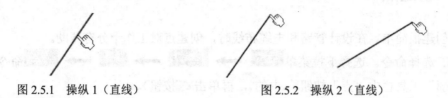

图 2.5.1　操纵 1（直线）　　　　　　图 2.5.2　操纵 2（直线）

2.5.2　圆的操纵

操纵 1 的操作流程：把鼠标指针 移到圆的边线上，按下鼠标左键不放，同时移动鼠标，此时会看到圆在变大或缩小（如图 2.5.3 所示）。达到绘制意图后，松开鼠标左键。

操纵 2 的操作流程：把鼠标指针 移到圆心上，按下鼠标左键不放，同时移动鼠标，此时会看到圆随着指针一起移动（如图 2.5.4 所示）。达到绘制意图后，松开鼠标左键。

图 2.5.3　操纵 1（圆）　　　　　　　图 2.5.4　操纵 2（圆）

2.5.3　圆弧的操纵

操纵 1 的操作流程：把鼠标指针 移到圆弧上，按下鼠标左键不放，同时移动鼠标，此时会看到圆弧随着指针一起移动（如图 2.5.5 所示）。达到绘制意图后，松开鼠标左键。

操纵 2 的操作流程：把鼠标指针 移到圆弧的圆心点上，按下鼠标左键不放，同时移动鼠标，此时圆弧以某一端点为固定点旋转，并且圆弧的包角及半径也在变化（如图 2.5.6 所示）。达到绘制意图后，松开鼠标左键。

操纵 3 的操作流程：把鼠标指针 移到圆弧的某个端点上，按下鼠标左键不放，同时移动鼠标，此时会看到圆弧以另一端点为固定点旋转，并且圆弧的包角也在变化（图 2.5.7）。达到绘制意图后，松开鼠标左键。

图 2.5.5　操纵 1（圆弧）

图 2.5.6　操纵 2（圆弧）

图 2.5.7　操纵 3（圆弧）

2.5.4　样条曲线的操纵

操纵 1 的操作流程（如图 2.5.8 所示）：把鼠标指针移到样条曲线的某个端点上，按下左键不放，同时移动鼠标，此时样条线以另一端点为固定点旋转，同时大小也在变化。达到绘制意图后，松开鼠标左键。

操纵 2 的操作流程（如图 2.5.9 所示）：把鼠标指针移到样条曲线的中间点上，按下左键不放，同时移动鼠标，此时样条曲线的拓扑形状（曲率）不断变化。达到绘制意图后，松开鼠标左键。

图 2.5.8　操纵 1（样条曲线）

图 2.5.9　操纵 2（样条曲线）

2.5.5　删除元素

Step1. 在图形区单击或框选要删除的元素。

Step2. 按键盘上的 Delete 键，所选元素即被删除。也可采用下面两种方法删除元素：

- 右击，在弹出的快捷菜单中选择 删除 命令。
- 选择下拉菜单 编辑 ➡ 删除 命令。

2.5.6　平移对象

平移对象可以实现选定元素相对于指定点的平移操作，此操作将改变所选对象的空间位置而不改变其形状及比例。

下面以图 2.5.10 所示的圆弧为例，来说明平移对象的一般操作过程。

Step1. 打开文件 D：\dbv521.1\work\ch02\ch02.05\ch02.05.06\translate.CATPart。

Step2. 选取对象。在图形区单击或框选（框选时要框住整个元素）要平移的元素。

Step3. 选择命令。选择下拉菜单 插入 ➡ 操作 ▶ ➡ 变换 ▶ ➡ 一〉平移 命令（或在"操作"工具栏单击"镜像"按钮中的，再单击按钮），系统弹出图 2.5.11 所示的"平移定义"对话框。

Step4. 定义是否复制。在"平移定义"对话框中取消选中 复制模式 复选框。

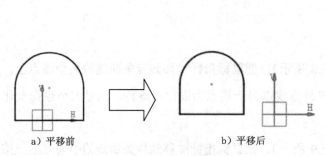

a）平移前   b）平移后

图 2.5.10 平移操作

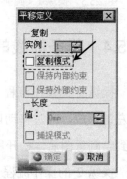

图 2.5.11 "平移定义"对话框

Step5. 定义平移起点。在图形区单击以确定平移起点（如选择坐标原点）。此时，"平移定义"对话框中 长度 选项组下的文本框被激活。

Step6. 定义参数。在 长度 选项组下的文本框中输入值 70，单击 确定 按钮。

Step7. 定义平移方向。在图形区单击以确定平移的方向。

2.5.7　缩放对象

缩放对象可以实现选定元素相对于指定点的缩放操作，此操作将改变所选对象的比例而不改变其几何形状。

下面以图 2.5.12 为例，来说明缩放对象的一般操作过程。

Step1. 打开文件 D:\dbv521.1\work\ch02\ch02.05\ch02.05.07\zoom.CATPart。

Step2. 选取对象。在图形区单击或框选（框选时要框住整个元素）如图 2.5.12a 所示的对象。

Step3. 选择命令。选择下拉菜单 插入 → 操作 → 变换 → 缩放 命令（或在"操作"工具栏单击"镜像"按钮中的，再单击按钮），系统弹出如图 2.5.13 所示的"缩放定义"对话框。

Step4. 定义是否复制。在"标度定义"对话框中取消选中 复制模式 复选框。

Step5. 定义缩放中心点。在图形区某位置单击，以确定缩放的中心点，此时，"标度定义"对话框中 缩放 选项组下的文本框被激活。

Step6. 定义缩放参数。在 缩放 选项组下的文本框中输入值为 0.6，单击 确定 按钮，完成对象的缩放操作。

说明：

● 在进行缩放操作时，可以先选择命令，然后再选择需要缩放的对象。

● 定义缩放值，在图形区中移动鼠标至所需数值时单击即可。

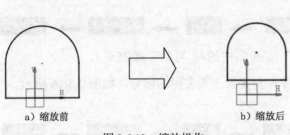 

图 2.5.12　缩放操作　　　　　　　　图 2.5.13　"缩放定义"对话框

2.5.8　旋转对象

旋转对象可以实现选定元素相对于指定点的旋转操作，此操作将改变所选对象的空间位置而不改变其形状及比例。

下面以图 2.5.14 所示的圆弧为例，来说明旋转对象的一般操作过程。

Step1. 打开文件 D:\dbv521.1\work\ch02\ch02.05\ch02.05.08\revolve.CATPart。

Step2. 选取对象。在图形区单击或框选（框选时要框住整个元素）要旋转的元素。

Step3. 选择命令。选择下拉菜单 插入 ➜ 操作 ➜ 变换 ➜ 旋转 命令（或在"操作"工具栏单击"镜像"按钮 中的 ，再单击 按钮），系统弹出如图 2.5.15 所示的"旋转定义"对话框。

Step4. 定义是否复制。在"旋转定义"对话框中取消选中 复制模式 复选框。

Step5. 定义旋转中心点。在图形区单击以确定旋转的中心点（如选择坐标原点）。此时，"标度定义"对话框中 角度 选项组下的文本框被激活。

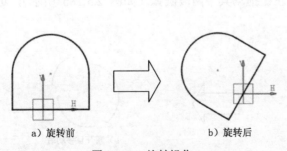 

图 2.5.14　旋转操作　　　　　　　　图 2.5.15　"旋转定义"对话框

Step6. 定义参数。在 角度 选项组下的文本框中输入值 60，单击"旋转定义"对话框中的 ● 确定 按钮，完成对象的旋转操作。

2.5.9 修剪元素

方法一：快速修剪。

Step1. 选择命令。选择下拉菜单 插入 ➡ 操作 ▶ ➡ 重新限定 ▶ ➡ ✏快速修剪 命令（或在"操作"工具栏单击"修剪"按钮 ✂· 中的 ▾，再单击 ✏ 按钮）。

Step2. 定义修剪对象。分别单击各相交元素上要去掉的部分，如图 2.5.16 所示。

方法二：使用边界修剪。

Step1. 选择命令。选择下拉菜单 插入 ➡ 操作 ▶ ➡ 重新限定 ▶ ➡ ✂修剪 命令（或在"操作"工具栏单击"修剪"按钮 ✂· 中的 ▾，再单击 ✂ 按钮）。

Step2. 定义修剪对象。依次单击两个相交元素上要保留的一侧，如图 2.5.17 所示。

说明：如果所选两元素不相交，则系统将对其延伸，并将线段修剪至交点。

方法三：断开元素。

Step1. 选择命令。选择下拉菜单 插入 ➡ 操作 ▶ ➡ 重新限定 ▶ ➡ ✳断开 命令（或在"操作"工具栏单击"修剪"按钮 ✂· 中的 ▾，再单击 ✐ 按钮）。

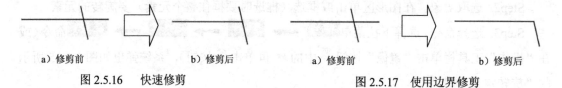

a) 修剪前　　　　　b) 修剪后　　　　　　　a) 修剪前　　　　　b) 修剪后

图 2.5.16　快速修剪　　　　　　　　　图 2.5.17　使用边界修剪

Step2. 定义断开对象。选择一个要断开的元素（图 2.5.18a 所示的圆）。

Step3. 选择断开位置。在图 2.5.18a 所示的位置 1 单击，则系统在单击处断开元素。

Step4. 重复 Step1～Step3，将圆在位置 2 和位置 3 处断开。此时，圆被分成了三段圆弧。

Step5. 验证断开操作。按住鼠标左键拖动其中两段圆弧（如图 2.5.18b 所示），可以看到圆弧已经断开。

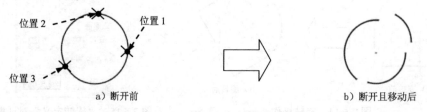

a) 断开前　　　　　　　　　　　　　　　b) 断开且移动后

图 2.5.18　断开元素

2.5.10　复制元素

Step1. 在图形区单击或框选（框选时要框住整个元素）要复制的元素。

Step2. 先选择下拉菜单 编辑 ➡ 复制 命令，然后选择下拉菜单 编辑 ➡ 粘贴 命令，系统立即复制出一个与源对象形状大小和位置完全一致的图形。

2.5.11　镜像元素

镜像操作就是以一条直线（或轴）为中心，将所选对象对称复制到中心的另一侧。下面以图 2.5.19 为例，来说明镜像元素的一般操作过程。

　　　　a）镜像前　　　　　　　　　　　　　　　　　　b）镜像后

图 2.5.19　元素的镜像

Step1. 选取对象。在图形区单击或框选要镜像的元素。

Step2. 选择命令。选择下拉菜单 插入 ➡ 操作 ▶ ➡ 变换 ▶ ➡ 镜像 命令（或在"操作"工具栏单击"镜像"按钮 中的 ，再单击 按钮）。

Step3. 定义镜像中心线。选择如图 2.5.19a 所示的 V 轴为镜像中心线。

2.5.12　对称元素

对称操作是在镜像复制选择的对象后删除原对象，其操作方法与镜像操作相同，这里不再赘述。

2.5.13　偏移曲线

偏移曲线就是绘制选择对象的等距线。下面以图 2.5.20 为例，来说明偏移曲线的一般操作过程。

Step1. 选取对象。在图形区单击或框选要偏移的元素。

Step2. 选择命令。选择下拉菜单 插入 ➡ 操作 ▶ ➡ 变换 ▶ ➡ 偏移 命令（或在"操作"工具栏单击"镜像"按钮 中的 ，再单击 按钮）。

Step3. 定义偏移位置。在图形区移动鼠标至合适位置单击，完成曲线的偏移操作。

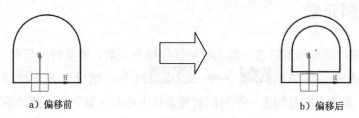

a）偏移前　　　　　　　　　　　b）偏移后

图 2.5.20　"偏移曲线"示意图

2.6　草图的尺寸标注

草图标注就是决定草图中的几何图形的尺寸，例如长度、角度、半径和直径等，它是一种以数值来确定草绘元素精确尺寸的约束形式。一般情况下，在绘制草图之后，需要对图形进行尺寸定位，使尺寸满足预定的要求。

2.6.1　标注线段长度

Step1. 选择命令。选择下拉菜单 插入 ➡ 约束 ➡ 约束创建 ➡ 约束 命令（或在"约束"工具栏单击"约束"按钮中的，再单击 按钮）。

Step2. 选取要标注的元素。单击位置 1 以选择直线（如图 2.6.1 所示）。

说明：在标注草图时，可以先选取要标注的对象，再选择命令。

Step3. 确定尺寸的放置位置。在位置 2 处，单击以放置尺寸。

2.6.2　标注两条平行线间的距离

Step1. 选择下拉菜单 插入 ➡ 约束 ➡ 约束创建 ➡ 约束 命令（或在"约束"工具栏单击"约束"按钮中的，再单击 按钮）。

Step2. 分别单击位置 1 和位置 2 以选择两条平行线，然后单击位置 3 以放置尺寸（如图 2.6.2 所示）。

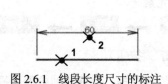

图 2.6.1　线段长度尺寸的标注

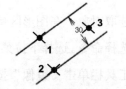

图 2.6.2　平行线距离的标注

2.6.3 标注点和线之间的距离

Step1. 选择下拉菜单 插入 ➡ 约束 ▸ ➡ 约束创建 ▸ ➡ ⬚約束 命令（或在"约束"工具栏单击"约束"按钮 中的 ，再单击 按钮）。

Step2. 单击位置 1 以选择点，单击位置 2 以选择直线；单击位置 3 放置尺寸（如图 2.6.3 所示）。

2.6.4 标注两点间的距离

Step1. 选择下拉菜单 插入 ➡ 约束 ▸ ➡ 约束创建 ▸ ➡ ⬚約束 命令（或在"约束"工具栏单击"约束"按钮 中的 ，再单击 按钮）。

Step2. 分别单击位置 1 和位置 2 以选择两点，单击位置 3 放置尺寸（如图 2.6.4 所示）。

图 2.6.3 点、线间距离的标注

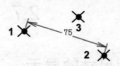

图 2.6.4 两点间距离的标注

2.6.5 标注两条直线间的角度

Step1. 选择下拉菜单 插入 ➡ 约束 ▸ ➡ 约束创建 ▸ ➡ ⬚約束 命令（或在"约束"工具栏单击"约束"按钮 中的 ，再单击 按钮）。

Step2. 分别在两条直线的点 1 和点 2 位置处单击；然后单击位置 3 放置尺寸（锐角，如图 2.6.5 所示），或单击位置 4 放置尺寸（钝角，如图 2.6.6 所示）。

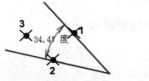

图 2.6.5 两条直线间角度的标注——锐角

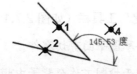

图 2.6.6 两条直线间角度的标注——钝角

2.6.6 标注半径

Step1. 选择下拉菜单 插入 ➡ 约束 ▸ ➡ 约束创建 ▸ ➡ ⬚約束 命令（或在"约束"工具栏单击"约束"按钮 中的 ，再单击 按钮）。

Step2. 单击位置 1 选择圆弧，然后单击位置 2 放置尺寸（如图 2.6.7 所示）。

2.6.7　标注直径

Step1. 选择下拉菜单 插入 ➡ 约束 ▸ ➡ 约束创建 ▸ ➡ 约束 命令（或在
"约束"工具栏单击"约束"按钮 中的 ，再单击 按钮）。

Step2. 选取要标注的元素。单击位置 1 以选择圆（如图 2.6.8 所示）。

Step3. 确定尺寸的放置位置。在位置 2 单击（如图 2.6.8 所示）。

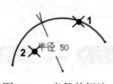

图 2.6.7　半径的标注

图 2.6.8　直径的标注

2.7　尺寸标注的修改

2.7.1　控制尺寸的显示

图 2.7.1 所示的"可视化"工具栏可以用来控制尺寸的显示。单击"可视化"工具栏中
的"尺寸约束"按钮 （单击后按钮显示为橙色），图形区中显示标注的尺寸；再次单击该
按钮，则系统关闭尺寸的显示。

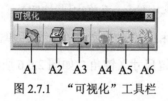

图 2.7.1　"可视化"工具栏

"可视化"工具栏（如图 2.7.1 所示）中的有关按钮说明如下：

A1：按草图平面剪切零件。

A2：用于控制工作台背景中模型的显示状态。

A3：用于控制工作台中的背景。

A4：交替地显示或隐藏解析器的诊断。

A5：显示/隐藏尺寸约束。

A6：显示/隐藏几何约束。

2.7.2　移动尺寸

1．移动尺寸文本

如果要移动尺寸文本的位置，可按以下步骤操作：

Step1. 单击要移动的尺寸文本。

Step2. 按下鼠标左键并移动鼠标，将尺寸文本拖至所需位置。

2．移动尺寸线

如果要移动尺寸线的位置，可按下列步骤操作：

Step1. 单击要移动的尺寸线。

Step2. 按下鼠标左键并移动鼠标，将尺寸线拖至所需位置（尺寸文本随着尺寸线的移动而移动）。

2.7.3　修改尺寸值

有两种方法可修改标注的尺寸值。

方法一：

Step1. 打开文件 D:\dbv521.1\work\ch02\ch02.07\ch02.07.03\change_dimension.CATPart。

Step2. 在如图 2.7.2 所示的尺寸文本上双击，系统弹出如图 2.7.3 所示的"约束定义"对话框。

Step3. 定义参数。在"约束定义"对话框中的文本框中输入值为 130，单击 ◙ 确定 按钮完成尺寸的修改操作（如图 2.7.2b 所示）。

Step4. 重复步骤 Step2～Step3，可修改其他尺寸值。

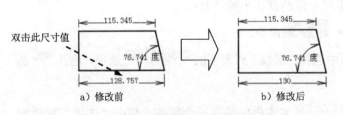

图 2.7.2　修改尺寸值 1

图 2.7.3　"约束定义"对话框

方法二：

Step1. 打开文件 D:\dbv521.1\work\ch02\ch02.07\ch02.07.03\change _dimension.CATPart。

Step2. 选择下拉菜单 插入 ➡ 约束 ▶ ➡ 编辑多重约束 命令（或单击"约束"
工具栏中的"编辑多约束"按钮 ），系统弹出如图 2.7.4 所示的"编辑多重约束"对话框，
图形区中的每一个尺寸约束和尺寸参数出现在列表框中。

Step3. 在列表框中选择需要修改的尺寸约束，然后在文本框中输入新的尺寸值。

Step4. 单击"编辑多重约束"对话框中的 确定 按钮，结果如图 2.7.5 所示。

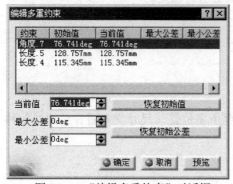

图 2.7.4　"编辑多重约束"对话框

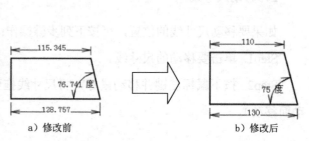

a）修改前　　　　　　　b）修改后

图 2.7.5　修改尺寸值 2

2.7.4　删除尺寸

删除尺寸的操作方法如下：

Step1. 单击需要删除的尺寸（按住 Ctrl 键可多选）。

Step2. 选择下拉菜单 编辑 ➡ 删除 命令（或按键盘中的 Delete 键；或右击，在系
统弹出的快捷菜单中选择 删除 命令），选取的尺寸即被删除。

2.7.5　修改尺寸值的小数位数

可以使用"选项"对话框来指定尺寸值的默认小数位数：

Step1. 选择下拉菜单 工具 ➡ 选项... 命令。

Step2. 在弹出的"选项"对话框中选择"常规"列表下的 参数和测量 选项，选择 单位 选
项卡（如图 2.7.6 所示）。

Step3. 在 尺寸显示 选项组的 读/写数字的小数位 文本框中输入一个新值，单击"选项"对话框
中的 确定 按钮，系统接受该变化并关闭对话框。

注意：增加尺寸时，系统将数值四舍五入到指定的小数位数。

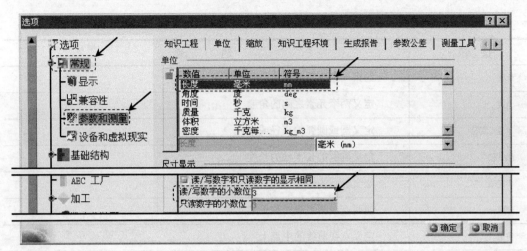

图 2.7.6 "选项"对话框

2.8 草图中的几何约束

按照工程技术人员的设计习惯,在草绘时或草绘后,希望对绘制的草图增加一些平行、相切、相等、共线等几何约束来帮助定位,CATIA 系统可以很容易地做到这一点。下面对约束进行详细的介绍。

2.8.1 约束的种类

CATIA 所支持的约束种类如表 2.8.1 所示。

2.8.2 创建约束

下面以如图 2.8.1 所示的相合约束为例,来说明创建约束的一般操作过程。

Step1. 选择对象。按住 Ctrl 键,在图形区选取 V 轴和圆心。

Step2. 选择命令。选择下拉菜单 插入 ➡ 约束 ▸ ➡ 约束 命令(或单击"约束"工具栏中的 按钮),系统弹出如图 2.8.2 所示的"约束定义"对话框。

说明:在"约束定义"对话框中,能够添加的所有约束选项将变得可选。

Step3. 定义约束。在"约束定义"对话框中选中 相合 复选框,单击 确定 按钮,完成相合约束的添加。

表 2.8.1 约束种类

按 钮	约 束
长度	约束一条直线的长度
角度	定义两个元素之间的角度
半径/直径	定义圆或圆弧的直径或半径
半长轴	定义椭圆的长半轴的长度
半短轴	定义椭圆的短半轴的长度
对称	使两点或两直线对称于某元素
中点	定义点在曲线的中点上
等距点	使空间中三个点彼此之间的距离相等
竖直	使直线处于竖直状态
相合	使选定的对象重合
同心度	当两个元素（直线）被指定该约束后，它们的圆心将位于同一点上
相切	使选定的对象相切
平行	当两个元素（直线）被指定该约束后，这两条直线将自动处于平行状态
距离	约束两个指定元素之间的距离（元素可以为点、线、面等）
水平	使直线处于水平状态
垂直	使两直线垂直

Step4. 重复步骤 Step1～Step3，可创建其他的约束。

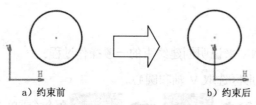

a）约束前   b）约束后

图 2.8.1 元素的相合约束

图 2.8.2 "约束定义"对话框

2.8.3 约束的显示

1. 约束的屏幕显示控制

在"可视化"工具栏中单击"几何图形约束"按钮，即可控制约束符号在屏幕中的显示或关闭。

2．约束符号颜色含义

- 约束：显示为绿色。
- 鼠标指针所在的约束：显示为橙色。
- 选定的约束：显示为橙色。

3．各种约束符号列表

各种约束的显示符号如表 2.8.2 所示。

表 2.8.2　约束符号列表

约 束 名 称	约束显示符号
中点	◣
相合	◎
水平	H
竖直	V
同心度	◎
相切	═
平行	├─┼─┤
垂直	⌐
对称	◫
等距点	◣
固定	⚓

2.8.4　接触约束

接触约束是进行快速约束的一种方法，添加接触约束就是添加两个对象之间的相切、同心、共线等约束关系。其中，点和其他元素之间是重合约束，圆和圆以及椭圆之间是同心约束，直线之间是共线约束，直线与圆之间以及除了圆和椭圆之外的其他两个曲线之间是相切约束。下面以如图 2.8.3 所示的相切约束为例，说明创建接触约束的一般操作步骤。

a）约束前　　　　　　　　　　　　b）约束后

图 2.8.3　相切约束

Step1. 选取对象。按住 Ctrl 键，在图形区选取圆和直线。

Step2. 选择命令。选择下拉菜单 插入 ➡ 约束 ➡ 约束创建 ➡

◎ 接触约束 命令（或单击"约束"工具栏中的 ◎ 按钮），系统立即创建相切约束。

2.8.5　删除约束

下面以图 2.8.4 为例，说明删除约束的一般操作过程。

Step1. 打开文件 D:\dbv521.1\work\ch02\ch02.08\ch02.08.05\delete.CATPart。

Step2. 选择对象。在如图 2.8.5 所示的特征树中单击要删除的约束。

Step3. 选择命令。右击，弹出如图 2.8.6 所示的快捷菜单，选择其中的 删除 命令（或按 Delete 键），系统删除所选的约束。

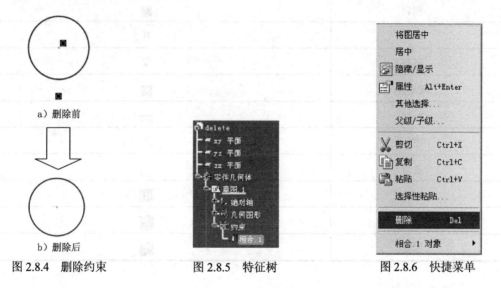

a）删除前　　b）删除后
图 2.8.4　删除约束　　　　图 2.8.5　特征树　　　　图 2.8.6　快捷菜单

2.9　草图状态解析与分析

完成草图的绘制后，应该对它进行一些简单的分析。在分析草图的过程中，系统显示草图未完全约束、已完全约束和过度约束等状态，然后通过此分析可进一步地修改草图，从而使草图完全约束。

2.9.1　草图状态解析

草图状态解析就是对草图轮廓做简单的分析，判断草图是否完全约束。下面介绍草图状态解析的一般操作过程：

Step1.　打开文件 D:\dbv521.1\work\ch02\ch02.09\ch02.09.01\analysis.CATPart（如图 2.9.1 所示）。

Step2.　在如图 2.9.2 所示的"工具"工具条中，单击"草图解析状态"按钮 中的 ，再单击 按钮，系统弹出如图 2.9.3 所示的"草图求解状态"对话框。此时，对话框中显示"不充分约束"字样，表示该草图未完全约束。

 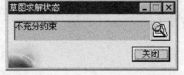

图 2.9.1　草图　　　　图 2.9.2　"工具"工具条　　　图 2.9.3　"草图求解状态"对话框（一）

说明：当草图完全约束和过度约束时，"草图求解状态"对话框分别如图 2.9.4 和图 2.9.5 所示。

图 2.9.4　"草图求解状态"对话框（二）　　　　图 2.9.5　"草图求解状态"对话框（三）

2.9.2　草图分析

选择下拉菜单 工具 ➡ 草图分析 命令可以对草图进行分析。下面介绍利用"草图分析"命令分析草图的一般操作过程。

Step1.　打开文件 D:\dbv521.1\work\ch02\ch02.09\ch02.09.02\analysis.CATPart。

Step2.　选择下拉菜单 工具 ➡ 草图分析 命令（或在"工具"工具栏中，单击"草图状态解析"按钮 中的 ，再单击 按钮），系统弹出如图 2.9.6 所示的"草图分析"对话框。

Step3.　在"草图分析"对话框中选择 诊断 选项卡，其列表框中显示草图中所有的元素以及它们的约束状态（如图 2.9.7 所示）。

说明：若选取列表框中的元素，则图形区中对应的元素将加亮，以此可判断该元素的位置及约束状态。

图 2.9.6　"草图分析"对话框

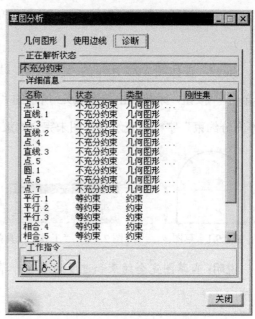

图 2.9.7　"诊断"选项卡

2.10　草　绘　范　例

2.10.1　草绘范例 1

范例概述：

本范例从新建一个草图开始，详细介绍了草图的绘制、编辑和标注的过程，要重点掌握的是约束的自动捕捉以及尺寸的处理技巧，图形如图 2.10.1 所示，其绘制过程如下：

Stage1．新建一个草绘文件

选择下拉菜单 文件 ➞ □ 新建... 命令，弹出图 2.10.2 所示的"新建"对话框，在 类型列表：中选择 Part 选项，单击 ● 确定 按钮，系统弹出图 2.10.3 所示的"新建零件"对话框，在 输入零件名称 文本框中输入文件名为 spsk1，单击 ● 确定 按钮，进入零件设计工作台。

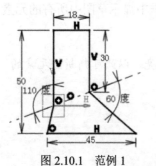

图 2.10.1　范例 1

图 2.10.2　"新建"对话框

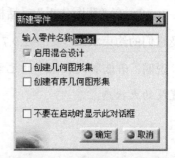

图 2.10.3　"新建零件"对话框

Stage2．绘制草图前的准备工作

Step1．选择下拉菜单 插入 ➡ 草图编辑器 ▶ ➡ 草图 命令，在特征树中选择"xy 平面"作为草图平面，系统进入草图设计工作台。

Step2．确认"草图工具"工具条中的"几何约束"按钮 和"尺寸约束"按钮 显示橙色（即"几何约束"和"尺寸约束"处于开启状态）。

Stage3．创建草图以勾勒出图形的大概形状

Step1．绘制轴线。选择下拉菜单 插入 ➡ 轮廓 ▶ ➡ 轴 命令，绘制图 2.10.4 所示的轴线，并添加几何约束。

Step2．绘制轮廓线。选择下拉菜单 插入 ➡ 轮廓 ▶ ➡ 轮廓 命令，在图形区绘制图 2.10.5 所示的轮廓线。

说明：在绘制草图的过程中，系统会自动创建一些几何约束。在本例中所需的几何约束均可由系统自动创建。

Stage4．创建尺寸约束

Step1．添加图 2.10.6 所示的长度约束。

（1）选择命令。在下拉菜单中选择 插入 ➡ 约束 ▶ ➡ 约束创建 ▶ ➡ 约束 命令。

（2）标注尺寸。单击图 2.10.7 所示的位置 1 选择标注对象，单击位置 1 放置尺寸。

（3）用相同方法添加其他长度约束。

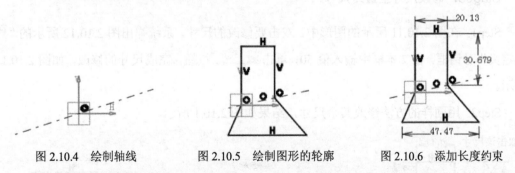

图 2.10.4　绘制轴线　　　　　图 2.10.5　绘制图形的轮廓　　　　图 2.10.6　添加长度约束

Step2．添加图 2.10.8 所示的距离约束。

（1）选择命令。在下拉菜单中选择 插入 ➡ 约束 ▶ ➡ 约束创建 ▶ ➡ 约束 命令。

（2）标注尺寸。单击图 2.10.8 所示的位置 3 以选择标注对象 1，单击位置 4 以选择标注对象 2，单击位置 5 放置尺寸。

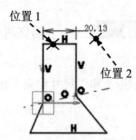
图 2.10.7 添加长度约束的过程

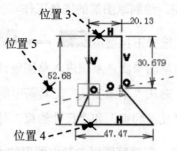
图 2.10.8 添加距离约束

Step3. 添加图 2.10.9 所示的角度约束。

（1）选择命令。选择下拉菜单 插入 ➡ 约束 ➡ 约束创建 ➡ 约束 命令。

（2）标注尺寸。单击图 2.10.10 所示的位置 6 以选择标注对象 3，单击位置 7 以选择标注对象 4，单击位置 8 放置尺寸。

（3）用相同方法添加其他角度约束。

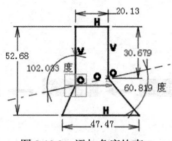
图 2.10.9 添加角度约束

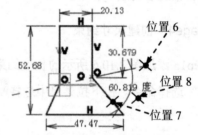
图 2.10.10 添加角度约束过程

Stage5. 修改尺寸至最终尺寸

Step1. 在图 2.10.11 所示的图形中，双击要修改的尺寸，系统弹出图 2.10.12 所示的"约束定义"对话框，在文本框中输入值 50，单击 确定 按钮，完成尺寸的修改，如图 2.10.13 所示。

Step2. 用同样的方法修改其余尺寸，结果如图 2.10.1 所示。

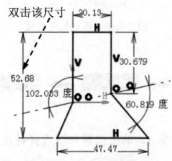
图 2.10.11 修改图形尺寸

图 2.10.12 "约束定义"对话框

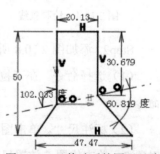
图 2.10.13 修改后的图形尺寸

2.10.2　草绘范例 2

范例概述：

本范例主要介绍相切圆弧的创建及草图"偏移"命令的使用。图形如图 2.10.14 所示，其创建过程如下：

Step1．新建一个零件文件，文件名为 sketch_03。

Step2．绘制草图前的准备工作。选取 xy 平面作为草绘平面，进入草图设计工作台；关闭尺寸约束显示和几何约束显示。

Step3．勾勒出图形的大概形状。选择下拉菜单 插入 ➡ 轮廓 ▸ ➡ 圆 ➡ ◯圆命令，以原点为圆心绘制如图 2.10.15 所示的圆；用同样的方法绘制如图 2.10.16 所示的第二个圆。

图 2.10.14　范例 3　　　　图 2.10.15　绘制第一个圆　　　　图 2.10.16　绘制第二个圆

（1）绘制如图 2.10.17 所示的两条圆弧，并分别添加每条圆弧和两个圆之间的相切约束。

（2）添加修剪操作。选择如图 2.10.17 所示的两条圆弧为要修剪的部分，修剪后的图形如图 2.10.18 所示。

（3）添加如图 2.10.19 所示的偏移操作。选择下拉菜单 插入 ➡ 操作 ▸ ➡ 变换 ▸ ➡ ✏偏移命令；单击"草图工具"工具条中的"相切拓展"按钮 ，然后选取草图中的任意一条圆弧作为要偏移的对象，在"草图工具"工具条中 偏移：文本框中输入**值 10.0**，按回车键确定。

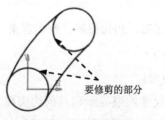

要修剪的部分

图 2.10.17　绘制圆弧

图 2.10.18　修剪后的图形

Step4．添加几何约束。

（1）添加相切约束。约束如图 2.10.20 所示的圆弧 1 和圆弧 2 相切。用同样的方法建立其余圆弧的相切约束。

（2）添加同心约束。约束如图 2.10.20 所示的圆弧 2 和圆弧 3 同心。用同样的方法建立其余相应圆弧的同心约束。

Step5．标注尺寸。

（1）添加如图 2.10.20 所示的偏移尺寸值为 10。

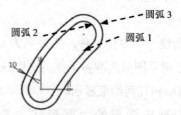

图 2.10.19　偏移操作　　　　图 2.10.20　添加几何约束

（2）标注如图 2.10.21 所示的四条圆弧的半径。

（3）标注如图 2.10.22 所示的圆心到原点的水平距离和垂直距离。

Step6．修改尺寸。选择下拉菜单 插入 ➡ 约束 ▶ ➡ 编辑多重约束命令，修改后的最终图形如图 2.10.23 所示。

Step7．草图绘制完毕，保存模型。

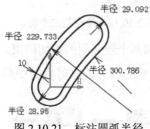

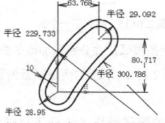

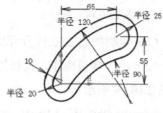

图 2.10.21　标注圆弧半径　　图 2.10.22　标注水平和垂直距离　　图 2.10.23　修改后的图形

2.10.3　草绘范例 3

范例概述：

本范例是一个较难的草图范例，配合使用了圆弧、相切圆弧、绘制圆角，需注意绘制轮廓的顺序。图形如图 2.10.24 所示，其创建过程如下：

Step1．新建一个零件文件，文件名为 sketch_04。

Step2．选取 xy 平面作为草绘平面，并关闭尺寸约束显示和几何约束显示。

Step3．绘制草图。以原点为圆心绘制如图 2.10.25 所示的圆，然后绘制如图 2.10.26 所示的轮廓。

说明：注意图中圆弧的相切约束，熟练时可用相切弧来绘制。

Step4．添加约束。添加如图 2.10.26 所示的圆弧 2 和直线 1 的相切约束，并约束圆弧 1 和圆弧 2 的切点与 V 轴相合。

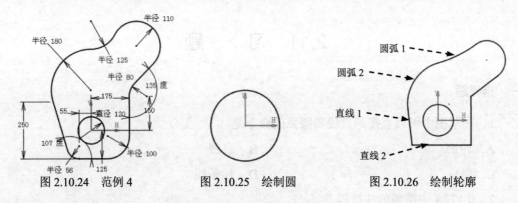

图 2.10.24　范例 4　　　　　图 2.10.25　绘制圆　　　　　图 2.10.26　绘制轮廓

Step5．添加圆角操作。各圆角半径值如图 2.10.27 所示。

Step6．标注尺寸。

（1）标注如图 2.10.28 所示的三条圆弧的半径及直线 1 和直线 2 之间的角度值。

（2）标注图 2.10.29 中圆心（半径为 56 的圆弧的圆心）到 V 轴的水平距离、图 2.10.28 中直线 2 到 V 轴的水平距离。

（3）标注图 2.10.26 中直线 1 和直线 2 之间的角度值，如图 2.10.29 所示。

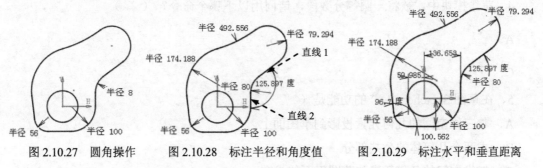

图 2.10.27　圆角操作　　　图 2.10.28　标注半径和角度值　　　图 2.10.29　标注水平和垂直距离

（4）标注图 2.10.26 中直线 1 与圆弧 2 的切点到直线 2 的垂直距离，如图 2.10.30 所示。

（5）标注图 2.10.30 中圆心（半径为 80 的圆弧的圆心）到 H 轴的垂直距离。

（6）最后标注图 2.10.30 中圆心在原点上的圆的直径。

Step7．修改尺寸。修改后的最终图形如图 2.10.31 所示。

Step8．保存模型。

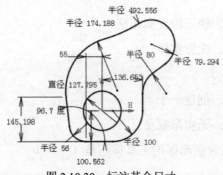

图 2.10.30　标注其余尺寸

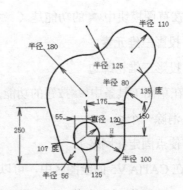

图 2.10.31　修改尺寸后的图形

2.11　习　　题

一、选择题

1、在草图中可以直接画直线和圆弧的命令是（　　　　）

A．轮廓 　　　　　　　　　　　B．直线

C．弧 　　　　　　　　　　　　D．样条线

2、CATIA 中撤销的快捷键是（　　）

A．Ctrl+B 　　　　　　　　　　B．Ctrl+Q

C．Ctrl+Z 　　　　　　　　　　D．Ctrl+S

3、图标 和 2 种情况有什么不同？（　　）

A．虚线和实线 　　　　　　　　　　　B．显示和隐藏

C．实际线和构造线 　　　　　　　　　D．画圆、直线和曲线的切换

4、草绘模块中，欲将一圆等分数段，请问用以下哪个命令？（　　）

A． 　　　　　　　　　　　　B．

C． 　　　　　　　　　　　　D．

5、在草图 Sketcher 中 的功能是（　　）

A．将三维空间的几何元素投影到草图面上

B．求两个几何体的公共部分

C．三维空间的几何元素与草图平面的求交

D．在两个几何体之间导圆角

6、全约束的草图，系统默认的是呈（　　　　）颜色

A．绿色 　　　　　　　　　　　B．黑色

C．红色 　　　　　　　　　　　D．粉色

7、在草图模块中 的功能是（　　　　）

A．投影三维元素 　　　　　　　　　B．使三维元素相交

C．投影三维轮廓边 　　　　　　　　D．投影实体

8、在草图工具条中 按钮的功能是（　　　）

A．消除一个点 　　　　　　　　　B．创建一个点

C．使点固定在网格上 　　　　　　D．无实际意义

9、在 CATIA V5 的绘图区中，可以使草图适合图形区的工具按钮是（　　　　）

A. 　　　　　　　　B.

C. 　　　　　　　　D.

10、在草绘过程中，如果不小心旋转了草图视角，可以通过下列哪个按钮（　　）使草图恢复到正视状态。

A. 　　　　　　　　B.

C. 　　　　　　　　D.

11、在草图中关于直线和构造线说法正确的是（　　）

A. 直线不可以转换为参考线　　　　B. 直线可以和参考线互相转换

C. 参考线不可以转换成直线　　　　D. 以上说法均不正确

12、在草图模块下由左图到右图是应用了哪个命令（　　　）

A. 镜像　　　　　　B. 对称

C. 偏移　　　　　　D. 旋转

13、草图平面不能是（　　　）

A. 实体平的表面　　　　　　　　B. 任一平面

C. 基准面　　　　　　　　　　　D. 曲面

14、下图是在草图中绘制圆弧，请指出应用了哪种绘制方法（　　　）

A. 弧　　　　　　　　　　　　　B. 起始受限制的 3 点弧

C. 不能确定　　　　　　　　　　D. 以上都不是

15、下图是在草图中绘制圆，请指出哪个是用"圆"的方法绘制的（　　　）

A.　　　　　　　　　　　　　　B.

16、以下哪个图标是"相交点"（   ）

A.   B.

C.   D.

17、下列不能对特征树进行放大或缩小的是（   ）

A. 单击特征树杆激活树图，按住中键和右键上下拖动

B. 单击图形区右下角的坐标，按住中键和右键上下拖动

C. 单击特征树杆激活树图，按住中键和 Ctrl 键上下拖动

D. 单击图形区右下角的坐标，按住左键和右键上下拖动

18、下列选项不属于草图中的几何约束类型的是（   ）

A. 距离   B. 相切

C. 角度   D. 等长

19、下列哪个命令可以实现图 1 到图 2 的效果（   ）

A.  对称   B.  镜像

C.  旋转   D.  平移

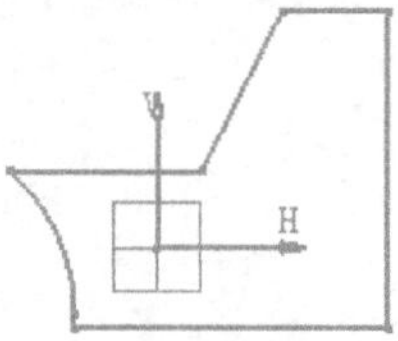

图 1 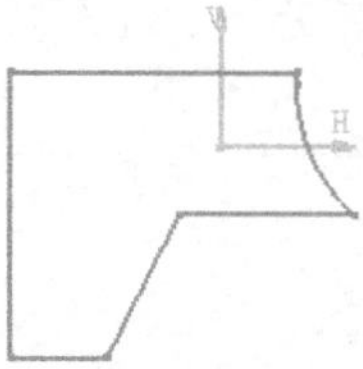   图 2

20、在对圆的直径进行标注时应该首先选择尺寸标注工具，再做（   ）操作。

A. 在圆上单击鼠标中键   B. 选择圆，再单击鼠标左键

C. 双击圆   D. 以上都不对

21、对草绘对象标注尺寸时有时会发生约束冲突，这时可以尝试将其中一个尺寸转换成（   ）来解决问题。

A. 参考尺寸   B. 基线尺寸

C. 强尺寸   D. 垂直尺寸

22、哪一个功能非常快速且非常容易地发现草图几何有没有约束，以及哪个方向没有约束？（   ）

A. 分析曲线   B. 草图属性

C. 轮廓定义   D. 拖动草图几何

23、在草图环境中，可以将草图曲线按一定的距离方向偏置复制出一条新的曲线，当偏置对象是封闭的草图时该曲线则放大或缩小的命令是（   ）

A．平移　　　　　　　　　　B．旋转

C．偏移　　　　　　　　　　D．镜像

24、在绘制草图时，欲使此草图完全约束，以下措施中无法实现的是（　　　）

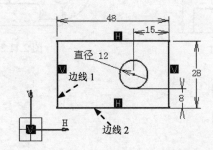

A．添加约束：约束边线 1 与 V 轴相合；然后约束边线 2 与 H 轴相合。

B．添加尺寸：添加边线 1 与 V 轴间距离尺寸；然后添加边线 2 与 H 轴间距离尺寸。

C．添加约束：约束矩形左下角顶点与坐标原点相合。

D．添加约束：添加边线 1 与尺寸为 28 的边线平行；然后添加边线 2 与尺寸为 48 的边线平行。

二、判断题

1、在绘制直线时，绘制完两点后不需要选择直线命令接着还可以绘制直线。（　　　）

2、轮廓命令在绘制草图时，在绘制结束端点处双击鼠标左键即可退出当前使用的命令。（　　　）

3、草图中的约束包括几何约束和尺寸约束。（　　　）

4、矩形命令可以绘制出倾斜的矩形。（　　　）

5、草图中镜像命令和对称命令可以实现一样的效果。（　　　）

6、轮廓命令在绘制草图时可以在直线和圆弧之间进行任意切换。（　　　）

7、草图中镜像曲线的镜像轴线可以是基准轴还可以是直线。（　　　）

8、在绘制草图时，系统不能预警过约束行为。（　　　）

9、绘制草图时可以通过颜色的变化来判断是否存在过约束行为。（　　　）

三、简答题

简述草图绘制的一般过程？

四、完成草图（要求完全约束）

1. 绘制如图 2.11.1 所示的草图。

2. 绘制如图 2.11.2 所示的草图。

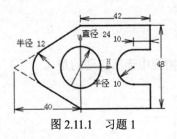

图 2.11.1　习题 1

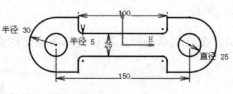

图 2.11.2　习题 2

3. 绘制如图 2.11.3 所示的草图。

4. 绘制如图 2.11.4 所示的草图。

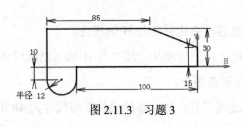

图 2.11.3　习题 3

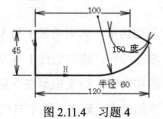

图 2.11.4　习题 4

5. 绘制如图 2.11.5 所示的草图。

6. 绘制如图 2.11.6 所示的草图。

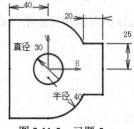

图 2.11.5　习题 5

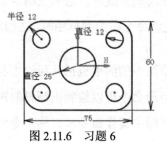

图 2.11.6　习题 6

7. 绘制如图 2.11.7 所示的草图。

8. 绘制如图 2.11.8 所示的草图。

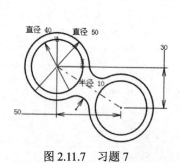

图 2.11.7　习题 7

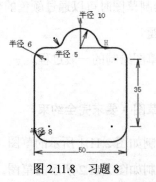

图 2.11.8　习题 8

9. 绘制如图 2.11.9 所示的草图。

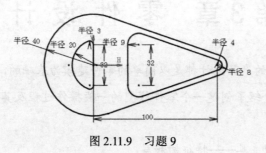

图 2.11.9 习题 9

10. 绘制如图 2.11.10 所示的草图。

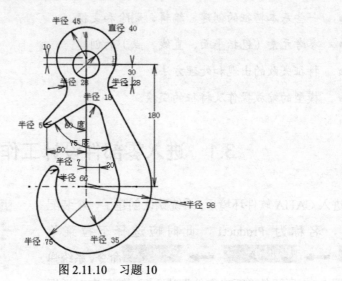

图 2.11.10 习题 10

第3章 零件设计

本章提要
复杂的产品设计都是以简单的零件建模为基础的，而零件建模的基本组成单元则是特征。本章介绍了创建一个零件模型的一般操作过程及其他一些基本的特征工具。主要内容包括：

- 三维建模的管理工具——特征树和层。
- 模型的测量与分析。
- 一些基本特征的创建、编辑、删除和变换。
- 参考元素（包括平面、直线、点）的创建。
- 特征失败的出现和处理方法。
- 模型的缩放操作及特征的变换。

3.1 进入零部件设计工作台

进入 CATIA 软件环境后，系统默认创建了一个装配文件，名称为 Product1，此时应选择下拉菜单 开始 ➡ 机械设计 ➡ 零件设计 命令，系统弹出如图 3.1.1 所示的"新建零件"对话框，然后在对话框中输入零部件名称，选择 启用混合设计 选项，单击 确定 按钮，即可进入零件设计工作台。

图 3.1.1 "新建零件"对话框

"新建零件"对话框（如图 3.1.1 所示）中各选项的作用：

- 启用混合设计：在混合设计环境中，用户可以在同一个主体创建线框架和平面，即实现零部件工作台与线框和曲面设计工作台的相互切换。
- 创建几何图形集：此选项允许用户在创建了新的零部件后，能够立即创建几何图形集。
- 创建有序几何图形集：此选项允许用户在创建了新的零部件后立即创建有序的几何图形集合。
- 不要在启动时显示此对话框：若选中此复选框，则用户下一次选择下拉菜单 开始 ➡ 机械设计 ➡ 零件设计 命令时，系统会自动进入零部件创建工作台。

3.2　创建 CATIA 零件模型的一般过程

下面以一个简单实体三维模型为例，说明用 CATIA 软件创建零件三维模型的一般过程，同时介绍凸台（Pad）特征的基本概念及其创建方法。实体三维模型如图 3.2.1 所示。

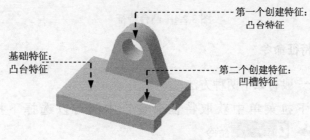

图 3.2.1　实体三维模型

3.2.1　新建一个零件三维模型

操作步骤如下：

Step1. 如图 3.2.2 所示，选择下拉菜单 文件(F) ➡ 新建... 命令，此时系统弹出如图 3.2.3 所示的"新建"对话框。

Step2. 选择文件类型。在"新建"对话框的 类型列表:栏中选择文件类型为 Part，然后单击对话框中的 确定 按钮。

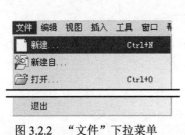

图 3.2.2　"文件"下拉菜单

图 3.2.3　"新建"对话框

Step3. 在系统弹出的"新建零件"对话框中选择 启用混合设计 选项，然后单击 确定 按钮，进入零件设计工作台。

3.2.2　创建一个凸台特征作为零件的基础特征

基础特征是一个零件的主要结构特征，创建什么样的特征作为零件的基础特征比较重要，一般由设计者根据产品的设计意图和零件的特点灵活掌握。本例中的三维模型的基础特征是一个如图 3.2.4 所示的凸台（Pad）特征。凸台特征是通过对封闭截面轮廓进行单向或双向拉伸建立三维实体的特征，它是最基本并且经常使用的零件造型命令。

凸台特征的截面草图　　　通过拉伸　　　　　　　　　凸台特征

图 3.2.4　凸台特征

1. 选取凸台特征命令

选取特征命令一般有如下两种方法：

方法一：从下拉菜单中获取特征命令。本例可以选择下拉菜单 插入 ➡ 基于草图的特征 ➡ 凸台... 命令。

方法二：从工具栏中获取特征命令。本例可以直接单击"基于草图的特征"工具栏中的 命令按钮，如图 3.2.5 所示。

图 3.2.5　"基于草图的特征"工具栏

2. 定义凸台类型

完成特征命令的选取后，系统弹出如图 3.2.6 所示的"定义凸台"对话框（一），在对话框中不进行选项操作，创建系统默认的实体类型。

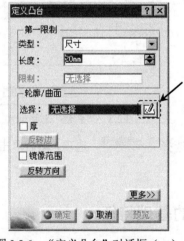

图 3.2.6　"定义凸台"对话框（一）

图 3.2.7　实体类型

说明：利用"定义凸台"对话框可以创建实体和薄壁两种类型的特征。

- 实体类型：创建实体类型时，特征的截面草图完全由材料填充，如图 3.2.7 所示。
- 薄壁类型：在"定义凸台"对话框中的 轮廓/曲面 区域选中 ■厚 选项，通过展开对话框的隐藏部分可以将特征定义为薄壁类型（如图 3.2.8 所示）。在由草图截面生成实体时，薄壁特征的草图截面则由材料填充成均厚的环，环的内侧或外侧或中心轮廓边是截面草图，如图 3.2.9 所示。

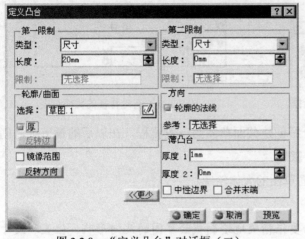

图 3.2.8 "定义凸台"对话框（二）

图 3.2.9 薄壁类型

3. 定义凸台特征截面草图

定义特征截面草图的方法有两种：一是选择已有草图作为特征的截面草图，二是创建新的草图作为特征的截面草图。本例中，介绍定义截面草图的第二种方法，操作过程如下：

Step1. 选择草图命令并选取草绘基准面。单击"定义凸台"对话框（图 3.2.6）中的 ✍ 按钮，此时系统弹出如图 3.2.10 所示的"运行命令"对话框，在系统 选择草图平面 提示下选取 xy 平面作为草图绘制的基准平面，进入草绘工作台。

对草绘平面的概念和有关选项介绍如下：

- 草绘平面是特征截面或轨迹的绘制平面。
- 选择的草绘平面可以是坐标系的"xy 平面""yz 平面""zx 平面"中的一个，也可以新创建一个平面作为草绘平面，还可以选择模型的某个表面作为草绘平面。

Step2. 绘制截面草图。

本例中的基础拉伸特征的截面草绘图形如图 3.2.11 所示，其绘制步骤如下：

（1）设置草图环境，调整草绘区。

操作提示与注意事项：

- 绘图前可先单击 ▦ 按钮，使绘图更方便。
- 除可以移动和缩放草绘区外，如果用户想在三维空间绘制草图或希望看到模型截面草图在三维空间的方位，可以旋转草绘区，方法是同时按住鼠标的中键和右键并移动鼠标，此时可看到图形跟着鼠标旋转。旋转后，选择下拉菜单 视图 ➡️ 修改 ▶ ➡️ 法线视图 命令（或单击"视图"工具栏中的 ⚷ 按钮），可恢复绘图平面与屏幕平行。

图 3.2.10　"运行命令"对话框

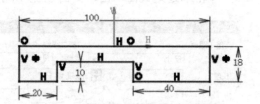

图 3.2.11　基础特征的截面草图

（2）创建截面草图。下面将介绍创建截面草图的一般流程，在以后的章节中，创建二维草图时，都可参照这里的操作步骤。

① 绘制如图 3.2.12 所示的截面草图的大体轮廓。

操作提示与注意事项：

● 绘制草图开始时，没有必要很精确地绘制截面草图的几何形状、位置和尺寸，只需要绘制一个粗略的形状。在本例中与图 3.2.12 相似就可以。

● 绘制直线前可先按下"草图工具"工具栏的 ⚷ 按钮，这样在绘制直线时，系统就可自动创建水平和垂直约束。详细操作可参见第 4 章中草绘的相关内容。

② 建立几何约束。建立如图 3.2.13 所示的水平、竖直、相合、对称等约束。

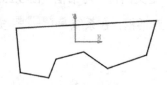

图 3.2.12　草绘截面的初步图形

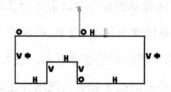

图 3.2.13　建立几何约束

③ 建立尺寸约束。建立如图 3.2.14 所示的五个尺寸约束。

④ 修改尺寸。将尺寸修改为设计要求的尺寸，如图 3.2.15 所示，其操作提示如下：

● 尺寸的修改往往安排在建立完约束以后进行。

● 注意修改尺寸的顺序，先修改对截面外观影响不大的尺寸。

● 修改尺寸前要注意，如果需要修改的尺寸较多，且与设计目的尺寸相差太大，则应该单击"约束"工具栏中的 🔲 按钮，输入所有目的尺寸，达到快速整体修改的效果。

Step3. 完成草图绘制后，单击"工作台"工具栏中的 ⚷ 按钮，退出草绘工作台（⚷ 按钮的位置一般如图 3.2.16 所示）。

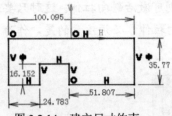
图 3.2.14　建立尺寸约束

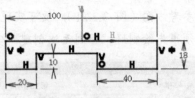
图 3.2.15　修改尺寸

注意:

● 如果系统弹出如图 3.2.17 所示的"特征定义错误"对话框, 则表明截面草图不闭合或截面中有多余的线段。此时可单击 [否(N)] 按钮, 然后修改截面中的错误, 完成修改后再单击 ⬆ 按钮。

图 3.2.16　"退出工作台"按钮

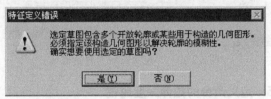
图 3.2.17　"特征定义错误"对话框

● 绘制实体凸台特征的截面时, 应该注意如下要求:

☑ 截面必须闭合, 截面的任何部位不能有缺口, 如图 3.2.18a 所示。

☑ 截面的任何部位不能探出多余的线头, 如图 3.2.18b 所示。

☑ 截面可以包含一个或多个封闭环, 生成特征后, 外环以实体填充, 内环则为孔。环与环之间不能相交或相切, 如图 3.2.18c、3.2.18d 所示; 环与环之间也不能有直线 (或圆弧等) 相连, 如图 3.2.18e 所示。

● 曲面拉伸特征的截面可以是开放的, 但截面不能有多于一个的开放环。

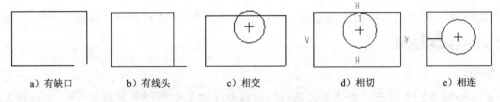

a) 有缺口　　　b) 有线头　　　c) 相交　　　d) 相切　　　e) 相连

图 3.2.18　凸台特征的几种错误截面

4. 定义凸台是法向拉伸还是斜向拉伸

退出草绘工作台后, 接受系统默认的拉伸方向 (截面法向), 即进行凸台的法向拉伸。

说明: CATIA V5 中的凸台特征可以通过定义方向以实现法向或斜向拉伸。若不选择拉伸的参考方向, 则系统会默认为法向拉伸 (图 3.2.19)。若在如图 3.2.20 所示的"定义凸台"

对话框（三）的 方向 区域的 参考：文本框中单击，则可激活斜向拉伸。这时只要选择一条斜线作为参考方向（图 3.2.21），便可实现实体的斜向拉伸。必须注意的是，作为参考方向的斜线必须事先绘制好，否则无法创建斜实体。

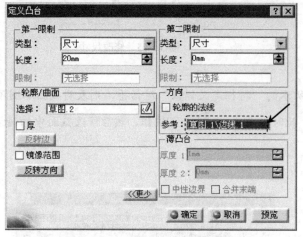

图 3.2.20 "定义凸台"对话框（三）

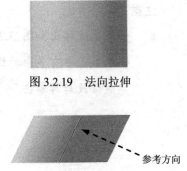

图 3.2.19 法向拉伸

图 3.2.21 斜向拉伸

5. 定义凸台的拉伸深度属性

Step1. 定义凸台的拉伸深度方向。采用系统默认的深度方向。

说明：按住鼠标的中键和右键并且移动鼠标，可将草图旋转到三维视图状态。此时在模型中可看到一个橘黄色的箭头，该箭头表示特征拉伸深度的方向。无论选取的深度类型为双向拉伸还是单向拉伸，该箭头指示的都是第一限制的拉伸方向。要改变箭头的方向，有如下两种方法：

方法一：将鼠标指针移至深度方向箭头上单击。

方法二：在图 3.2.6 所示的"定义凸台"对话框中单击 反转方向 按钮。

Step2. 定义凸台的拉伸深度类型。单击如图 3.2.6 所示的"定义凸台"对话框中的 更多>> 按钮，展开对话框的隐藏部分，在对话框 第一限制 区域和 第二限制 区域的 类型：下拉列表框中均选择 尺寸 选项。

说明：

● 如图 3.2.22 所示，在"定义凸台"对话框（四）中 第二限制 区域的 类型：下拉列表框中，可以选取特征的拉伸深度类型。各选项说明如下：

☑ 尺寸 选项，特征将从草绘平面开始，按照所输入的数值（即拉伸深度值）向特征创建的方向一侧进行拉伸。

☑ 直到下一个 选项，特征将拉伸至零件的下一个曲面处终止。

☑ 直到最后 选项，特征在拉伸方向上延伸，直至与所有曲面相交。

☑ 直到平面 选项，特征在拉伸方向上延伸，直到与指定的平面相交。

☑ 直到曲面 选项，特征在拉伸方向上延伸，直到与指定的曲面相交。

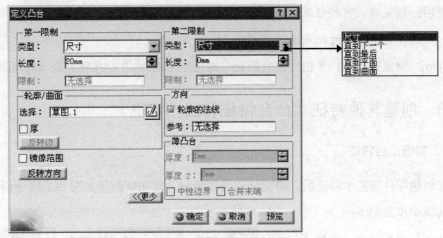

图 3.2.22 "定义凸台"对话框（四）

● 选择拉伸深度类型时，要考虑下列规则：

☑ 如果特征要拉伸至某个终止曲面，则特征的截面草图的大小不能超出这个终止曲面（或面组）的范围。

☑ 如果特征应终止于其到达的第一个曲面，则须选择 直到下一个 选项。

☑ 如果特征应终止于其到达的最后曲面，则须选择 直到最后 选项。

☑ 使用 直到平面 选项时，可以选择一个基准平面作为终止面。

☑ 穿过特征没有与深度有关的参数，修改终止平面（或曲面）可改变特征深度。

● 图 3.2.23 显示了凸台特征的有效深度选项。

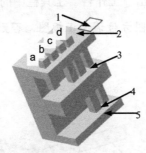

图 3.2.23 拉伸深度选项示意图

a -尺寸　　　b -直到下一个　　　c -直到平面　　　d -直到最后

1 -草绘平面　 2 -下一个曲面（平面）　 3、4、5 -模型的其他表面（平面）

Step3. 定义拉伸深度值。在对话框 第一限制 区域和 第二限制 区域的 长度: 文本框中均输入数值 70，并按回车键，完成拉伸深度值的定义。

6. 完成凸台特征的创建

Step1. 特征的所有要素被定义完毕后，单击对话框中的 预览 按钮，预览所创建的特征，以检查各要素的定义是否正确。

说明：预览时，可按住鼠标中键和右键进行旋转查看，如果所创建的特征不符合设计意图，则选择对话框中的相关选项重新定义。

Step2. 预览完成后，单击"定义凸台"对话框中的 ● 确定 按钮，完成特征的创建。

3.2.3　创建其他特征（凸台特征和凹槽特征）

1. 创建凸台特征

在创建零件的基本特征后，可以创建其他特征。现在要创建如图 3.2.24 所示的凸台特征，其操作步骤如下：

Step1. 选择命令。选择下拉菜单 插入 ➡ 基于草图的特征 ▶ ➡ 凸台... 命令（或单击"基于草图的特征"工具栏中的 按钮），系统弹出"定义凸台"对话框。

Step2. 定义凸台类型。本例中创建系统默认的实体类型特征。

Step3. 创建截面草图。

（1）选择草图命令并选取草绘基准面。在"定义凸台"对话框中单击 按钮，选取如图 3.2.25 所示的模型表面 1 为草绘基准面，进入草绘工作台。

（2）绘制如图 3.2.26 所示的截面草图。绘制如图 3.2.26 所示的截面草图的大体轮廓；建立如图 3.2.26 所示的相合约束、对称约束和相切约束；建立如图 3.2.26 所示的四个尺寸约束并修改为设计要求的尺寸；单击"工作台"工具栏中的 按钮，退出草绘工作台。

注意：绘制此草图前，应将视图方位调为正视图，否则在进入草绘环境后，有可能会与图 3.2.26 所示的方位不同。

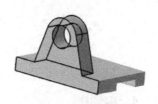
图 3.2.24　凸台特征

模型表面 1
图 3.2.25　选取草绘平面

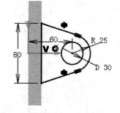
图 3.2.26　截面草图

Step4. 选取拉伸方向。采用系统默认的拉伸方向（截面法向）。

Step5. 定义拉伸深度。单击"定义凸台"对话框的 反转方向 按钮，使特征反向拉伸；

在"定义凸台"对话框 第一限制 区域的 类型：下拉列表框中选取 尺寸 选项；在 长度：文本框中输入深度值 25。

Step6. 单击"定义凸台"对话框中的 ●确定 按钮，完成特征的创建。

2．创建凹槽特征

凹槽特征的创建方法与凸台特征的创建方法基本一致，只不过凸台是增加实体（加材料特征），而凹槽则是减去实体（减材料特征），其实两者本质上都属于拉伸。

现在要创建如图 3.2.27 所示的凹槽特征，其具体操作步骤如下：

Step1. 选择命令。选择下拉菜单 插入 ➡ 基于草图的特征 ➡ 凹槽... 命令（或单击"基于草图的特征"工具栏中的 按钮），系统弹出如图 3.2.28 所示的"定义凹槽"对话框。

Step2. 创建截面草图。在对话框中单击 按钮，选取如图 3.2.27 所示的模型表面为草绘基准面；在草绘工作台中创建如图 3.2.29 所示的截面草图；单击"工作台"工具栏中的 按钮，退出草绘工作台。

Step3. 选取拉伸方向。采用系统默认的拉伸方向。

Step4. 定义拉伸深度。采用系统默认的深度方向；在"定义凹槽"对话框 第一限制 区域的 类型：下拉列表框中选择 直到最后 选项。

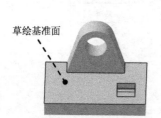
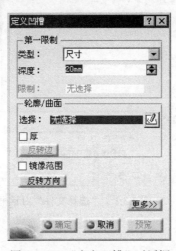
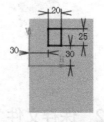

图 3.2.27 创建凹槽特征　　图 3.2.28 "定义凹槽"对话框　　图 3.2.29 截面草图

Step5. 单击"定义凹槽"对话框中的 ●确定 按钮，完成特征的创建。

Step6. 保存模型文件。选择下拉菜单 文件 ➡ 保存 命令，文件名称为 base_block。

说明：有关模型文件的保存，详细步骤请参见 3.3.2 节"保存文件"的具体内容。

3.3　CATIA V5 中的文件操作

3.3.1　打开文件

假设已经退出 CATIA 软件，重新进入软件环境后，要打开名称为 base_block.CATPart 的文件，其操作过程如下：

Step1. 选择下拉菜单 文件 ➡ ┌ 打开... 命令，系统弹出如图 3.3.1 所示的"选择文件"对话框。

Step2. 单击 查找范围(I): 文本框右下角的 ▼ 按钮，找到模型文件所在的文件夹（路径）后，在文件列表中选择要打开的文件名 base_block.CATPart ，然后单击 打开(O) 按钮，即可打开文件（或双击文件名也可打开文件）。

图 3.3.1　"选择文件"对话框

3.3.2　保存文件

Step1. 选择下拉菜单 文件 ➡ 另存为... 命令，系统弹出如图 3.3.2 所示的"另存为"对话框。

Step2. 在"另存为"对话框的 保存在(I): 下拉列表框中选择文件保存的路径，在 文件名(N): 文本框中输入文件名称，然后单击"另存为"对话框中的 保存(S) 按钮即可保存文件。

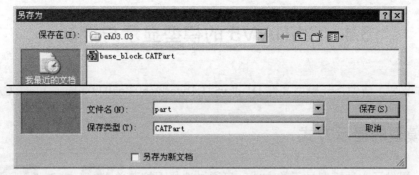

图 3.3.2　"另存为"对话框

注意:

- 保存路径可以包含中文字符,但输入的文件名中不能含有中文字符。

- 文件 下拉菜单中还有一个 另存为... 命令, 保存 与 另存为... 命令的区别在于: 保存 命令是保存当前的文件, 另存为... 命令是将当前的文件复制进行保存,原文件不受影响。

- 如果打开了多个文件,并对这些文件进行了编辑,可以用下拉菜单中的 全部保存 命令将所有文件进行保存。若是打开的文件中有新建的文件,则系统会弹出"全部保存"对话框,提示文件无法被保存,用户需先将以前未保存过的文件保存,才可使用此命令。

- 选择下拉菜单 文件 ➡ 保存管理... 命令,系统弹出如图 3.3.3 所示的"保存管理"对话框,在该对话框中可对多个文件进行"保存"或"另存为"操作。方法是: 选择要进行保存的文件,单击 另存为... 按钮,此时系统弹出如图 3.3.2 所示的"另存为"对话框,选择想要存储的路径并输入文件名,即可保存为一个新文件;对于经过修改的旧文件,单击 保存(S) 按钮,即可完成保存操作。

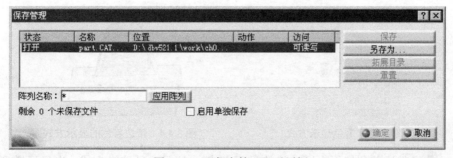

图 3.3.3　"保存管理"对话框

3.4　CATIA V5 的模型显示与控制

学习本节时，请先打开模型文件 D:\dbv521.1\work\ch03\ch03.04\base_block.CATPart。

3.4.1　模型的显示方式

CATIA 提供了六种模型显示的方式，可通过选择下拉菜单 视图 ➡ 渲染样式 ▶ 命令（如图 3.4.1 所示），或单击"视图（V）"工具栏中 按钮右下方的小三角形，从弹出的如图 3.4.2 所示的"视图方式"工具栏中选择显示方式。

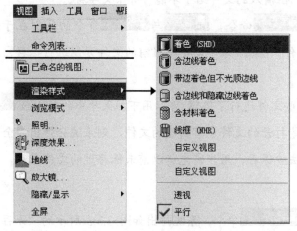

图 3.4.1　"视图"下拉菜单　　　　　图 3.4.2　"视图方式"工具栏

- （着色显示方式）：单击此按钮，只对模型表面着色，不显示边线轮廓，如图 3.4.3 所示。
- （含边线着色的显示方式）：单击此按钮，显示模型表面，同时显示边线轮廓，如图 3.4.4 所示。

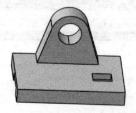

图 3.4.3　着色显示方式　　　　　图 3.4.4　带边着色的显示方式

- （带边着色但不光顺边线的显示方式）：这是一种渲染方式，也显示模型的边线轮廓，但是光滑连接面之间的边线不显示出来，如图 3.4.5 所示。
- （含边和隐藏边着色的显示方式）：显示模型可见的边线轮廓和不可见的边线轮

廓，如图 3.4.6 所示。

 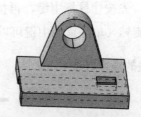

图 3.4.5 带边着色但不使边平滑的显示方式   图 3.4.6 带边和隐藏边着色的显示方式

- （含材料着色的显示方式）：这种显示方式可以将已经应用了新材料的模型显示出模型的属性。图 3.4.7 所示即应用了新材料后的模型显示（应用新材料的方法将在 3.7.2 节 "零件模型材料的设置" 中介绍）。

- （线框显示方式）：单击此按钮，模型将以线框状态显示，如图 3.4.8 所示。

- 选择下拉菜单 视图 → 渲染样式 → 自定义视图 命令（或单击 "视图方式" 工具栏中的 ? 按钮），系统将弹出 "视图模式自定义" 对话框，用户可以根据自己的需要选择模型的显示方式。

 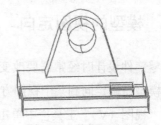

图 3.4.7 带材料着色的显示方式   图 3.4.8 线框显示方式

3.4.2 视图的平移、旋转与缩放

视图的平移、旋转与缩放是零部件设计中的常用操作，这些操作只改变模型的视图方位而不改变模型的实际大小和空间位置。

1. 平移的操作方法

方法一：选择下拉菜单 视图 → 平移 命令（或在 "视图（V）" 工具栏中单击 按钮），在图形区按住鼠标左键不放并移动鼠标，此时模型会随鼠标移动而平移。

方法二：按住鼠标中键不放并移动鼠标，此时模型将随鼠标移动而平移。

2. 旋转的操作方法

方法一：选择下拉菜单 视图 → 旋转 命令（或在 "视图（V）" 工具栏中单击

按钮），然后在图形区按住鼠标左键并移动鼠标，此时模型会随鼠标移动而旋转。

方法二：先按住鼠标中键，再按住鼠标左（或右）键不放并移动鼠标，此时模型将随鼠标移动而旋转（单击鼠标中键可以确定旋转中心）。

3. 缩放的操作方法

方法一：选择下拉菜单 视图 ➡️ 缩放 命令，然后在图形区按住鼠标左键并移动鼠标，此时模型会随鼠标移动而缩放，向上可使视图放大，向下则使视图缩小。

方法二：选择下拉菜单 视图 ➡️ 修改 ▶ ➡️ 放大 命令（或在"视图（V）"工具栏中单击 按钮），可使视图放大。

方法三：选择下拉菜单 视图 ➡️ 修改 ▶ ➡️ 缩小 命令（或在"视图（V）"工具栏中单击 按钮），可使视图缩小。

方法四：按住鼠标中键不放，再单击鼠标左（或右）键，此时光标变成一个上下指向的箭头，向上移动鼠标可将视图放大，向下移动鼠标是缩小视图。

注意：若缩放过度使模型无法显示清楚，则可在"视图（V）"工具栏中单击 按钮，使模型填满整个图形区。

3.4.3　模型的视图定向

在零部件设计时经常需要改变模型的视图方向，利用模型的"定向"功能可以将绘图区中的模型精确定向到某个视图方向。

在"视图（V）"工具栏中单击 按钮右下方的小三角形，可以展开如图 3.4.9 所示的"快速查看"工具栏。下面将以定向图 3.4.10 所示的模型为例，介绍"快速查看"工具栏中的各个按钮的功能。

（1） （等轴视图）：单击此按钮，可将模型视图旋转到等轴三维视图模式，如图 3.4.11 所示。

图 3.4.9　"快速查看"工具栏　　图 3.4.10　默认方位　　图 3.4.11　等轴视图

（2） （正视图）：沿着 X 轴正向查看得到的视图，如图 3.4.12 所示。

（3） （后视图）：沿着 X 轴负向查看得到的视图，如图 3.4.13 所示。

（4）🔲（左视图）：沿着 Y 轴正向查看得到的视图，如图 3.4.14 所示。

图 3.4.12　正视图　　　　图 3.4.13　后视图　　　　图 3.4.14　左视图

（5）🔲（右视图）：沿着 Y 轴负向查看得到的视图，如图 3.4.15 所示。

（6）🔲（顶视图）：沿着 Z 轴负向查看得到的视图，如图 3.4.16 所示。

（7）🔲（底视图）：沿着 Z 轴正向查看得到的视图，如图 3.4.17 所示。

图 3.4.15　右视图　　　　图 3.4.16　顶视图　　　　图 3.4.17　底视图

（8）🔲（已命名的视图）：这是一个定制视图方向的命令，用于保存某个特定的视图方位。若用户需要经常查看某个模型的方位，可以将该模型方位通过命名保存起来，以后单击🔲按钮，便可找到已命名的这个视图方位。其操作方法如下：

① 将模型旋转到预定视图方位，在"快速查看"工具栏中单击🔲按钮，系统弹出如图 3.4.18 所示的"已命名的视图"对话框。

② 在"已命名的视图"对话框中单击 添加 按钮，系统自动将此视图方位创建到对话框的视图列表中，并将之命名为 camera 1（也可输入其他名称，如 C1）。

③ 单击"已命名的视图"对话框中的 🔵 确定 按钮，完成视图方位的定制。

④ 将模型旋转后，单击🔲按钮，在"已命名的视图"对话框的视图列表中，双击 camera 1 视图，然后单击对话框中的 🔵 确定 按钮，即可观察到模型又快速回到 camera 1 视图方位。

说明：

● 如要重新定义视图方位，只要旋转到预定的角度，再单击"已命名的视图"对话框（图 3.4.18）中的 修改 按钮即可。

● 单击"已命名的视图"对话框中的 反转 按钮，即可反转当前的视图方位。

● 单击"已命名的视图"对话框中的 属性 按钮，系统弹出如图 3.4.19 所示的"相机属性"对话框，在该对话框中可以修改视图方位的相关属性。

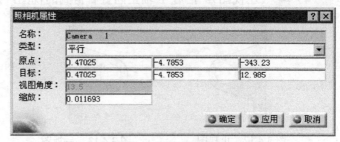

图 3.4.18　"已命名的视图"对话框　　　　　　　图 3.4.19　"照相机属性"对话框

3.5　CATIA V5 的特征树

3.5.1　特征树概述

CATIA V5 的特征树一般出现在屏幕左侧，它的功能是以树的形式显示当前活动模型中的所有特征或零件，在树的顶部显示根（主）对象，并将从属对象（零件或特征）置于其下。在零件模型中，特征树列表的顶部是零部件名称，零部件名称下方是每个特征的名称；在装配体模型中，特征树列表的顶部是总装配，总装配下是各子装配和零件，每个子装配下方则是该子装配中的每个零件的名称，每个零件名的下方是零件的各个特征的名称。

如果打开了多个 CATIA 窗口，则特征树内容只反映当前的活动文件（即活动窗口中的模型文件）。

3.5.2　特征树界面简介

在学习本节时，请先将工作路径设置至 D:\dbv521.1\work\ch03\ch03.05，然后打开模型文件 base_block.CATPart。

CATIA V5 的特征树操作界面如图 3.5.1 所示。

3.5.3　特征树的作用与操作

1．特征树的作用

（1）在特征树中选取对象。可以从特征树中选取要编辑的特征或零件对象，当要选取的特征或零件在图形区的模型中不可见时，此方法尤为有用；当要选取的特征和零件在模型中禁用选取时，仍可在特征树中进行选取操作。

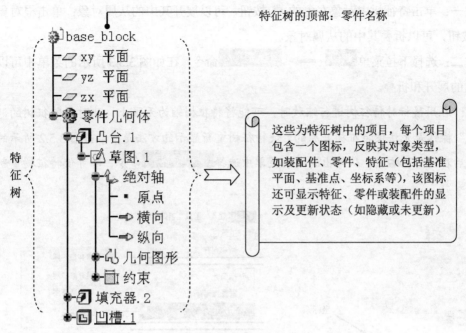

图 3.5.1 特征树操作界面

注意： CATIA 的特征树中列出了特征的几何图形（即草图的从属对象），但在特征树中几何图形的选取必须在草绘状态下。

（2）在特征树中使用快捷命令。右击特征树中的特征名或零件名，可打开一个快捷菜单，从中可选择相对于选定对象的特定操作命令。

2．特征树的操作

（1）特征树的平移与缩放。

方法一： 在 CATIA V5 软件环境下，滚动鼠标滚轮可使特征树上下移动。

方法二： 单击如图 3.5.2 所示的图形区右下角的坐标系，模型颜色将变灰暗，此时按住鼠标中键不放移动鼠标，特征树将随鼠标移动而平移；按住鼠标中键不放，再单击鼠标右键，上移鼠标可放大特征树，下移鼠标可缩小特征树（若要重新用鼠标操纵模型，需再单击坐标系）。

（2）特征树的显示与隐藏。

方法一： 按 F3 键可以切换特征树的显示与隐藏状态。

方法二： 选择下拉菜单 工具 ➡ 选项 命令，系统弹出"选项"对话框，选中对话框左侧 常规 下的 显示 选项，通过 树外观 选项卡中的 树显示/不显示模式 选项可以调整特征树的显示与隐藏状态。

（3）特征树的折叠与展开。

方法一： 单击特征树中对象左侧的 ➕ 按钮，可以展开其中的从属对象；单击根对象左侧的 ➖ 按钮，可以折叠其中的从属对象。

方法二： 选择下拉菜单 视图 ➡ 树展开 ▶ 命令，在如图 3.5.3 所示的菜单中可以控制特征树的展开和折叠。

注意： 在用鼠标对特征树进行缩放时，可能将特征树缩为无限小。此时用特征树的"显示与隐藏"操作是无法使特征树复原的，使特征树重新显示的方法是：单击图 3.5.2 所示的坐标系，然后在图形区右击，从弹出的快捷菜单中选择 重新构造图形 命令，即可使特征树重新显示。

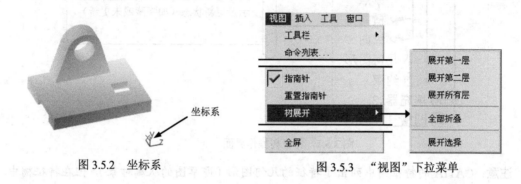

图 3.5.2　坐标系　　　　　　　　　　图 3.5.3　"视图"下拉菜单

3.5.4　特征树中项目名称的修改

在特征树中可以修改项目名称包括模型中特征的名称和模型零件的名称。

修改模型特征名称的方法为：在模型树中右击需要修改名称的特征后，在弹出的快捷菜单中选择 属性 命令，然后在弹出的"属性"对话框中，单击 特征属性 选项卡，在 特征名称：文本框中修改特征的名称。

在特征树中可以修改模型零件的名称，方法为：右击特征树顶部的零件名称，在弹出的快捷菜单中选择 属性 命令，然后在弹出的"属性"对话框中，通过 零件编号 文本框修改其名称。

装配模型名称的修改方法与上面介绍的相同：在装配特征树中，选取某个部件，然后右击，通过 属性 命令和 零件编号 文本框，即可修改所选部件的名称。

3.6　CATIA V5 软件中的层

在学习本节时，请先将工作路径设置至 D:\dbv521.1\work\ch03\ch03.06，然后打开模型文件 base_block.CATPart。

3.6.1　层的基本概念

CATIA V5 中提供了一种有效组织管理零部件要素的手段，这就是"层（Layer）"。通过层，可以对所有共同的要素进行显示、隐藏等操作，在模型中，可以创建 0～999 层。通过组织层中的模型要素并用层来简化显示，可以使很多任务流水线化，并可提高可视化程度，极大地提高工作效率。

3.6.2　进入层的操作界面并创建新层

层的操作界面位于如图 3.6.1 所示的"图形属性"工具栏中，进入层的操作界面和创建新层的操作方法如下：

说明： "图形属性"工具栏最初在用户界面中是不显示的，要使之显示，只需在工具栏区右击，从弹出的快捷菜单中选中 ✓ 图形属性 选项即可。

Step1. 单击工具栏 无 ▼ 文本框右下方的小三角形，在层列表中选择 其他层 选项，此时系统弹出如图 3.6.2 所示的"已命名的层"对话框。

图 3.6.1　"图形属性"工具栏

图 3.6.2　"已命名的层"对话框

Step2. 单击"已命名的层"对话框中的 新建 按钮，系统将在列表中创建一个编号为 2 的新层，在新层的名称处缓慢单击两次，将其修改为"my layer"（如图 3.6.2 所示），然后单击"已命名的层"对话框中的 确定 按钮，完成新层的创建。

3.6.3　将项目创建到层中

层中的内容，如特征、零部件、参考元素等，称为层的"项目"。本例中需将三个基准平面创建到层 1 Basic geometry 中，同时将模型创建到层 2 my layer 中，具体操作如下：

Step1. 打开"图形属性"工具栏。

Step2. 按住 Ctrl 键，在特征树中选取三个基准平面为需要创建到层 1 Basic geometry 中的项目。

Step3. 单击"图形属性"工具栏中 无 ▼ 文本框右下方的小三角形，在层列表中选

择 `1 Basic geometry` 为项目所要放置的层。

Step4. 在特征树中选中 `零件几何体` 为需要创建到层 `2 my layer` 中的项目。

Step5. 单击"图形属性"工具栏中 `无 ▼` 文本框右下方的小三角形，在层列表中选择 `2 my layer` 为项目所要放置的层。

3.6.4 设置层的隐藏

如将某个层设置为"过滤"状态，则其他层中项目（如特征、零部件、参考元素等）在模型中将被隐藏。设置的一般方法如下：

Step1. 选择下拉菜单 `工具` ➡ `可视化过滤器...` 命令，系统弹出如图 3.6.3 所示的"可视化过滤器"对话框。

Step2. 单击"可视化过滤器"对话框中的 `新建` 按钮，系统将弹出如图 3.6.4 所示的"可视化过滤器编辑器"对话框。

图 3.6.3 "可视化过滤器"对话框   图 3.6.4 "可视化过滤器编辑器"对话框

Step3. 在"可视化过滤器编辑器"对话框的 `条件：层` 下拉列表框中选择层 2 加入过滤器；操作完成后，单击对话框中的 `确定` 按钮，新的过滤器将被命名为 `过滤器001` 并加入过滤器列表中。

Step4. 单击工具栏 `无 ▼` 文本框右下方的小三角形，在层列表中选择 `0 General` 选项，使当前不显示任何项目。

Step5. 在过滤器列表中选中 `过滤器001` 选项，单击"可视化过滤器"对话框中的 `应用` 按钮，则图形区中仅模型可见，而三个基准平面则被隐藏。

Step6. 单击"可视化过滤器编辑器"对话框中的 `确定` 按钮，完成其他层的隐藏。

3.7 设置零件模型的属性

3.7.1 概述

在零部件工作台中，选择下拉菜单 `开始` ➡ `基础结构 ▶` ➡ `材料库` 命令，系统弹出"材料库工作台"；通过该工作台可以创建新材料并定义材料属性，如照明效果、结构属性等。

3.7.2 零件模型材料的设置

下面以一个简单模型为例，说明设置零件模型材料属性的一般操作步骤，操作前请打开模型文件 D:\dbv521.1\work\ch03\ch03.07\base_block.CATPart。

Step1. 定义新材料。

（1）选择下拉菜单 开始 ➡ 基础结构 ▶ ➡ 材料库 命令，打开材料库工作台。

（2）在系统弹出的材料库工作台的 新系列 选项卡中双击"新材料"图标，系统弹出如图 3.7.1 所示的"属性"对话框（一）。

（3）在对话框的 特征属性 选项卡中输入特征名称为 material_1，在 分析 选项卡的 材料 下拉列表框中选择 各向同性材料 选项，在 杨氏模量 、泊松比 、密度 、屈服强度 、热膨胀 文本框中输入相应的数值（如图 3.7.2 所示），然后单击"属性"对话框中的 确定 按钮，完成材料的定义。

Step2. 将定义的材料写入磁盘。

（1）选择下拉菜单 文件 ➡ 保存 命令，系统弹出"另存为"对话框。

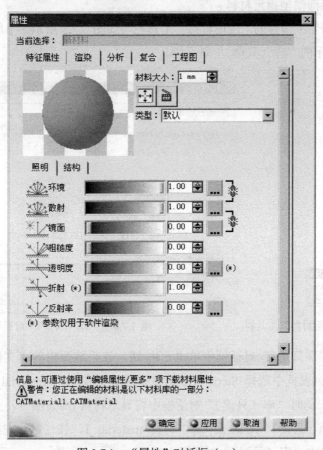

图 3.7.1 "属性"对话框（一）

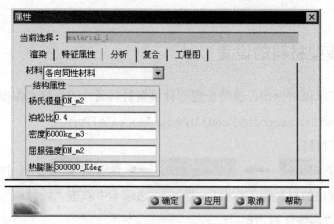

图 3.7.2　"属性"对话框（二）

（2）在对话框的下拉列表框中选择文件的保存路径为 D:\dbv521.1\work\ch03 \ch03.07，在"文件名"文本框中输入文件名称为 material_1，然后单击对话框中的 保存(S) 按钮，完成新材料的保存。

（3）选择下拉菜单 文件 ➞ 关闭 命令，退出材料库工作台。

Step3. 为当前模型指定材料。

（1）在零部件工作台的"应用材料"工具栏（如图 3.7.3 所示）中单击 按钮，系统弹出如图 3.7.4 所示的"库（只读）"对话框。

图 3.7.3　"应用材料"工具栏　　　　　　图 3.7.4　"库（只读）"对话框

（2）在"库（只读）"对话框中单击 按钮，在系统弹出的"文件选择"对话框中的 查找范围(I): 下拉列表框中选择 Step2 中保存的路径，选中材料 material_1，单击对话框中的 打开(0) 按钮，此时"库（只读）"对话框中将显示材料 material_1。

（3）在"库（只读）"对话框中选中材料 material_1，按住鼠标左键不放并将其拖动到模型上，然后单击"库（只读）"对话框中的 确定 按钮。

（4）选择下拉菜单 视图 ➡ 渲染样式 ▸ ➡ ▦含材料着色 命令，将模型切换到材料显示模式。此时模型表面颜色将变暗，如图 3.7.5 所示。

说明：单击"库（只读）"对话框中的 📁 按钮，在系统弹出"选择文件"对话框的同时，还将出现如图 3.7.6 所示的"浏览"对话框，但此对话框处于不可操作状态。若读者选择材料 material_1 时进行了别的无关操作，则"选择文件"对话框将消失，此时只要单击"浏览"对话框中的"文件"按钮，即可重新选取材料。

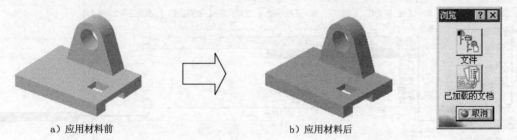

a）应用材料前　　　　　　b）应用材料后

图 3.7.5　给模型指定材料　　　　　　图 3.7.6　"浏览"对话框

3.7.3　零件模型单位的设置

每个模型都有一个基本的米制和非米制单位系统，以确保该模型的所有材料属性保持测量和定义的一贯性。CATIA V5 系统提供了一些预定义单位系统，其中一个是默认单位系统，但用户也可以定义自己的单位和单位系统（称为定制单位和定制单位系统）。在进行一个产品设计前，应该使产品中各元件具有相同的单位系统。

选择下拉菜单 工具 ➡ 选项… 命令，在系统弹出的"选项"对话框的 ❀参数和测量 选项中可以设置、更改模型的单位系统。

本书所采用的是米制单位系统，其设置方法如下：

Step1. 选择命令。在零部件工作台中，选择下拉菜单 工具 ➡ 选项… 命令，系统弹出如图 3.7.7 所示的"选项"对话框。

Step2. 在"选项"对话框左侧的 ❀常规 列表中选择 ❀参数和测量 选项，对话框右侧将出现相应的内容，此时在 单位 选项卡的 单位 区域中显示的即是默认的单位系统。

（1）设置长度单位。在"选项"对话框的 单位 列表框中选择 长度 选项，然后在 单位 列表框右下方的下拉列表框中选择 毫米 (mm) 选项。

（2）将角度单位设置为 度 (deg) 选项；时间单位设置为 秒 (s)；质量单位设置为 千克 (kg)。

注意：有些版本的 CATIA 安装后，其默认的角度单位是弧度（rad），读者在学习本书时，请将其设置成度（deg）。

Step3. 单击"选项"对话框中的 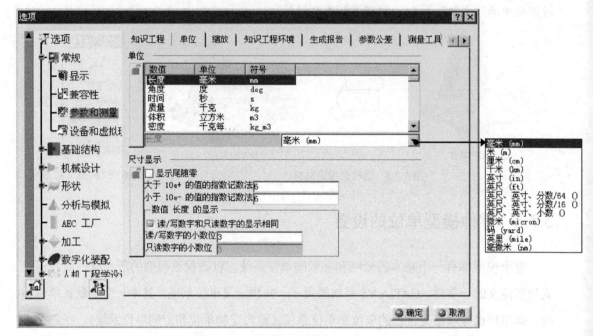按钮，完成单位系统的设置。

说明：

● 在 单位 选项卡的 尺寸显示 区域可以调整尺寸显示值的小数位数和尾部零显示。

● 若读者有兴趣，可在单位系统修改后，对模型进行简单的测量，再查看测量结果中的单位变化（模型的具体测量方法参见下一节内容）。

图 3.7.7　"选项"对话框

3.8　模型的测量与分析

3.8.1　测量距离

下面以一个简单模型为例，说明测量距离的一般操作方法：

Step1. 打开文件 D:\dbv521.1\work\ch03\ch03.08\ch03.08.01\calculate_distance. CATPart。

Step2. 选择命令。单击"测量"工具栏中的 ↔ 按钮，系统弹出图 3.8.1 所示的"测量间距"对话框（一）。

Step3. 选择测量方式。在"测量间距"对话框中单击 ↔ 按钮，测量面到面的距离。

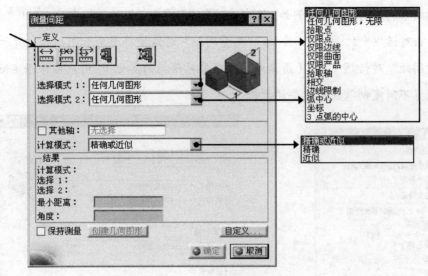

图 3.8.1 "测量间距"对话框（一）

说明:

● "测量间距"对话框的 定义 区域中有五个测量的工具按钮，其功能及用法介绍如下:

☑ 按钮（测量间距）：每次测量限选两个元素，如果要再次测量，则需重新选择。

☑ 按钮（在链式模式中测量间距）：第一次测量时需要选择两个元素，而以后的测量都是把前一次选择的第二个元素作为再次测量的起始元素。

☑ 按钮（在扇形模式中测量间距）：第一次测量所选择的第一个元素一直作为以后每次测量的第一个元素，因此以后的测量只需选择预测量的第二个元素即可。

☑ 按钮（测量项）：测量某个几何元素的特征参数，如长度、面积、体积等。

☑ 按钮（测量厚度）：此按钮专用作测量几何体的厚度。

● 若需要测量的部位有多种元素干扰用户选择，则可在"测量间距"对话框的 选择模式 1: 和 选择模式 2: 下拉列表框中，选择测量对象的类型为某种指定的元素类型，以方便测量。

● 在"测量间距"对话框的 计算方式: 下拉列表框中，读者可以选择合适的计算方式，一般默认计算方式为 精确或近似 ，这种方式的精确程度由对象的复杂程度决定。

● 如果在"测量间距"对话框中单击 自定义... 按钮，系统将弹出如图 3.8.2 所示的"测量间距自定义"对话框，在该对话框中有使"测量间距"对话框显示不同测量结果的定制复选框。例如，选中"测量间距自定义"对话框中的 <kbd>最大距离</kbd> 复选框，单击对话框中的 <kbd>应用</kbd> 按钮，"测量间距"对话框将变为如图 3.8.3 所示的"测量间距"对话框（二）（请读者仔细观察对话框的变化），用户可根据实际情况，设置不同定制以获取想要的数据。

图 3.8.2　"测量间距自定义"对话框　　　　图 3.8.3　"测量间距"对话框（二）

Step4. 选取要测量的项。在系统 <kbd>指示用于测量的第一选择项</kbd> 的提示下，选取如图 3.8.4 所示的模型表面 1 为测量第一选择项；在系统 <kbd>指示用于测量的第二选择项</kbd> 的提示下，选取如图 3.8.4 所示的模型表面 2 为测量第二选择项。

Step5. 查看测量结果。完成上步操作后，在如图 3.8.4 所示的模型左侧可看到测量结果，同时"测量间距"对话框变为如图 3.8.5 所示的"测量间距"对话框（三）。在该对话框的 <kbd>结果</kbd> 区域中也可看到测量结果。

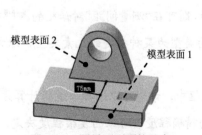

模型表面 2　　　　模型表面 1

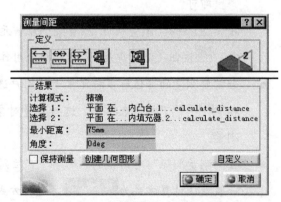

图 3.8.4　测量面到面的距离　　　　图 3.8.5　"测量间距"对话框（三）

说明：

● 在测量完成后，若直接单击 <kbd>确定</kbd> 按钮，则模型表面与对话框中显示的测量结果都会消失；若要保留测量结果，则需在"测量间距"对话框（二）（如图 3.8.3 所示）中选中 ☐保持测量 复选框，再单击 ● 确定 按钮。

- 如在"测量间距"对话框（二）（如图 3.8.3 所示）中单击 创建几何图形 按钮，系统将弹出如图 3.8.6 所示的"创建几何图形"对话框。该对话框用于保留测量的数值，其中 ●关联的几何图形 单选项表示所保留的几何元素与测量物体之间具有关联性。○无关联的几何图形 单选项则表示不具有关联；　第一点　 表示尺寸线的起点；　第二点　 表示尺寸线的终止点；　直线　 表示整条尺寸线。若单击这三个按钮，就表示保留这些几何图形，所保留的图形元素将在特征树上以几何图形集的形式显示出来，如图 3.8.7 所示。

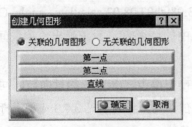

图 3.8.6　"创建几何图形"对话框

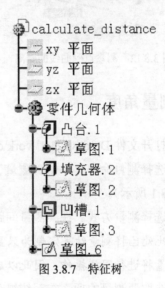

图 3.8.7　特征树

Step6. 测量点到面的距离，如图 3.8.8 所示，操作方法参见 Step4。

Step7. 测量点到线的距离，如图 3.8.9 所示，操作方法参见 Step4。

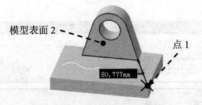

图 3.8.8　测量点到面的距离

图 3.8.9　测量点到线的距离

Step8. 测量点到点的距离，如图 3.8.10 所示，操作方法参见 Step4。

Step9. 测量线到线的距离，如图 3.8.11 所示，操作方法参见 Step4。

Step10. 测量点到曲线的距离，如图 3.8.12 所示，操作方法参见 Step4。

图 3.8.10　测量点到点的距离

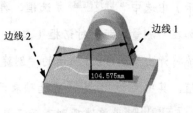

图 3.8.11　测量线到线的距离

Step11. 测量面到曲线的距离，如图 3.8.13 所示，操作方法参见 Step4。

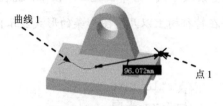

图 3.8.12　测量点到曲线的距离

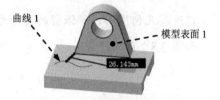

图 3.8.13　测量面到曲线的距离

3.8.2　测量角度

Step1. 打开文件 D:\dbv521.1\work\ch03\ch03.08\ch03.08.02\calculate_angle.CATPart。

Step2. 选择测量命令。单击"测量"工具栏中的 按钮，系统弹出"测量间距"对话框（如图 3.8.1 所示）。

Step3. 选择测量方式。在"测量间距"对话框中单击 按钮，测量面与面间的角度。

说明：此处已将测量结果定制为只显示角度值，具体操作参见 3.7.3 小节关于定制的说明，以下测量将进行同样操作，因此以后将不再赘述。

Step4. 选取要测量的项。在系统提示下，分别选取如图 3.8.14 所示模型表面 1 和模型表面 2 为指示测量的第一、二个选择项。

Step5. 查看测量结果。完成选取后，在模型表面和如图 3.8.15 所示的"测量间距"对话框的 结果 区域中均可看到测量的结果。

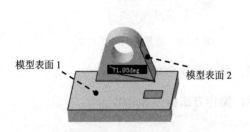

图 3.8.14　测量面与面间的角度

图 3.8.15　"测量间距"对话框

Step6. 测量线与面间的角度，如图 3.8.16 所示，操作方法参见 Step4。

Step7. 测量线与线间的角度，如图 3.8.17 所示，操作方法参见 Step4。

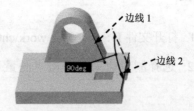

图 3.8.16　测量线与面间的角度　　　　　图 3.8.17　测量线与线间的角度

注意： 在选取模型表面或边线时，若单击的位置不同，则所测得的角度值可能有锐角和钝角之分。

3.8.3　测量厚度

Step1. 打开文件 D:\dbv521.1\work\ch03\ch03.08\ch03.08.03\calculate_thickness. CATPart。

Step2. 选择命令。单击"测量"工具栏中的 按钮，系统弹出"测量项"对话框（如图 3.8.1 所示）。

Step3. 选择测量方式。在"测量项"对话框中单击 按钮（或在对话框 定义 区域的 选择 1 模式：下拉列表框中选择 厚度 选项），测量实体的厚度。

Step4. 选取要测量的项。在系统 指示要测量的项 的提示下，将鼠标指针移至如图 3.8.18 所示的模型表面 1 上查看表面各处的厚度值，然后单击以确定某个方位作为要测量的项。

说明： 此处所测的厚度即模型表面 1 与指定测量方位的实体外表面之间的最短距离。

Step5. 查看测量结果。完成上步操作后，"测量项"对话框变为如图 3.8.19 所示的"测量项"对话框，在模型表面和对话框的 结果 区域中均可看到测量结果。

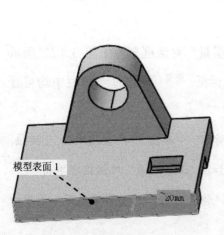

图 3.8.18　测量厚度

图 3.8.19　"测量项"对话框

3.8.4 测量面积

方法一:

Step1. 打开文件 D:\dbv521.1\work\ch03\ch03.08\ch03.08.04\calculate_area. CATPart。

Step2. 选择测量命令。单击"测量"工具栏中的 按钮,系统弹出"测量项"对话框。

Step3. 选择测量方式。在"测量项"对话框中单击 按钮,测量模型的表面积。

Step4. 选取要测量的项。在系统 指示要测量的项 的提示下,选取如图 3.8.20 所示的模型表面 1 为要测量的项。

Step5. 查看测量结果。完成上步操作后,在模型表面和"测量项"对话框的 结果 区域中均可看到测量的结果。

方法二:

Step1. 打开文件 D:\dbv521.1\work\ch03\ch03.08\ch03.08.04\calculate_area.CATPart。

Step2. 选择测量命令。单击"测量"工具栏中的 按钮,系统弹出如图 3.8.21 所示的"测量惯量"对话框(一)。

Step3. 选择测量方式。在"测量惯量"对话框(一)中单击 按钮,测量模型的表面积。

注意: 此处选取的是"测量 2D 惯量"按钮 (如图 3.8.21 所示),在"测量惯量"对话框弹出时,默认被按下的按钮是"测量 3D 惯量"按钮 ,请读者看清两者之间的区别。

Step4. 选取要测量的项。在系统 指示要测量的项 的提示下,选取如图 3.8.20 所示的模型表面 1 为要测量的项。

Step5. 查看测量结果。完成上步操作后,"测量惯量"对话框变为如图 3.8.22 所示的"测量惯量"对话框(二),此时在模型表面和对话框 结果 区域的 特征 栏中均可看到测量的结果。

说明: 在"测量惯量"对话框(一)(如图 3.8.21 所示)中单击 定义 区域中的 按钮,系统自动捕捉的对象仅限于二维元素,即点、线、面;如在"测量惯量"对话框中单击 定义 区域中的 按钮,则系统可捕捉的对象为点、线、面、体。此按钮的应用将在下一节中讲到。

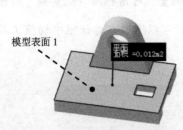

图 3.8.20　选取要测量的模型表面

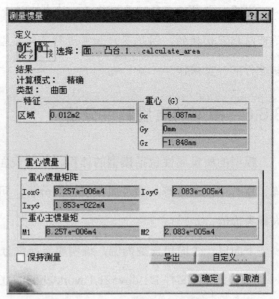

图 3.8.21　"测量惯量"对话框（一）

图 3.8.22　"测量惯量"对话框（二）

3.8.5　测量体积

Step1. 打开文件 D:\dbv521.1\work\ch03\ch03.08\ch03.08.05\calculate_volume.CATPart。

Step2. 选择测量命令。单击测量工具栏中的 ▧ 按钮，系统弹出"测量项"对话框（如图 3.8.21 所示）。

Step3. 选择测量方式。在"测量项"对话框中单击 ▧ 按钮，测量模型的体积。

Step4. 选取要测量的项。在特征树中选取 ⚙零件几何体（即如图 3.8.23 所示的整个模型）为要测量的项。

Step5. 查看测量结果。完成上步操作后，可在模型表面和如图 3.8.24 所示的"测量项"对话框的 结果 区域中看到测量结果。

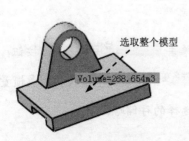

图 3.8.23　选取指示测量的项

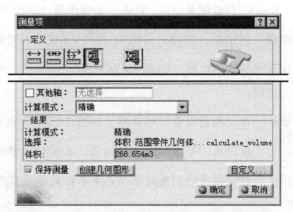

图 3.8.24　"测量项"对话框

说明：完成所有的测量操作后，读者应该会发现，"测量"对话框与"测量项"对话框是可以相互切换的，因此用户如需进行不同类型的测量，可以通过在对话框中切换工具按钮进行下一步操作。

3.8.6　模型的质量属性分析

模型的质量属性包括模型的体积、总的表面积、质量、密度、重心位置、重心惯量矩阵、重心主惯量矩等。通过质量属性的分析，可以检验模型的优劣程度，对产品设计有很大参考价值。

下面以一个简单模型为例，说明质量属性分析的一般过程。

Step1. 打开文件 D:\dbv521.1\work\ch03\ch03.08\ ch03.08.06\calculate_inertia.part。

Step2. 选择命令。单击"测量"工具栏中的 按钮，系统弹出如图 3.8.25 所示的"测量惯量"对话框。

Step3. 选择测量方式。在"测量惯量"对话框中单击 按钮，测量模型的质量属性。

Step4. 选取要测量的项。在系统 指示要测量的项 的提示下，选取如图 3.8.26 所示的整个模型实体为要测量的项。

 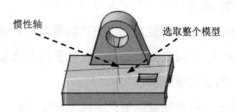

图 3.8.25　"测量惯量"对话框　　　图 3.8.26　选取指示测量的项

Step5. 查看测量结果。完成上步操作后，"测量惯量"对话框变为如图 3.8.27 所示的"测量惯量"对话框。在该对话框的 结果 区域中可看到质量属性的各项数据，同时模型表面会出现惯性轴的位置，如图 3.8.26 所示。

说明：

● 在"测量惯量"对话框（如图 3.8.27 所示）中单击 导出 按钮，系统弹出"导出结果"对话框；在该对话框的 文件名(N): 文本框中输入"测量惯量"对话框中的测量结果以记事本格式保存在用户选择的存储路径下。

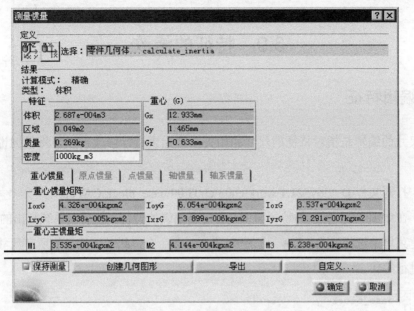

图 3.8.27　"测量惯量"对话框

- 在"测量惯量"对话框（如图 3.8.27 所示）中单击 **自定义...** 按钮，系统弹出 "测量惯量自定义"对话框；在该对话框中有使"测量惯量"对话框（如图 3.8.28 所示）显示不同测量结果的定制选项，用户可根据实际情况，设置不同定制以获取想要的数据。

- 如果在"测量惯量"对话框（图 3.8.27）中单击 **创建几何图形** 按钮，则系统将弹出如图 3.8.29 所示的"创建几何图形"对话框；此对话框用于保留重心和轴系统的几何图形，所保留的图形元素将在特征树上以几何图形集的形式显示出来，如图 3.8.30 所示。

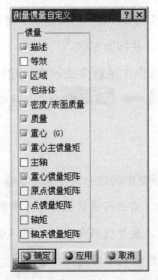

图 3.8.28　"测量惯量自定义"对话框

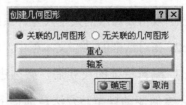

图 3.8.29　"创建几何图形"对话框

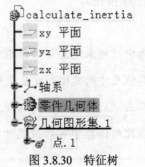

图 3.8.30　特征树

3.9　特征的修改

3.9.1　编辑特征

特征尺寸的编辑是指对特征的尺寸和相关修饰元素进行修改，以下将举例说明其操作方法。

Step1. 打开文件 D:\dbv521.1\work\ch03\ch03.09\base_block.CATPart。

Step2. 在如图 3.9.1 所示的特征树中，右击要编辑的特征，然后在系统弹出的如图 3.9.2 所示的快捷菜单中选择 填充器.2 对象 ➡ 编辑参数 命令，此时该特征的所有尺寸都显示出来，以便进行编辑。

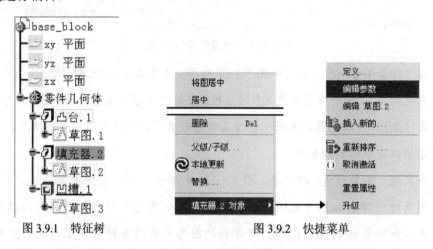

　　　图 3.9.1　特征树　　　　　　　　　　图 3.9.2　快捷菜单

通过上述方法进入尺寸的编辑状态后，如果要修改特征的某个尺寸值，则方法如下：

Step1. 双击要修改的某个尺寸，系统弹出如图 3.9.3 所示的"约束定义"对话框（一）。

Step2. 在对话框的 值 文本框中，输入新的尺寸，并按回车键。

Step3. 编辑特征的尺寸后，必须进行"再生"操作，重新生成模型，这样修改后的尺寸才会重新驱动模型。方法是选择下拉菜单 编辑(E) ➡ 更新... 命令（或单击"工具"工具栏中的 按钮）。

说明：

- 选中"约束定义"对话框中的 参考 选项，模型中的这个尺寸成为参考尺寸，将随其他尺寸的变化而发生变化，整个模型将变红，需进行更新操作才可重新修改尺寸。
- 单击"约束定义"对话框中的 更多 >> 按钮，展开隐藏部分（如图 3.9.4 所示），在此对话框中可修改尺寸约束的名称，并查看该尺寸的支持元素。

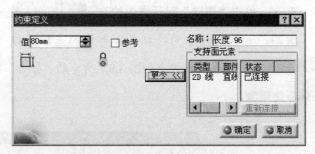

图 3.9.3　"约束定义"对话框（一）　　　　　图 3.9.4　"约束定义"对话框（二）

3.9.2　查看特征父子关系

查看某特征的父子关系，可以从该特征的父级和子级来判断该特征的构建基础及其所影响的特征；若该特征生成失败，则查看特征父子关系可更快捷地得出有效的解决方法。

在如图 3.9.2 所示的快捷菜单中选择 父级/子级... 命令，系统弹出如图 3.9.5 所示的"父级和子级"对话框，在此对话框中可查看所选特征的父级和子级特征。

说明：在"父级和子级"对话框中，加亮的是当前选中的特征，其父级居于左侧，即特征生成的草图；子级居于右侧，即基于当前特征而创建的草图及由该草图生成的特征。

3.9.3　删除特征

删除特征的一般过程如下：

Step1. 选择命令。在如图 3.9.2 所示的快捷菜单中选择 删除 命令，系统弹出如图 3.9.6 所示的"删除"对话框。

Step2. 定义是否删除聚集元素。在"删除"对话框中选中 删除聚集元素 复选框。

说明：聚集元素即所选特征的子代特征，如本例中所选特征的聚集元素即为 草图.2。若取消选中 删除聚集元素 复选框，则系统执行删除命令时只删除特征，而不删除草图。

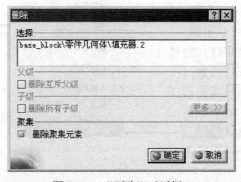

图 3.9.5　"父级和子级"对话框　　　　　　图 3.9.6　"删除"对话框

Step3. 单击"删除"对话框中的 ⊙ 确定 按钮，完成特征的删除。

说明：如果要删除的特征是零部件的基础特征（如模型 base_block 中的拉伸特征 ⊿ 填充器.1），则系统将弹出如图 3.9.7 所示的"警告"对话框，提示零部件几何体的第一个实体不能删除。

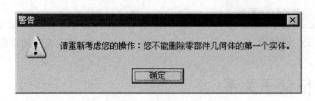

图 3.9.7　"警告"对话框

3.9.4　特征的重定义

当特征创建完毕后，如果需要重新定义特征草绘平面、截面的形状或特征的深度选项类型，就必须对特征进行重定义操作。特征的重定义有两种方法，下面以模型（base_block）的凹槽特征为例说明其操作方法。

方法一：从快捷菜单中选择"定义"命令，然后进行尺寸的编辑。

在特征树中，右击凹槽特征（特征名为 🔲 凹槽.1），在弹出的快捷菜单中，选择 凹槽.1 对象 ➡ 定义... 命令（如图 3.9.8 所示），此时该特征的所有尺寸和"定义凹槽"对话框都将显示出来，以便进行编辑，如图 3.9.9 所示。

方法二：双击模型中的特征，然后进行尺寸的编辑。

这种方法是直接在图形区的模型上双击要编辑的特征，此时该特征的所有尺寸和"定义凹槽"对话框也都会显示出来。对于简单的模型，这是编辑特征的一种常用方法。

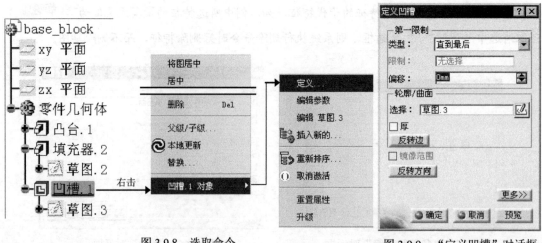

图 3.9.8　选取命令　　　　　　　　　　　图 3.9.9　"定义凹槽"对话框

1．重定义特征的属性

在对话框中重新选定特征的深度类型和深度值及拉伸方向等属性。

2．重定义特征的截面草图

Step1. 在"定义凹槽"对话框中单击 按钮，进入草绘工作台。

Step2. 在草绘环境中修改特征截面草图的尺寸、约束关系、形状等。修改完成后，单击 按钮，退出草绘工作台。

Step3. 单击"定义凹槽"对话框中的 确定 按钮，完成特征的修改。

说明：在编辑特征的过程中可能需要修改草绘的基准平面，其方法是在如图 3.9.10 所示的特征树中右击 草图.3，从弹出的快捷菜单（如图 3.9.11 所示）中选择 草图.3 对象 ▶ 更改草图支持面... 命令，系统将弹出如图 3.9.12 所示的"警告"对话框（此对话框用于提醒用户在修改该特征草图的基准面后，可能会对其他特征有所影响）；单击对话框中的 确定 按钮，系统将弹出"草图定位"对话框（图 3.9.13）；在该对话框 草图定位 区域的 参考：文本框中可以选择草绘基准面。

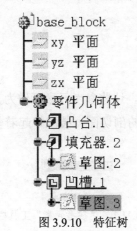

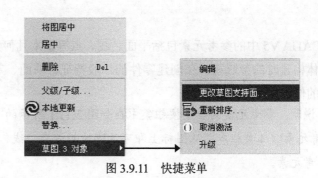

图 3.9.10　特征树　　　　　　　　　　图 3.9.11　快捷菜单

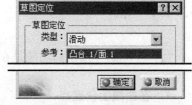

图 3.9.12　"警告"对话框　　　　　　　图 3.9.13　快捷菜单

3.10　特征的多级撤销及重做功能

CATIA V5 提供了多级撤销及重做功能，这意味着，在所有对特征、组件和制图的操作中，如果错误地删除、重定义或修改了某些内容，则只需要一个简单的"撤销"操作就能恢复原状。下面以一个例子进行说明。

Step1. 新建一个零件模型，将其命名为 repeat_undo.prt。

Step2. 创建如图 3.10.1 所示的拉伸特征。

Step3. 创建如图 3.10.2 所示的切削拉伸特征。

图 3.10.1 拉伸特征

图 3.10.2 切削特征

Step4. 删除上步创建的切削拉伸特征，然后单击工具栏中的 按钮，则刚刚被删除的切削拉伸特征又恢复回来了。如果再单击工具栏中的 按钮，恢复的切削拉伸特征又被删除了。

3.11 参 考 元 素

CATIA V5 中的参考元素包括平面、线、点等基本几何元素，这些参考元素可作为其他几何体构建时的参照物，在创建零件的一般特征、曲面、零件的剖切面、装配中起着非常重要的作用。

说明：参考元素的命令按钮集中在如图 3.11.1 所示的"参考元素"工具栏中，从图标上即可清晰地辨认点、线、面参考元素。

图 3.11.1 "参考元素"工具栏

3.11.1 点

"点（Point）"按钮的功能是在零件设计模块中创建点，作为其他实体创建的参考元素。

1. 在曲线上创建点

下面介绍如图 3.11.2 所示的点的创建过程：

Step1. 打开文件 D:\dbv521.1\work\ch03\ch03.11\ch03.11.01\create_point01.CATPart。

Step2. 选择命令。单击"参考元素"工具栏中的 按钮，系统弹出如图 3.11.3 所示的"点定义"对话框。

Step3. 定义点的创建类型。在对话框的 点类型：下拉列表框中选择 曲线上 选项，在曲线上创建点。

Step4. 定义点的参数。

（1）选择曲线。在系统 选择曲线 的提示下，选择如图 3.11.2a 所示的曲线 1。

（2）定义参考点。采用系统默认的端点作为参考点（图 3.11.3）。

注意：在对话框 参考 区域的 点：文本框中显示了参考点的名称。

（3）定义所创点与参考点的距离。在对话框 与参考点的距离 区域中选择 ⦿ 曲线长度比率 单选项，然后在 比率：文本框中输入数值 0.5。

Step5. 单击"点定义"对话框中的 ⦿ 确定 按钮，完成点的创建。

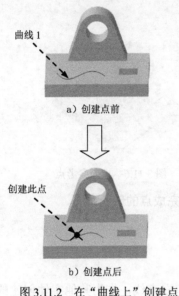

图 3.11.2　在"曲线上"创建点

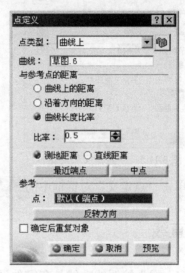

图 3.11.3　"点定义"对话框

2．在平面上创建点

下面介绍如图 3.11.4 所示的点的创建过程：

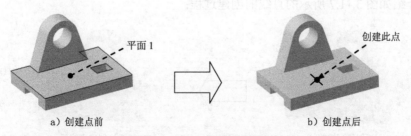

图 3.11.4　在"平面上"创建点

Step1. 打开文件 D:\dbv521.1\work\ch03\ch03.11\ch03.11.01\create_point02. CATPart。

Step2. 选择命令。单击"参考元素"工具栏中的 按钮，系统弹出如图 3.11.5 所示的"点定义"对话框。

Step3. 定义点的创建类型。在对话框的 点类型: 下拉列表框中选择 平面上 选项。

Step4. 定义点的参数。

（1）选择参考平面。在系统 选择平面 的提示下，选择如图 3.11.4a 所示的平面 1 作为参考平面。

（2）定义参考点。采用系统默认参考点（原点）。

（3）定义所创点与参考点的距离。在对话框的 H: 文本框和 V: 文本框中分别输入数值 20mm 和-10mm，定义之后模型如图 3.11.6 所示。

图 3.11.5　"点定义"对话框

图 3.11.6　定义参考点

Step5. 单击"点定义"对话框中的 确定 按钮，完成点的创建。

3.11.2　直线

"直线（Line）"按钮的功能是在零件设计模块中建立直线，作为其他实体创建的参考元素。

1．利用"点－点"创建直线

下面介绍如图 3.11.7 所示的直线的创建过程：

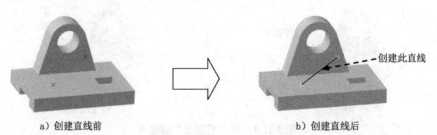

a）创建直线前　　　　　　b）创建直线后

图 3.11.7　利用"点－点"创建直线

Step1. 打开文件 D:\dbv521.1\work\ch03\ch03.11\ch03.11.02\create_line01.CATPart。

Step2. 选择命令。单击"参考元素"工具栏中的 ╱ 按钮，系统弹出如图 3.11.8 所示的"直线定义"对话框。

Step3. 定义直线的创建类型。在对话框的 线型: 下拉列表框中选择 点-点 选项。

Step4. 定义直线参数。在系统 选择第一元素（点、曲线甚至曲面） 的提示下，选取如图 3.11.9 所示的点 1 为第一元素；在系统 选择第二个点或方向 的提示下，选取图 3.11.9 所示的点 2 为第二元素。

Step5. 单击"直线定义"对话框中的 ● 确定 按钮，完成直线的创建。

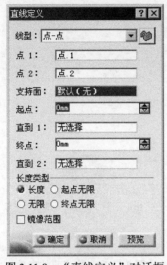

图 3.11.8 "直线定义"对话框

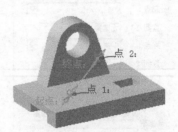

图 3.11.9 定义参考元素

说明：

- "直线定义"对话框中的 起点: 和 终点: 文本框用于设置第一元素和第二元素反向延伸的数值。
- 在对话框的 长度类型 区域中，用户可以定义直线的长度类型。

2. 利用"点－方向"创建直线

下面介绍如图 3.11.10 所示的直线的创建过程：

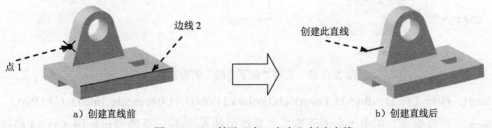

a) 创建直线前   b) 创建直线后

图 3.11.10 利用"点－方向"创建直线

Step1. 打开文件 D:\dbv521.1\work\ch03\ch03.11\ch03.11.02\ create_line02. CATPart。

Step2. 选择命令。单击"参考元素"工具栏中的 ✏ 按钮，系统弹出如图 3.11.11 所示的"直线定义"对话框。

Step3. 定义直线的创建类型。在对话框的 线型: 下拉列表框中选择 点-方向 选项。

Step4. 定义直线参数。

（1）选择第一元素。选取如图 3.11.10a 所示的点 1 为第一元素。

（2）定义方向。选取如图 3.11.10a 所示的边线 2 为方向线，然后单击对话框中的 反转方向 按钮，完成方向的定义。

（3）定义起始值和结束值。在对话框的 起点: 文本框和 终点: 文本框中分别输入数值 0mm 和 30mm，定义之后模型如图 3.11.12 所示。

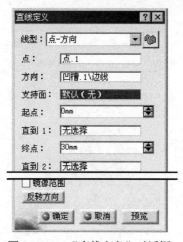

图 3.11.11　"直线定义"对话框

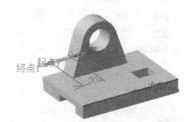

图 3.11.12　定义直线参数

Step5. 单击"直线定义"对话框中的 ● 确定 按钮，完成直线的创建。

3．利用"角平分线"创建直线

下面介绍如图 3.11.13 所示的直线的创建过程：

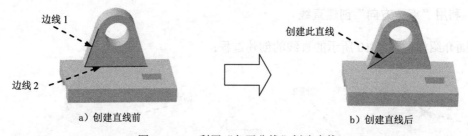

边线 1

边线 2

创建此直线

a）创建直线前　　　　　　　　　　　　b）创建直线后

图 3.11.13　利用"角平分线"创建直线

Step1. 打开文件 D:\dbv521.1\work\ch03\ch03.11\ch03.11.02\ create_line03. CATPart。

Step2. 选择命令。单击"参考元素"工具栏中的 ✏ 按钮，系统弹出如图 3.11.14 所示的"直线定义"对话框。

Step3. 定义直线的创建类型。在对话框的 线型: 下拉列表框中选择 角平分线 选项。

Step4. 定义直线参数。

（1）定义第一条直线。选取如图 3.11.13a 所示的边线 1 为第一条直线。

（2）定义第二条直线。选取如图 3.11.13a 所示的边线 2 为第二条直线。

（3）定义解法。单击对话框中的 下一个解法 按钮，选择解法 2。

注意：创建直线的两种不同解法如图 3.11.14 所示，解法 2 为加亮尺寸线所示的直线。

（4）定义起始值和结束值。在对话框的 起点: 文本框和 终点: 文本框中分别输入数值 40mm 和 0mm，定义之后模型如图 3.11.15 所示。

Step5. 单击"直线定义"对话框中的 确定 按钮，完成直线的创建。

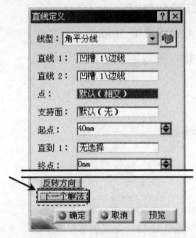

图 3.11.14 "直线定义"对话框

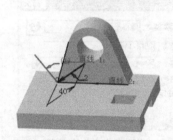

图 3.11.15 定义解法

3.11.3 平面

"平面（Plane）"按钮的功能是在零件设计模块中建立平面，作为其他实体创建的参考元素。注意：若要选择一个平面，则可以选择其名称或一条边界。

1. 创建偏移平面

下面介绍如图 3.11.16 所示的偏移平面的创建过程：

Step1. 打开文件 D:\dbv521.1\work\ch03\ch03.11\ch03.11.03\create_plane01.CATPart。

Step2. 选择命令。单击"参考元素"工具栏中的 按钮，系统弹出如图 3.11.17 所示的"平面定义"对话框（一）。

Step3. 定义平面的创建类型。在对话框的 平面类型: 下拉列表框中选择 偏移平面 选项。

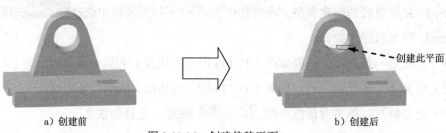

a）创建前　　　　　　　　　　　　b）创建后

图 3.11.16　创建偏移平面

Step4. 定义平面参数。

（1）定义偏移参考平面。选取如图 3.11.18 所示的模型表面为偏移参考平面。

（2）定义偏移方向。接受系统默认的偏移方向。

说明： 如需更改方向，单击对话框中的 反转方向 按钮即可。

（3）输入偏移值。在对话框的 偏移：文本框中输入偏移数值 50mm。

Step5. 单击"平面定义"对话框中的 ● 确定 按钮，完成偏移平面的创建。

图 3.11.17　"平面定义"对话框（一）

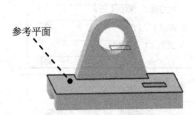

图 3.11.18　定义偏移参考平面

说明： 选中对话框中的 ● 确定后重复对象 复选框，可以创建多个等间距的偏移平面，每一个偏移平面均以上一个平面作为参照。

2. 创建"平行通过点"平面

下面介绍如图 3.11.19 所示的平行通过点平面的创建过程：

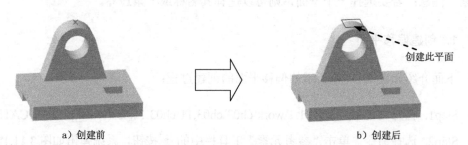

a）创建前　　　　　　　　　　　　b）创建后

图 3.11.19　创建"平行通过点"平面

Step1. 打开文件 D:\dbv521.1\work\ch03\ch03.11\ ch03.11.03\ create_plane02.CATPart。

Step2. 选择命令。单击"参考元素"工具栏中的 按钮，系统弹出"平面定义"对话框。

Step3. 定义平面的创建类型。在对话框的 平面类型：下拉列表框中选择 平行通过点 选项，此时对话框变为如图 3.11.20 所示的"平面定义"对话框（二）。

Step4. 定义平面参数。

（1）选择参考平面。选取如图 3.11.21 所示的模型表面为参考平面。

（2）选择平面通过的点。选择如图 3.11.21 所示的点为平面通过的点。

Step5. 单击"平面定义"对话框中的 ● 确定 按钮，完成平面的创建。

图 3.11.20　"平面定义"对话框（二）

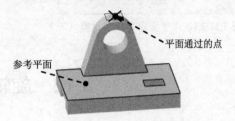

图 3.11.21　定义平面参数

3．创建"平面的角度/垂直"平面

下面介绍如图 3.11.22 所示的平面的创建过程：

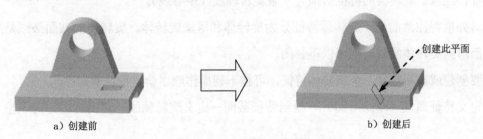

a）创建前　　　　　　　　　b）创建后

图 3.11.22　创建"平面的角度/垂直"平面

Step1. 打开文件 D:\dbv521.1\work\ch03\ch03.11\ch03.11.03\ create_plane03.CATPart。

Step2. 选择命令。单击"参考元素"工具栏中的 ✑ 按钮，系统弹出"平面定义"对话框。

Step3. 定义平面的创建类型。在对话框的 平面类型：下拉列表框中选择 与平面成一定角度或垂直 选项，此时对话框变为如图 3.11.23 所示的"平面定义"对话框（三）。

Step4. 定义平面参数。

（1）选择旋转轴。选取如图 3.11.24 所示的边线作为旋转轴。

（2）选择参考平面。选择如图 3.11.24 所示的模型表面为旋转参考平面。

（3）输入旋转角度值。在对话框的 角度：文本框中输入旋转数值 60deg。

Step5. 单击"平面定义"对话框中的 ● 确定 按钮，完成平面的创建。

图 3.11.23　"平面定义"对话框（三）

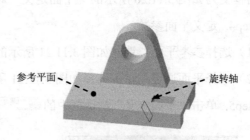

图 3.11.24　定义平面参数

3.12　旋转体特征

3.12.1　旋转体特征简述

如图 3.12.1 所示，旋转体（Revolve）特征是将截面草图绕着一条轴线旋转以形成实体的特征。注意：旋转类的特征必须有一条旋转轴线（中心线）。

另外值得注意的是：旋转体特征分为旋转体和薄壁旋转体。旋转体的截面必须是封闭的，而薄壁旋转体的截面则可以不封闭。

要创建或重新定义一个旋转体特征，可按下列操作顺序给定特征要素：

定义特征属性（草绘平面）→绘制特征截面→定义旋转轴线→定义旋转方向→输入旋转角度。

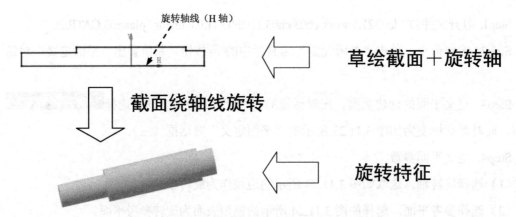

图 3.12.1　旋转体特征示意图

3.12.2 旋转体特征创建的一般过程

下面以一个简单模型为例，说明创建旋转体特征的详细过程：

Step1. 在零部件设计工作台中新建一个文件，命名为 revolve01.CATPart。

Step2. 选择命令。选择下拉菜单 插入 ➡ 基于草图的特征 ▶ ➡ 旋转体... 命令（或单击"基于草图的特征"工具栏中的 按钮），系统弹出如图 3.12.2 所示的"定义旋转体"对话框。

Step3. 定义截面草图。

（1）选择草绘基准面。单击对话框中的 按钮，选择 xy 平面为草绘基准面，进入草绘工作台。

（2）绘制如图 3.12.3 所示的截面几何图形。

① 绘制几何图形的大致轮廓。

② 按图中的要求，建立几何约束和尺寸约束，修改并整理尺寸。

（3）完成特征截面的绘制后，单击 按钮，退出草绘工作台。

图 3.12.2 "定义旋转体"对话框

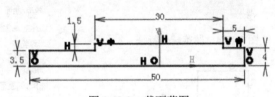

图 3.12.3 截面草图

Step4. 定义旋转轴线。在图形区中选择"H 轴（或与其共线的直线）"作为旋转体的中心轴线。

Step5. 定义旋转方向和旋转角度。采用系统默认的旋转方向，然后在对话框 限制 区域的 第一角度: 文本框中输入数值 360deg。

Step6. 单击"定义旋转体"对话框中的 ● 确定 按钮，完成旋转体的创建。

说明： 限制 区域的 第一角度: 文本框中的值，表示截面草图绕旋转轴沿逆时针转过的角度， 第二角度: 中的值与之相反，二者之和必须小于 360°。

说明：

● 旋转截面必须有一条轴线，围绕轴线旋转的草图只能在该轴线的一侧。

- 如果轴线和轮廓是在同一个草图中，则系统会自动识别。
- "定义旋转体"对话框中的 第一角度： 和 第二角度： 的区别在于： 第一角度： 是以逆时针方向为正向，从草图平面到起始位置所转过的角度；而 第二角度： 是以顺时针方向为正向，从草图平面到终止位置所转过的角度。

3.12.3　薄旋转体特征创建的一般过程

下面以图 3.12.4 所示的模型为例，说明创建薄壁旋转特征的一般过程：

Step1. 新建文件。新建一个零部件文件，命名为 revolve02.CATPart。

Step2. 选择命令。选择下拉菜单 插入 ➡ 基于草图的特征 ➡ 旋转体... 命令（或单击"基于草图的特征"工具栏中的 按钮），系统弹出"定义旋转体"对话框。

Step3. 选择旋转体类型。在"定义旋转体"对话框中选择 厚轮廓 复选框，展开对话框的隐藏部分（如图 3.12.5 所示）。

Step4. 创建如图 3.12.6 所示的截面草图。单击对话框中的 按钮，选择 xy 平面为草绘基准面，绘制截面几何图形；完成特征截面的绘制后，单击 按钮，退出草绘工作台。

图 3.12.4　薄旋转体特征

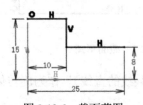

图 3.12.6　截面草图

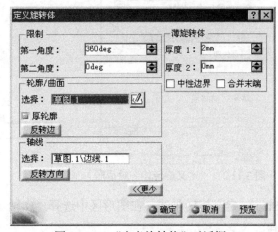

图 3.12.5　"定义旋转体"对话框

Step5. 定义旋转轴线。在图形区中选择"H 轴"作为旋转体的中心轴线。

Step6. 定义旋转方向和旋转角度。采用系统默认的旋转方向，然后在对话框 限制 区域的 第一角度： 文本框中输入数值 360deg。

Step7. 定义薄旋转体厚度。在对话框 薄旋转体 区域的 厚度1： 文本框中输入厚度值 2mm。

Step8. 单击"定义旋转体"对话框中的 确定 按钮，完成薄旋转体的创建。

3.13 旋转槽特征

3.13.1 旋转槽特征简述

旋转槽特征的功能与旋转体相反，但其操作方法与旋转体基本相同。

如图 3.13.1 所示，旋转槽特征是将截面草图绕着一条轴线旋转成体并从另外的实体中切去。注意旋转槽特征也必须有一条绕其旋转的轴线。

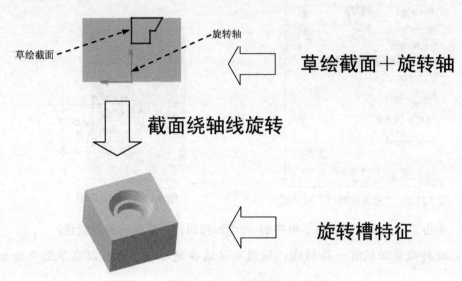

图 3.13.1 旋转槽特征示意图

3.13.2 旋转槽特征创建的一般过程

下面以一个简单模型为例，说明创建旋转槽特征的详细过程：

Step1. 打开文件 D:\dbv521.1\work\ch03\ch03.13\revolve_cut.CATPart。

Step2. 选择命令。选择下拉菜单 插入 ➡ 基于草图的特征 ➡ 旋转槽... 命令（或单击"基于草图的特征"工具栏中的 按钮），系统弹出如图 3.13.2 所示的"定义旋转槽"对话框。

Step3. 定义截面草图。

（1）选择草绘基准面。单击对话框中的 按钮，选择 zx 平面为草绘基准面，系统进入草绘工作台。

（2）绘制截面几何图形，如图 3.13.3 所示。

① 绘制几何图形的大致轮廓。

② 按图中的要求，建立几何约束和尺寸约束，修改并整理尺寸。

（3）完成特征截面的绘制后，单击 ⬆ 按钮，退出草绘工作台。

Step4. 定义旋转轴线。在图形区中选择"H 轴"作为旋转体的中心轴线。

Step5. 定义旋转方向和旋转角度。采用系统默认的旋转方向，然后在对话框 限制 区域的 第一角度: 文本框中输入数值 360deg。

图 3.13.2　"定义旋转槽"对话框

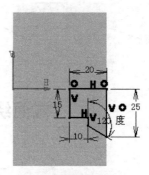

图 3.13.3　截面草图

Step6. 单击"定义旋转槽"对话框中的 ● 确定 按钮，完成旋转槽的创建。

说明：旋转截面必须有一条轴线，轴线可以选择绝对轴，也可以在草图中绘制。

3.14　倒　角　特　征

如图 3.14.1 所示，倒角（Chamfer）特征是在选定交线处截掉一块平直剖面的材料，以在共有该选定边线的两个平面之间创建斜面的特征。

下面以如图 3.14.1 所示的简单模型为例，说明创建倒角特征的一般过程：

Step1. 打开文件 D:\dbv521.1\work\ch03\ch03.14\chamfer.CATPart。

Step2. 选择命令。选择下拉菜单 插入 ➡ 修饰特征 ▶ ➡ 🔷 倒角 命令（或单击"修饰特征"工具栏中的 🔷 按钮），系统弹出如图 3.14.2 所示的"定义倒角"对话框。

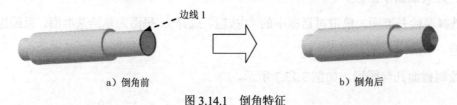

a）倒角前　　　　　　　　　　　　b）倒角后

图 3.14.1　倒角特征

Step3. 选择要倒角的对象。在"定义倒角"对话框的 拓展: 下拉列表框中选择 最小 选项，然后选择如图 3.14.1a 所示的边线 1 为要倒角的对象。

Step4. 定义倒角参数。

（1）定义倒角模式。在对话框中的 模式: 下拉列表框中选择 长度 1/角度 选项。

（2）定义倒角尺寸。在 长度 1: 和 角度: 文本框中分别输入数值 2mm 和 45deg。

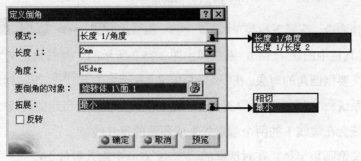

图 3.14.2 "定义倒角"对话框

Step5. 单击"定义倒角"对话框中的 确定 按钮，完成倒角特征的定义。

说明：

● "定义倒角"对话框的 模式: 下拉列表框用于定义倒角的表示方法。模式中有两种类型： 长度 1/长度 2 设置的数值中 长度 1: 表示一个面的切除长度； 角度: 表示斜面和切除面所成的角度； 长度 1/长度 2 设置的数值分别表示两个面的切除长度。

● 在对话框的 拓展: 下拉列表框中选中 相切 选项时，模型中与所选边线相切的直线也将被选择；选中 最小 选项时，系统只对所选边线进行操作。

3.15　倒圆角特征

倒圆角特征是零部件工作台中非常重要的三维建模特征。CATIA V5 中提供了三种倒圆角的方法，用户可以根据不同情况进行倒圆角操作。

1．倒圆角

使用"倒圆角"命令可以创建曲面间的圆角或中间曲面位置的圆角，使实体曲面实现圆滑过渡，如图 3.15.1 所示。

下面以如图 3.15.1 所示的简单模型为例，说明创建倒圆角特征的一般过程：

Step1. 打开文件 D:\dbv521.1\work\ch03\ch03.15\round_normal. CATPart。

114

CATIA V5R21 机械设计教程

a) 倒圆角前   b) 倒圆角后

图 3.15.1 倒圆角特征

Step2. 选择命令。选择下拉菜单 插入 ➡ 修饰特征 ▶ ➡ 倒圆角... 命令（或单击"修饰特征"工具栏中的 按钮），系统弹出图 3.15.2 所示的"倒圆角定义"对话框（一）。

Step3. 定义要倒圆角的对象。在"倒圆角定义"对话框的 选择模式: 下拉列表框中选择 最小 选项，然后在系统 选择边线或面以编辑圆角. 提示下，选择如图 3.15.1a 所示的边线 1 为要倒圆角的对象，此时系统会在边线 1 的两个端点处生成预览的尺寸线。

Step4. 定义倒圆角半径。在对话框的 半径: 文本框中输入数值 20。

Step5. 单击"倒圆角定义"对话框中的 确定 按钮，完成倒圆角特征的创建。

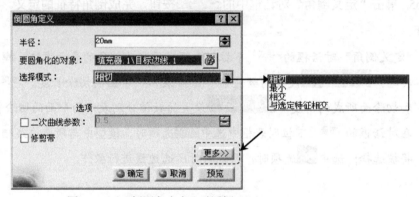

图 3.15.2 "倒圆角定义"对话框（一）

说明：单击"倒圆角定义"对话框（二）中的 更多>> 按钮，展开对话框隐藏部分（如图 3.15.3 所示），在对话框可以选择要保留的边线和限制元素等(限制元素即倒圆角的边界)。

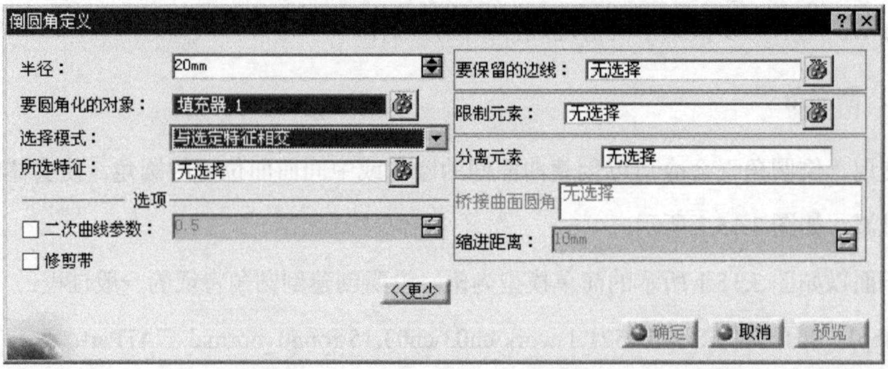

图 3.15.3 "倒圆角定义"对话框（二）

2．可变半径圆角

"可变半径圆角"命令的功能是通过在某条边线上指定多个圆角半径，从而生成半径以一定规律变化的圆角。

下面以图 3.15.4 所示的简单模型为例，说明创建可变半径圆角特征的一般过程：

a）倒圆角前　　　　　　　　b）倒圆角后

图 3.15.4　可变半径圆角

Step1．打开文件 D:\dbv521.1\work\ch03\ch03.15\round_variety.CATPart。

Step2．选择命令。选择下拉菜单 插入 ➡ 修饰特征 ▶ ➡ 可变圆角... 命令（或单击"修饰特征"工具栏中的 按钮），系统弹出如图 3.15.5 所示的"可变半径圆角定义"对话框（一）。

Step3．选择要倒圆角的对象。在"倒圆角定义"对话框的 选择模式: 下拉列表框中选择 最小 选项，然后在系统 选择边线，编辑可变半径圆角。提示下，选择如图 3.15.4a 所示的边线 1 为要倒可变半径圆角的对象。

Step4．定义倒圆角半径（如图 3.15.6 所示）。

（1）单击以激活 点: 文本框（此时可以开始设置边线不同位置的圆角半径），在模型指定边线的两端双击预览的尺寸线，在系统弹出的"参数定义"对话框中更改半径值，将左侧的数值设为 10，右侧数值设为 20。

（2）完成上步操作后，在所选边线需要指定半径值的位置单击（直到出现尺寸线，才表明该点已加入 点: 文本框中），双击生成的尺寸线，在系统弹出的"参数定义"对话框中将半径值设为 15（或在"可变半径圆角定义"对话框的 半径: 文本框中输入数值 15）。

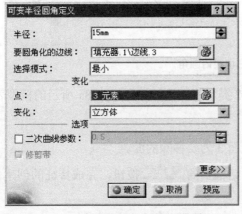

图 3.15.5　"可变半径圆角定义"对话框（一）

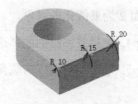

图 3.15.6　定义倒圆角半径

Step5. 单击"可变半径圆角定义"对话框中的 ●确定 按钮，完成可变半径圆角特征的创建。

说明： 单击"可变半径圆角定义"对话框（二）中的 更多>> 按钮，展开对话框的隐藏部分。（如图 3.15.7 所示），在对话框中可以定义可变半径圆角的限制元素。

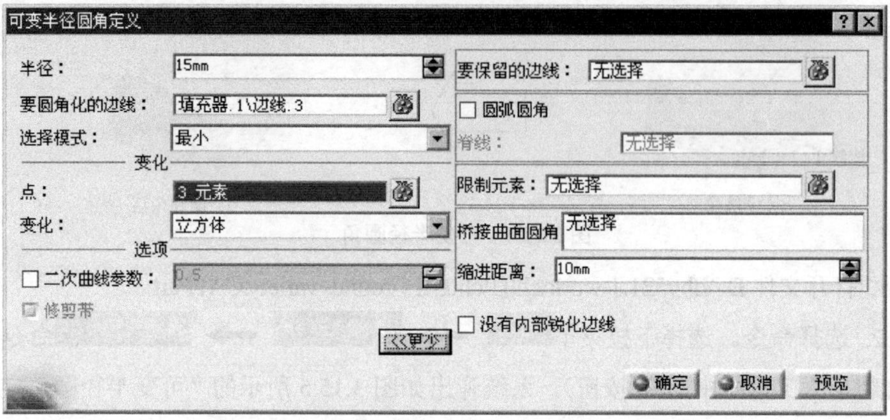

图 3.15.7　"可变半径圆角定义"对话框（二）

3. 三切线内圆角

"三切线内圆角"命令的功能是创建与三个指定面相切的圆角。

下面以图 3.15.8 所示的简单模型为例，说明创建三切线内圆角特征的一般过程：

Step1. 打开文件 D:\dbv521.1\work\ch03\ch03.15\round_complete.CATPart。

Step2. 选择命令。选择下拉菜单 插入 ➡ 修饰特征 ▸ ➡ 🔲 三切线内圆角... 命令（或单击"修饰特征"工具栏中的 🖉 按钮），系统弹出"三切线内圆角定义"对话框。

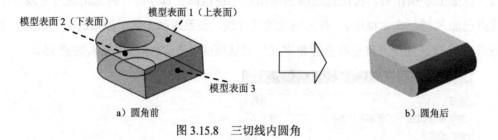

a）圆角前　　　　　　　　　　　b）圆角后

图 3.15.8　三切线内圆角

Step3. 定义要圆化的面。在系统 选择面。 提示下，选择如图 3.15.8a 所示的模型表面 1 和模型表面 2 为要圆化的对象。

Step4. 选择要移除的面。选择模型表面 3 为要移除的面。

Step5. 单击"三切线内圆角定义"对话框中的 ●确定 按钮，完成特征的创建。

3.16　孔　特　征

CATIA V5 系统中提供了专门的孔特征（Hole）命令，用户可以方便快速地创建各种要求的孔。

3.16.1　孔特征简述

孔特征（Hole）命令的功能是在实体上钻孔。在 CATIA V5 中，可以创建三种类型的孔特征。

- 简单孔：具有圆截面的切口，它始于放置曲面并延伸到指定的终止曲面或用户定义的深度。
- 锥形孔：通过用户定义的角度值所生成圆锥形状的孔。
- 标准孔：具有基本形状的螺孔。它是基于相关的工业标准的，可带有不同的末端形状、标准沉头孔和埋头孔。对选定的紧固件，既可计算攻螺纹，也可计算间隙直径；用户既可利用系统提供的标准查找表，也可创建自己的查找表来查找这些直径。

3.16.2　孔特征（直孔）创建的一般过程

下面以如图 3.16.1 所示的简单模型为例，说明在模型上创建孔特征（直孔）的详细操作过程：

Step1. 打开文件 D:\dbv521.1\work\ch03\ch03.16\ ch03.16.02\simple_hole.CATPart。

Step2. 选择命令。选择下拉菜单 插入 ➡ 基于草图的特征 ➡ ⚫ 孔... 命令（或单击"基于草图的特征"工具栏中的 ⚫ 按钮）。

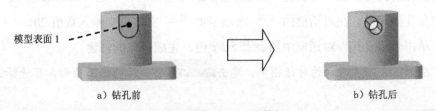

模型表面 1

a）钻孔前　　　　　　　　　　　　b）钻孔后

图 3.16.1　孔特征

Step3. 定义孔的放置面。选取如图 3.16.1a 所示的模型表面 1 为孔的放置面，此时系统弹出如图 3.16.2 所示的"定义孔"对话框。

注意：

- "定义孔"对话框中有三个选项卡：扩展 选项卡、类型 选项卡和 定义螺纹 选项卡。扩展选项卡主要定义孔的直径和深度及延伸类型；类型选项卡用来设置孔的类型以及直径、深度等参数；定义螺纹选项卡用于创建标准孔。

● 本例是创建直孔，由于直孔为系统默认类型，所以选取孔类型的步骤可省略。

Step4. 定义孔的位置。

（1）进入定位草图。单击对话框的扩展选项卡中的按钮，系统进入草绘工作台。

（2）定义几何约束。约束孔的中心与图 3.16.3 所示的圆弧同心。

（3）完成几何约束后，单击按钮，退出草绘工作台。

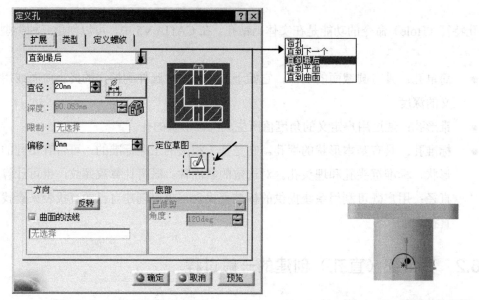

图 3.16.2 "定义孔"对话框   图 3.16.3 编辑孔的定位

注意：当用户在模型表面单击以选取孔的起始面时，系统将在用户单击的位置自动建立 V－H 轴，并且 V－H 轴不随孔中心线移动，因此，V－H 轴不可作为几何约束的参照。

Step5. 定义孔的延伸参数。

（1）定义孔的深度。在"定义孔"对话框的盲孔下拉列表框中选择直到最后选项。

（2）定义孔的直径。在对话框的扩展选项卡的直径:文本框中输入数值 20。

Step6. 单击"定义孔"对话框中的确定按钮，完成直孔的创建。

说明：在如图 3.16.2 所示的对话框中，单击直到下一个选项后的小三角形，可选择五种深度选项。

● 盲孔选项：创建一个平底孔。如果选中此深度选项，接下来必须指定"深度值"。

● 直到下一个选项：创建一个一直延伸到零件的下一个面的孔。

● 直到最后选项：创建一个和所有曲面相交的孔。

● 直到平面选项：创建一个穿过所有面直到指定平面的孔。如果选取此深度选项，则必须选取平面。

● 直到曲面 选项：创建一个穿过所有面直到指定曲面的孔。如果选取此深度选项，则必须选取曲面。

3.16.3　创建螺孔（标准孔）

下面以如图 3.16.4 所示的简单模型为例，说明创建螺孔（标准孔）的一般过程：

Step1. 打开文件 D:\dbv521.1\work\ch03\ch03.16\ch03.16.03\screw.CATPart。

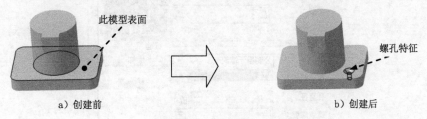

此模型表面

螺孔特征

a）创建前　　　　　　　　　　　b）创建后

图 3.16.4　创建螺孔

Step2. 选择命令。选择下拉菜单 插入 ➡ 基于草图的特征 ➡ 🔘 孔… 命令（或单击"基于草图的特征"工具栏中的 🔘 按钮）。

Step3. 选取孔的定位元素。在图形区中选取图 3.16.4a 所示的模型表面为孔的定位平面，系统弹出如图 3.16.5 所示的"定义孔"对话框（一）。

Step4. 定义孔的类型。

（1）选取孔的类型。选择对话框中的 类型 选项卡，在下拉列表框中选择 埋头孔 选项。

（2）输入类型参数。在 参数 区域的 模式: 下拉列表框中选择 深度和角度 选项；在 深度: 和 角度: 文本框中分别输入数值 5 和 90。

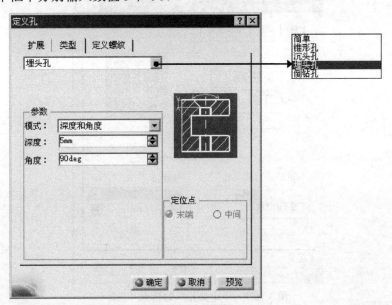

图 3.16.5　"定义孔"对话框（一）

Step5. 定义孔的螺纹。选择对话框（二）中的 定义螺纹 选项卡，选中 ☐螺纹孔 复选框，激活"螺纹定义"区域，如图 3.16.6 所示。

（1）选取螺纹类型。在 定义螺纹 区域的 类型: 下拉列表框中选择 公制粗牙螺纹 选项。

（2）定义螺纹描述。在 螺纹描述: 下拉列表框中选择 M10 选项。

（3）定义螺纹参数。在 螺纹深度: 文本框中输入数值 12。

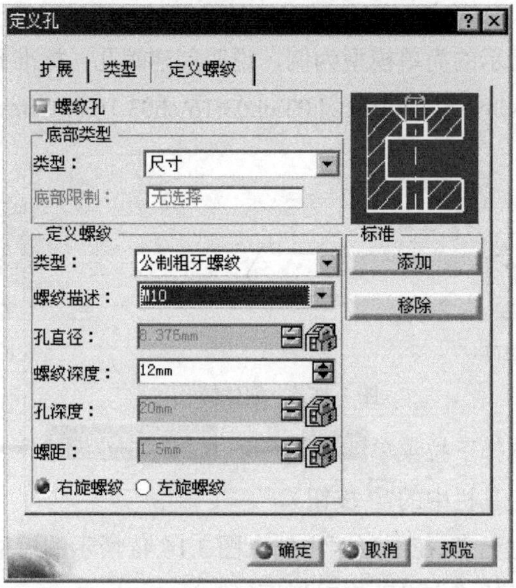

图 3.16.6 "定义孔"对话框（二）

Step6. 定义孔的延伸参数。选取底部类型。在 扩展 选项卡的下拉列表框中选择 盲孔 选项，在 底部 区域的下拉列表框中选择 V形底 选项，然后在 角度: 文本框中输入数值 120，然后在 深度: 文本框中输入数值 15，如图 3.16.7 所示。

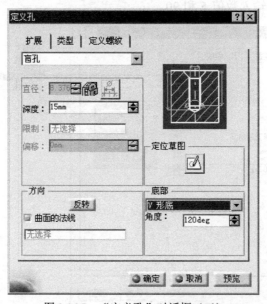

图 3.16.7 "定义孔"对话框（三）

Step7. 单击"定义孔"对话框中 确定 按钮,完成孔的创建。

3.17 螺纹修饰特征

修饰螺纹是表示螺纹直径的修饰特征,可以是外螺纹或内螺纹,也可以是不通的或贯通的。可通过指定螺纹直径、支持面、限制面及螺纹深度来创建修饰螺纹。需要注意的是:在零件三维模型中,螺纹修饰特征是不显示的,只有处于工程图模块时,修饰螺纹才会显示出来。

这里以一个简单零件模型为例,说明如何在模型的圆柱面上创建如图 3.17.1 所示的(外)螺纹修饰。

Step1. 打开文件 D:\dbv521.1\work\ch03\ch03.17\modify_screw_thread.CATPart。

Step2. 选择命令。选择下拉菜单 插入 ➞ 修饰特征 ➞ 内螺纹/外螺纹... 命令(或单击"修饰特征"工具栏中的 ⊕ 按钮),系统弹出如图 3.17.2 所示的"定义外螺纹/内螺纹"对话框。

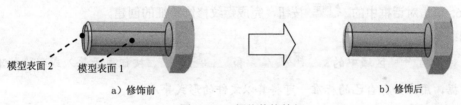

模型表面 2　　模型表面 1
a)修饰前　　　　　　　　　　　　　b)修饰后

图 3.17.1　螺纹修饰特征

Step3. 定义螺纹修饰类型。在"定义外螺纹/内螺纹"对话框中选中 外螺纹 单选项(即定义修饰类型为外螺纹)。

Step4. 定义螺纹几何属性。

(1)定义螺纹支持面。在系统 选择支持面 提示下,选择如图 3.17.1a 所示的模型表面 1 为螺纹支持面。

(2)定义螺纹限制面。选择模型表面 2 为螺纹限制面。

(3)定义螺纹方向。采用系统默认方向。

注意:螺纹支持面必须是圆柱面,而限制面必须是平面。

Step5. 定义螺纹参数。

(1)定义螺纹类型。在 数值定义 区域的 类型: 下拉列表框中选择 非标准螺纹。

(2)定义螺纹直径。在 外螺纹直径: 文本框中输入数值 25。

（3）定义螺纹深度。在 ^{外螺纹深度}：文本框中输入数值 40。

（4）定义螺距。在 ^{螺距}：文本框中输入数值 1。

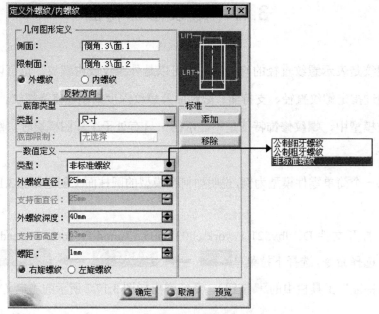

图 3.17.2　"定义外螺纹/内螺纹"对话框

Step6. 单击对话框中的 确定 按钮，完成螺纹修饰特征的创建。

说明：

- 对话框 标准 区域中的 添加 和 移除 按钮用于导入或移除标准数据，用户如有自己的标准，可将其以文件的形式导入。

- 数值定义 区域的 ⦿ 右旋螺纹 和 ○ 左旋螺纹 单选项可以控制螺纹旋向。

3.18　抽 壳 特 征

如图 3.18.1 所示，抽壳特征（Shell）是将实体的一个或几个表面去除，然后掏空实体的内部，留下一定壁厚的壳。在使用该命令时，要注意各特征的创建次序。

下面以图 3.18.1 所示的简单模型为例，说明创建抽壳特征的一般过程：

Step1. 打开文件 D:\dbv521.1\work\ch03\ch03.18\shell.CATPart。

Step2. 选择命令。选择下拉菜单 插入 ➡ 修饰特征 ▸ ➡ ⬦ 抽壳... 命令（或单击"修饰特征"工具栏中的 ⬦ 按钮），系统弹出如图 3.18.2 所示的"定义盒体"对话框。

Step3. 选择要移除的面。在系统 选择要移除的面。提示下，选取如图 3.18.1a 所示的模型表面 1 和模型表面 2 为要移除的面。

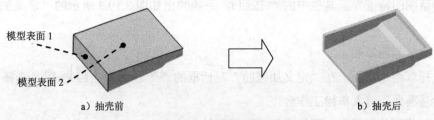

a）抽壳前　　　　　　　　　　　　　b）抽壳后

图 3.18.1　等壁厚的抽壳

Step4. 定义抽壳厚度。在对话框的 ^{默认内侧厚度：}文本框中输入数值 5。

Step5. 单击"定义盒体"对话框中的 ⊙确定 按钮，完成抽壳特征的创建。

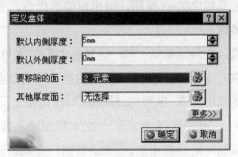

图 3.18.2　"定义盒体"对话框

说明：

● ^{默认内侧厚度：}是指实体表面向内的厚度，^{默认外侧厚度：}是指实体表面向外的厚度。

● ^{其它厚度面：}用于选择与默认壁厚不同的面，并需设定目标壁厚值，设定方法是双击模型表面的尺寸线，在弹出的对话框中输入相应的数值。

3.19　加强肋特征

如图 3.19.1 所示，加强肋特征的创建过程与拉伸特征基本相似，不同的是加强肋特征的截面草图是不封闭的，其截面只是一条直线（如图 3.19.2 所示）。

a）创建前　　　　　　　　　　　　　b）创建后

图 3.19.1　加强肋特征

下面以图 3.19.1 所示的模型为例，说明加强肋特征创建的一般过程：

Step1. 打开文件 D:\dbv521.1\work\ch03\ch03.19\rib.CATPart。

Step2. 选择命令。选择下拉菜单 插入(I) ➞ 基于草图的特征 ➞ 加强肋... 命令（或单击"基于草图的特征"工具栏中的 ✎ 按钮），系统弹出如图 3.19.3 所示的"定义加强肋"对话框。

Step3. 定义截面草图。

（1）选择草绘基准面。在"定义加强肋"对话框的 轮廓 区域单击 ✎ 按钮，选择 zx 平面作为草绘基准面，进入草绘工作台。

（2）绘制截面几何图形（即如图 3.19.2 所示的直线）。

（3）建立几何约束和尺寸约束，并将尺寸修改为设计要求的尺寸，如图 3.19.2 所示。

说明： 图 3.19.2 中的两处相合约束是指直线的端点与圆柱面的相合约束。

（4）单击"工作台"工具栏中的 ⬆ 按钮，退出草绘工作台。

Step4. 定义加强肋的参数。

（1）定义加强肋的模式。在对话框的 模式 区域选中 从侧面 单选项。

（2）定义加强肋的生成方向。如图 3.19.2 所示的箭头即为加强肋的正确生成方向，若方向与之相反，可单击对话框中 深度 区域的 反转方向 按钮使之反向。

（3）定义加强肋的厚度。在 线宽 区域的 厚度 1：文本框中输入数值 4。

Step5. 单击"定义加强肋"对话框中的 确定 按钮，完成加强肋的创建。

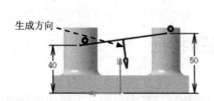

图 3.19.2　截面草图　　　　　　　图 3.19.3　"定义加强肋"对话框

说明：

- 定义加强肋的生成方向时，若未指示正确的方向，预览时系统将弹出如图 3.19.4 所示的"特征定义错误"对话框，此时需将生成方向重新定义。

- 加强肋的模式 从侧面 表示输入的厚度沿如图 3.19.5 所示的箭头方向生成。

图 3.19.4　"特征定义错误"对话框　　　　图 3.19.5　指示厚度生成方向

3.20　拔　模　特　征

注塑件和铸件往往需要一个拔模斜面，才能顺利脱模，CATIA V5 的拔模特征就是用来创建模型的拔模斜面。拔模特征共有三种：角度拔模、可变半径拔模、反射线拔模。

1．角度拔模

角度拔模的功能是通过指定要拔模的面、拔模方向、中性元素等参数创建拔模斜面。下面以如图 3.20.1 所示的简单模型为例，说明创建角度拔模特征的一般过程：

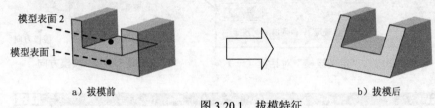

模型表面 2

模型表面 1

a）拔模前　　　　　　　　　　　　　　　　　　　　　b）拔模后

图 3.20.1　拔模特征

Step1. 打开文件 D:\dbv521.1\work\ch03\ch03.20\draft_rake.CATPart。

Step2. 选择命令。选择下拉菜单 插入 ➡ 修饰特征 ▶ ➡ 拔模 命令（或单击"修饰特征"工具栏中的 按钮），系统弹出如图 3.20.2 所示的"定义拔模"对话框（一）。

Step3. 定义要拔模的面（拔模面将绕其旋转，从而形成拔模斜面）。在系统 选择要拔模的面 提示下，选择如图 3.20.1a 所示的模型表面 1 为要拔模的面。

Step4. 定义拔模的中性元素。单击以激活 中性元素 区域的 选择: 文本框，选择模型表面 2 为中性元素。

Step5. 定义拔模属性。

（1）定义拔模方向面。单击以激活 拔模方向 区域的 选择: 文本框，选择 zx 平面为拔模方向面，采用系统默认的拔模方向。

说明： 在系统弹出"定义拔模"对话框的同时，模型表面将出现一个指示箭头，箭头表明的是默认的拔模方向（即所选中性元素的法向），如图 3.20.3 所示，如要更改拔模方向，只需在指示箭头上单击，即可使之反向。

（2）输入角度值。在对话框的 角度: 文本框中输入角度值 30。

Step6. 单击对话框中的 确定 按钮，完成角度拔模的创建。

说明：

● 拔模角度是要拔模的面与拔模方向之间的夹角，其角度可以是正值也可以是负值。

● 单击"定义拔模"对话框（一）中的 更多>> 按钮，展开对话框隐藏的部分（如图

3.20.4 所示), 用户可以根据需要在对话框中设置不同的拔模形式和限制元素。

图 3.20.2　"定义拔模"对话框(一)　　　　　　图 3.20.3　拔模方向

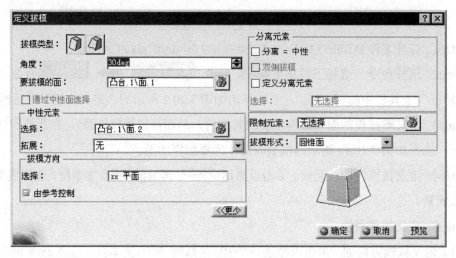

图 3.20.4　"定义拔模"对话框(二)

2. 可变角度拔模

"可变角度拔模"命令的功能是通过在某拔模面上指定多个拔模角度,从而生成角度以一定规律变化的拔模斜面。

下面以如图 3.20.5 所示的简单模型为例,说明创建可变角度拔模特征的一般过程:

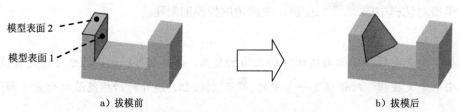

a) 拔模前　　　　　　　　　　　　　　b) 拔模后

图 3.20.5　可变角度拔模特征

Step1. 打开文件 D：\dbv521.1\work\ch03\ch03.20\draft_variety.CATPart。

Step2. 选择命令。选择下拉菜单 插入 ➡ 修饰特征 ▶ ➡ 🔷 可变角度拔模... 命令（或单击"修饰特征"工具栏中的 🔷 按钮），系统弹出如图 3.20.6 所示的"定义拔模"对话框（三）。

Step3. 定义要拔模的面。选取如图 3.20.5a 所示的模型表面 1 为要拔模的面。

Step4. 定义拔模的中性元素。单击以激活 中性元素 区域的 选择：文本框，选择模型表面 2 为中性元素。

Step5. 定义拔模属性。

（1）定义拔模方向。激活 拔模方向 区域的 选择：文本框，选取 zx 平面为拔模方向面。

（2）定义拔模角度。

① 单击以激活 点：文本框（拔模面与中性元素面的交线端点是默认设置角度的位置），在模型指定边线的端点处双击预览的尺寸线，在系统弹出的"参数定义"对话框中更改角度值，将左侧的数值设为 10，右侧数值设为 40，如图 3.20.7 所示。

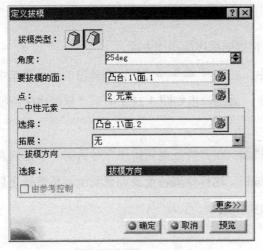

图 3.20.6 "定义拔模"对话框（三）

图 3.20.7 定义拔模角度

② 完成上步操作后，在边线需要指定拔模角度值的位置单击（直到出现尺寸线，才表明该点已加入 点：文本框中），然后在"定义拔模"对话框的 角度：文本框中输入数值 25。

Step6. 单击对话框中的 🔵 确定 按钮，完成可变拔模角度特征的创建。

3.21　特征的重新排序及插入操作

3.21.1　概述

在 3.18 节中，曾提到对一个零件进行抽壳时，零件中特征的创建顺序非常重要，如果各特征的顺序安排不当，抽壳特征会生成失败，有时即使能生成抽壳，但结果也不会符合设计的要求。可按下面的操作方法进行验证：

Step1. 打开文件 D:\dbv521.1\work\ch03\ch03.21\ ch03.21.01\vase.CATPart。

Step2. 将模型特征中 倒圆角.1 的半径从 R10 改为 R25，会看到杯子的底部出现多余的实体区域，如图 3.21.1 所示。显然这不符合设计意图，之所以会产生这样的问题，是因为圆角特征和抽壳特征的顺序安排不当，解决办法是将圆角特征调整到抽壳特征的前面，这种特征顺序的调整就是特征的重排顺序。

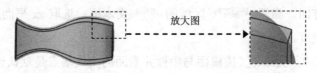

图 3.21.1　注意抽壳特征的顺序

3.21.2　重新排序的操作方法

这里仍以 vase.CATPart 为例，说明特征重新排序的操作方法。

Step1. 在如图 3.21.2 所示的特征树中，右击 盒体.1 特征，在弹出的快捷菜单中选择 盒体.1 对象 ➡ 重新排序... 命令，系统弹出如图 3.21.3 所示"重新排序特征"对话框。

Step2. 在特征树中选择特征 倒圆角.1，在"特征重新排序"对话框的下拉列表框中选择 之后 选项，单击对话框中的 确定 按钮，这样抽壳特征就调整到倒圆角特征之后，此时再修改倒圆角数值，将不会出现多余的实体区域。

说明：

● 特征重新排序后，右击抽壳特征，从快捷菜单中选择 定义工作对象 命令，模型将重新生成抽壳特征及排列在抽壳特征以前的所有特征。

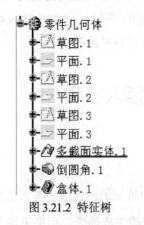

图 3.21.2　特征树

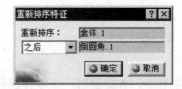

图 3.21.3　"重新排序特征"对话框

- 特征的重新排序是有条件的，条件是不能将一个子特征拖至其父特征的前面。例如在这个花瓶的例子中，不能把杯口的抽壳特征 盒体.1 移到多截面实体特征 多截面实体.1 的前面，因为它们存在父子关系，抽壳特征是多截面实体特征的子特征。为什么存在这种父子关系呢？这要从该抽壳特征的创建过程说起，抽壳特征中要移除的抽壳面就是多截面实体特征的表面，也就是说抽壳特征是建立在多截面实体特征表面的基础上，这样就在抽壳特征与多截面实体特征之间建立了父子关系。

- 如果要调整有父子关系的特征的顺序，必须先解除特征间的父子关系。解除父子关系有两种办法：一是改变特征截面的参照基准或约束方式；二是特征的重定次序，即改变特征的草绘平面和草绘平面的参照平面。

3.21.3 特征的插入操作

在上一节的 vase.CATPart 的练习中，当所有的特征完成以后，假如还要创建一个如图 3.21.4b 所示的倒圆角特征，并要求该特征创建在抽壳特征的前面，利用"特征的插入"功能可以满足这一要求。下面说明其操作过程：

a）倒圆角前 b）倒圆角后

图 3.21.4 创建倒圆角特征

Step1. 定义创建特征的位置。在特征树中，右击抽壳特征 多截面实体.1，从快捷菜单中选择 定义工作对象 命令。

Step2. 定义创建的特征。选择下拉菜单 插入 ➡ 修饰特征 ▶ ➡ 倒圆角... 命令，选择如图 3.21.4a 所示的四条边线，在 半径: 文本框中输入数值 10，创建倒圆角特征。

Step3. 完成倒圆角特征的创建后，右击特征树中的 盒体.1，从快捷菜单中选择 定义工作对象 命令，显示花瓶的所有特征。

3.22 特征生成失败及其解决方法

在特征创建或重定义时，若给定的数据不当或参照丢失，就会出现特征生成失败的警告，以下将说明特征生成失败的情况及其解决方法。

3.22.1　特征生成失败的出现

这里以一个简单模型为例进行说明。如果进行下列"编辑定义"操作（图 3.22.1），将会产生特征生成失败。

a）编辑特征前　　　　　　　　　　　　　b）编辑特征后

图 3.22.1　特征的编辑定义

Step1. 打开文件 D:\dbv521.1\work\ch03\ch03.22\fail.CATPart。

Step2. 在如图 3.22.2 所示的特征树中，右击截面草图标识 草图.2，从弹出的快捷菜单中选择 草图.2 对象 ➡ 编辑 命令，进入草绘工作台。

Step3. 修改截面草图。将截面草图改为如图 3.22.3 所示的形状，单击 按钮，完成截面草图的修改。

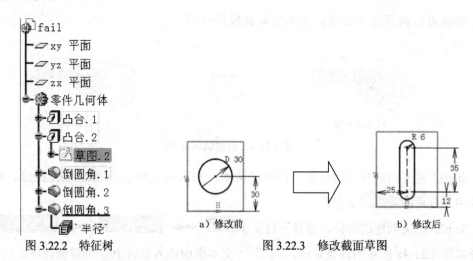

图 3.22.2　特征树　　　　　　　　　　图 3.22.3　修改截面草图

Step4. 退出草绘工作台后，系统弹出如图 3.22.4 所示的"更新诊断：草图.2"对话框，提示倒圆角 3 生成的面、边、顶点不可识别，这是因为第二个凸台特征重定义后，第三个圆角特征的参照便丢失，所以出现特征生成失败。

说明：在"更新诊断：草图.2"对话框的白色背景区显示的是存在问题的特征及解决的方法，对话框的灰色背景区则只显示当前错误特征的解决方法。

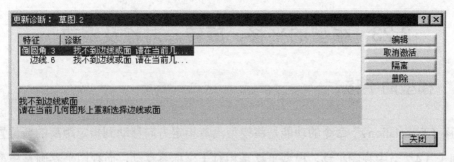

图 3.22.4 "更新诊断：草图.2"对话框

3.22.2 特征生成失败的解决方法

1. 解决方法———编辑第三个倒圆角特征的圆角对象

Step1. 单击"更新诊断：草图.2"对话框中的 编辑 按钮。

Step2. 完成上步操作后，系统弹出如图 3.22.5 所示的"特征定义错误"对话框，单击该对话框中的 确定 按钮，系统弹出如图 3.22.6 所示的"倒圆角定义"对话框，选取如图 3.22.7 所示的边线为倒圆角对象，然后单击"倒圆角定义"对话框中的 确定 按钮。

说明：这是退出特征失败环境并符合设计意图的修改方法。

图 3.22.5 "特征定义错误"对话框

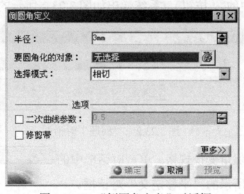

图 3.22.6 "倒圆角定义"对话框

图 3.22.7 选取圆角对象

2. 解决方法二——取消第三个倒圆角特征

在"更新诊断：草图.2"对话框的左侧选中 倒圆角.3 ，单击对话框中的 取消激活 或 隔离 按钮。

说明：这是退出特征失败环境比较简单的操作方法，取消之后的倒圆角特征还可被激活。

3.23 模型的平移、旋转、对称及缩放

3.23.1 模型的平移

"平移（Translation）"命令的功能是将模型沿着指定方向移动到指定距离的新位置，此功能不同于 3.4.2 节中视图平移，模型平移是相对于坐标系移动，而视图平移则是模型和坐标系同时移动，模型的坐标没有改变。

下面将对如图 3.23.1 所示的模型进行平移，操作步骤如下：

a) 平移前　　　　　　　　　　　　b) 平移后

图 3.23.1　模型的平移

Step1. 打开文件 D:\dbv521.1\work\ch03\ch03.23\ch03.23.01\translate.CATPart。

Step2. 选择命令。选择下拉菜单 插入 ➡ 变换特征 ➡ 平移... 命令（或单击"变换特征"工具栏中的 按钮），系统弹出如图 3.23.2 所示的"问题"对话框。

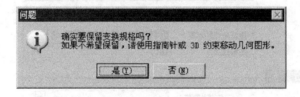

图 3.23.2　"问题"对话框

Step3. 定义是否保留变换规格。单击对话框中的 是(Y) 按钮，保留变换规格，此时系统弹出如图 3.23.3 所示的"平移定义"对话框。

Step4. 定义平移类型和参数。

（1）选择平移类型。在"平移定义"对话框的 向量定义: 下拉列表框中选择 方向、距离 选项。

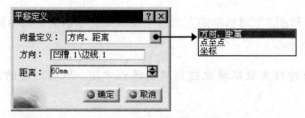

图 3.23.3　"平移定义"对话框

（2）定义平移方向。选择图 3.23.1a 所示的边线 1 作为平移的方向平面（即模型将沿此边线进行平移）。

（3）定义平移距离。在对话框的 距离：文本框中输入数值 60。

Step5. 单击"平移定义"对话框中的 ● 确定 按钮，完成模型的平移操作，平移后的模型如图 3.23.1b 所示。

3.23.2 模型的旋转

"旋转（Rotate）"命令的功能是将模型绕轴线旋转到新位置。

下面将对图 3.23.4 中的模型进行旋转，操作步骤如下：

a）旋转前　　　　　　　　　b）旋转后

图 3.23.4　模型的旋转

Step1. 打开文件 D:\dbv521.1\work\ch03\ch03.23\ch03.23.02\rotate.CATPart。

Step2. 选择命令。选择下拉菜单 插入 ➡ 变换特征 ▶ ➡ ❘ 旋转... 命令（或单击"变换特征"工具栏中 🔘 按钮），系统弹出"问题"对话框。

Step3. 定义变换规格。单击对话框中的 是(Y) 按钮，保留变换规格，系统弹出如图 3.23.5 所示的"旋转定义"对话框。

Step4. 选择中心轴线。在"旋转定义"对话框的 定义模式：下拉列表框中选择 轴线-角度 选项，选择如图 3.23.4a 所示的边线 1 作为旋转模型的中心轴线（即模型将绕此边线进行中心旋转，如图 3.23.6 所示）。

Step5. 定义旋转角度。在对话框的 角度：文本框中输入数值 45。

Step6. 单击"旋转定义"对话框中的 ● 确定 按钮，完成模型的旋转操作。

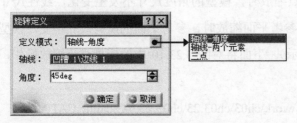

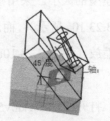

图 3.23.5　"旋转定义"对话框　　　　　图 3.23.6　定义旋转参数

3.23.3　模型的对称

"对称（Symmerty）"命令的功能是将模型关于某个选定平面移动到与原位置对称的位置，即其相对于坐标系的位置发生了变化，操作的结果就是移动。

下面将对图 3.23.7 中的模型进行对称操作，操作步骤如下：

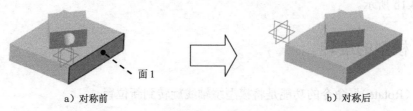

a）对称前　　　　　　　　　　　　　　b）对称后

图 3.23.7　模型的对称

Step1. 打开文件 D：\dbv521.1\work\ch03\ch03.23\ ch03.23.03\symmetry.CATPart。

Step2. 选择命令。选择下拉菜单 **插入** ➡ **变换特征** ➡ **对称...** 命令（或单击 "变换特征"工具栏中 按钮），系统弹出"问题"对话框。

Step3. 定义变换规格。单击对话框中的 **是(Y)** 按钮，保留变换规格，此时系统弹出如图 3.23.8 所示的"对称定义"对话框。

Step4. 选择对称平面。选取如图 3.23.7a 所示的面 1 作为对称操作平面，如图 3.23.9 所示。

Step5. 单击"对称定义"对话框中的 **确定** 按钮，完成模型的对称操作。

图 3.23.8　"对称定义"对话框

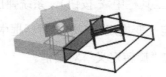

图 3.23.9　选择对称平面

3.23.4　模型的缩放

模型的缩放就是将源模型相对一个点或平面（称为参考点和参考平面）进行缩放，从而改变源模型的大小。采用参考点缩放时，模型的角度尺寸不发生变化，线性尺寸进行缩放（如图 3.23.10a 所示）；而选用参考平面缩放时，参考平面的所有尺寸不变，模型的其余尺寸进行缩放（如图 3.23.10b 所示）。下面将对图 3.23.10 中的模型进行缩放操作，操作步骤如下：

Step1. 打开文件 D：\dbv521.1\work\ch03\ch03.23\ch03.23.04\scaling.CATPart。

图 3.23.10 模型的缩放

Step2. 选择命令。选择下拉菜单 插入 ➡ 变换特征 ▶ ⊙ 缩放... 命令（或单击"变换特征"工具栏中 ⊙ 按钮），系统弹出如图 3.23.11 所示的"缩放定义"对话框。

Step3. 定义参考平面。选择如图 3.23.10a 所示的模型表面 1 作为缩放的参考平面，特征定义如图 3.23.12 所示。

Step4. 定义比率值。在对话框的 比率: 文本框中输入数值 3。

Step5. 单击"缩放定义"对话框中的 ● 确定 按钮，完成模型的缩放操作。

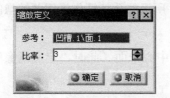

图 3.23.11 "缩放定义"对话框

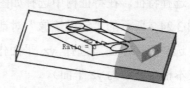

图 3.23.12 特征的定义

说明：

● 若选择图 3.23.13a 所示的模型表面 2 作为缩放的参考平面，在对话框的 比率: 文本框中输入数值 0.5，则特征定义将如图 3.23.13b 所示。

● 在设计零件模型的过程中，有时会包括多个独立的几何体，最后都需要通过交、并、差运算成为一整个几何体，本节所介绍的平移、旋转、对称及缩放命令也可用于几何体的操作。

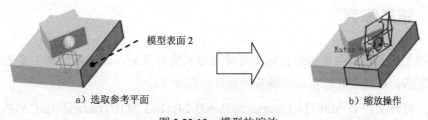

图 3.23.13 模型的缩放

3.24 特征的变换

特征的变换命令用于创建一个或多个特征的副本。CATIA V5 的特征变换包括镜像特征、矩形阵列、圆形阵列、删除阵列、分解阵列及用户自定义阵列，下面几节将分别介绍它们的操作过程。

注意：本节"特征的变换"中的"特征"是指拉伸、旋转、孔、肋、开槽、加强肋（筋）、多截面实体、已移出的多截面实体等这类对象。

3.24.1 镜像特征

特征的镜像复制就是将源特征相对一个平面（这个平面称为镜像中心平面）进行镜像，从而得到源特征的一个副本。如图 3.24.1 所示，对这个孔特征进行镜像复制的操作过程如下：

Step1. 打开文件 D:\dbv521.1\work\ch03\ch03.24\ch03.24.01\mirror.CATPart。

Step2. 选择命令。选择下拉菜单 插入 ➡ 变换特征 ▸ ➡ 镜像... 命令（或单击"变换特征"工具栏中 按钮）。

Step3. 选择特征。在特征树中选择如图 3.24.1 所示的孔特征作为需要镜像的特征，系统弹出如图 3.24.2 所示的"定义镜像"对话框。

Step4. 选择镜像平面。选择 yz 平面作为镜像中心平面（此时"定义镜像"对话框的 镜像元素: 文本框中显示为 yz 平面）。

Step5. 单击"定义镜像"对话框中的 确定 按钮，完成特征的镜像操作。

a）镜像前　　　　　b）镜像后

图 3.24.1　镜像特征

图 3.24.2　"定义镜像"对话框

3.24.2 矩形阵列

特征的矩形阵列就是将源特征以矩形排列方式进行复制，使源特征产生多个副本。如图 3.24.3 所示，对这个孔特征进行阵列的操作过程如下：

Step1. 打开文件 D:\dbv521.1\work\ch03\ch03.24\ ch03.24.02\ rectangular.CATPart。

Step2. 选择特征。在特征树中选中特征 孔.1 作为矩形阵列的源特征。

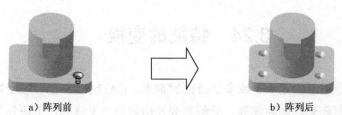

a）阵列前　　　　　b）阵列后

图 3.24.3　矩形阵列

Step3. 选择命令。选择下拉菜单 插入 ➡ 变换特征 ➡ 矩形阵列... 命令（或单击"变换特征"工具栏中 按钮），系统弹出如图 3.24.4 所示的"定义矩形阵列"对话框（一）。

Step4. 定义阵列参数。

（1）定义第一方向参考元素。在对话框中单击 第一方向 选项卡，单击以激活 参考元素：文本框，选择如图 3.24.5 所示的边线 1 为第一方向参考元素。

（2）定义第一方向参数。在 参数：下拉列表中选择 实例和间距 选项，在 实例：和 间距：文本框中分别输入参数值 2 和 60。

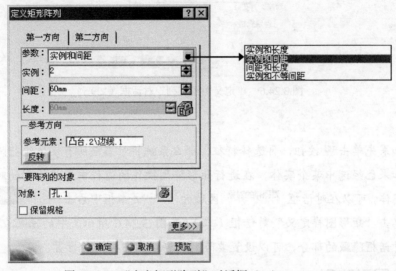

图 3.24.4　"定义矩形阵列"对话框（一）

说明： 参数：下拉列表中的选项用于定义源特征在第一方向上副本的分布数目和间距（或总长度），选择不同的列表项，则可输入不同的参数定义副本的位置。

（3）选择第二方向参考元素。在对话框中选择 第二方向 选项卡，在对话框的 参考方向 区域，单击以激活 参考元素：文本框，选择如图 3.24.5 所示的边线 2 为第二方向参考元素。

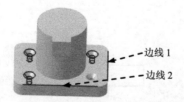

图 3.24.5　选择阵列方向

（4）定义第二方向参数。在 参数：下拉列表框中选择 实例和间距 选项，在 实例：和 间距：文本框中分别输入参数值 2 和 100，单击 反转 按钮，使特征阵列在凸台 凸台.2的表面，如图 3.24.6 所示。

Step5. 单击对话框中的 确定 按钮，完成矩形阵列的创建。

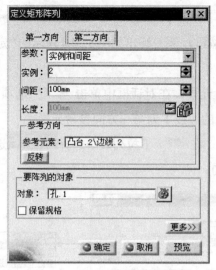

图 3.24.6　"定义矩形阵列"对话框（二）

说明：

● 如果先单击 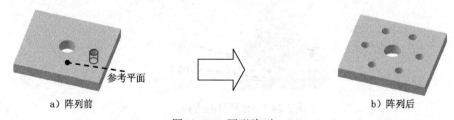 按钮，再选择特征，那么系统将对当前所有实体进行阵列操作。

● 如果已经选中某个实体，在进行矩形阵列操作的过程中想将阵列的对象改为所有实体，可以在对话框 要图样的对象 区域的 对象: 文本框中右击，选择 获取当前实体 命令。

● 单击"矩形图样定义"对话框（二）（如图 3.24.6 所示）中的 更多>> 按钮，展开对话框隐藏的部分，可以设置要阵列的特征在图样中的位置。

3.24.3　圆形阵列

特征的圆形阵列就是将源特征通过轴向旋转和（或）径向偏移，以圆周排列方式进行复制，使源特征产生多个副本。下面以图 3.24.7 所示模型为例来说明阵列的一般操作步骤：

Step1. 打开文件 D:\dbv521.1\work\ch03\ch03.24\ ch03.24.03\circle.CATPart。

Step2. 选择特征。在特征树中选中特征 凹槽.1 作为圆形阵列的源特征。

参考平面

a）阵列前　　　　　　　　　　　　　b）阵列后

图 3.24.7　圆形阵列

Step3. 选择命令。选择下拉菜单 插入 ➡ 变换特征 ▶ ➡ 圆形阵列... 命令（或单击"变换特征"工具栏中 按钮），系统弹出如图 3.24.8 所示的"定义圆形阵列"对话框（一）。

Step4. 定义阵列参数。

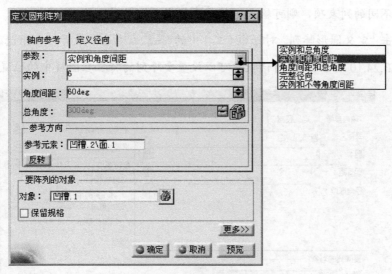

图 3.24.8　"定义圆形阵列"对话框（一）

（1）定义轴向阵列参数。在对话框中选择 轴向参考 选项卡，在 参数: 下拉列表框中选择 实例和角度间距 选项，在 实例: 和 角度间距: 文本框中分别输入参数值 6 和 60。

　　说明： 参数: 下拉列表框中的选项用于定义源特征在径向的副本分布数目和角度间距，选择不同的列表项，则可输入不同的参数定义副本的位置。

（2）选择参考元素。激活 参考元素: 文本框，选择图 3.24.7a 所示的圆柱面为参考元素。

（3）定义径向阵列参数。在对话框中选择 定义径向 选项卡，在 参数: 下拉列表框中选择 圆和圆间距 选项，在 圆: 和 圆间距: 文本框中分别输入参数值 1 和 30，如图 3.24.9 所示。

Step5. 单击对话框中的 ●确定 按钮，完成圆弧阵列的创建。

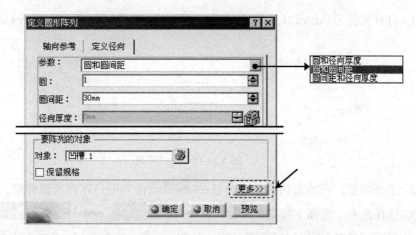

图 3.24.9　"定义圆形阵列"对话框（二）

　　说明：

● 参数: 下拉列表框中的选项用于定义源特征在轴向的副本分布数目和角度间距，选择不同的列表项，则可输入不同的参数定义副本的位置。

● 单击"定义圆形阵列"对话框（二）中的 <u>更多>></u> 按钮，展开对话框隐藏的部分（如图 3.24.10 所示），在对话框中可以设置要阵列的特征在图样中的位置。

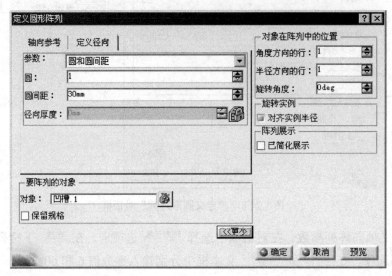

图 3.24.10　"定义圆形阵列"对话框（三）

3.24.4　用户阵列

用户阵列就是将源特征复制到用户指定的位置（指定位置一般以草绘点的形式表示），使源特征产生多个副本。如图 3.24.11 所示，对这个凹槽特征进行阵列的操作过程如下：

Step1. 打开文件 D:\dbv521.1\work\ch03\ch03.24\ ch03.24.04\ sketch_array.CATPart。

a）阵列前　　　　　　　　　b）阵列后

图 3.24.11　用户阵列

Step2. 选择特征。在特征树中选中特征 <u>凹槽.1</u> 作为用户阵列的源特征。

Step3. 选择命令。选择下拉菜单 <u>插入</u> ➡ <u>变换特征</u> ▶ ➡ <u>用户阵列...</u> 命令（或单击"变换特征"工具栏中 按钮），系统弹出如图 3.24.12 所示的"定义用户阵列"对话框。

Step4. 定义阵列的位置。在系统 <u>选择草图。</u> 的提示下，选择 <u>草图.3</u> 作为阵列位置。

Step5. 单击"定义用户阵列"对话框中的 <u>确定</u> 按钮，完成用户阵列的定义。

说明："定义用户阵列"对话框中的 <u>定位:</u> 文本框用于指定特征阵列的对齐方式，默认的对齐方式是实体特征的中心与指定放置位置重合。

3.24.5 删除阵列

下面以图 3.24.13 所示为例，说明删除阵列的一般过程。

Step1. 打开文件 D:\dbv521.1\work\ch03\ch03.24\ ch03.24.05\delete_pattern.CATPart。

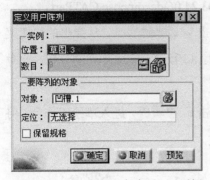

图 3.24.12 "定义用户阵列"对话框

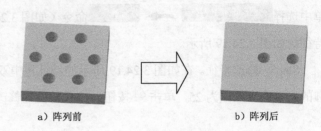

a）阵列前   b）阵列后

图 3.24.13 删除阵列

Step2. 选择命令。在如图 3.24.14 所示的特征树中右击 ⟨图标⟩ 圆形阵列.1 ，从弹出的快捷菜单中选择 删除 命令，系统弹出如图 3.24.15 所示的"删除"对话框。

Step3. 定义是否删除父级。在对话框中取消选中 □删除互斥父级 复选框。

说明：若选中 □删除互斥父级 复选框，则系统执行删除阵列命令时，还将删除阵列的源特征 ⟨图标⟩ 凹槽.1 。

Step4. 单击"删除"对话框中的 ⟨图标⟩确定 按钮，完成阵列的删除。

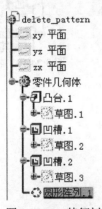

图 3.24.14 特征树

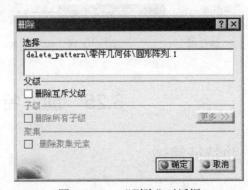

图 3.24.15 "删除"对话框

3.24.6 分解阵列

分解阵列就是将阵列的特征分解为与源特征性质相同的独立特征，并且分解后，特征可以单独进行定义和编辑。如图 3.24.16 所示，对这个圆弧阵列的分解和特征修改的过程如下：

a) 分解前   b) 分解后

图 3.24.16 分解阵列

Step1. 打开文件 D:\dbv521.1\work\ch03\ch03.24\ ch03.24.06\decompose.CATPart。

Step2. 选择命令。在如图 3.24.17 所示的特征树中右击 ⚙ 圆形阵列.1，从弹出的快捷菜单中选择 圆形阵列.1 对象 ➡ 分解... 命令（如图 3.24.18 所示），完成阵列的分解，此时特征树如图 3.24.19 所示。

Step3. 修改特征。在如图 3.24.19 所示的特征树中双击 草图.5，进入草绘工作台，将圆的尺寸约束修改为 25，单击 按钮，完成特征的修改。

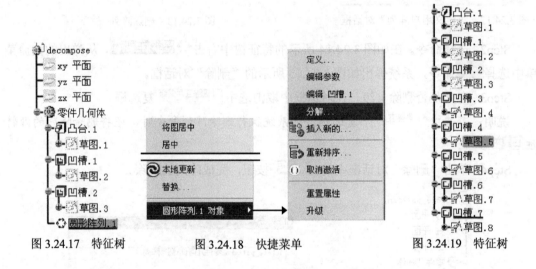

图 3.24.17 特征树   图 3.24.18 快捷菜单   图 3.24.19 特征树

3.25 肋 特 征

3.25.1 肋特征简述

如图 3.25.1 所示，肋（Sweep）特征是将一个轮廓沿着给定的中心曲线"扫掠"而生成的，所以也叫"扫描"特征。要创建或重新定义一个肋特征，必须给定两大特征要素，即中心曲线和轮廓。

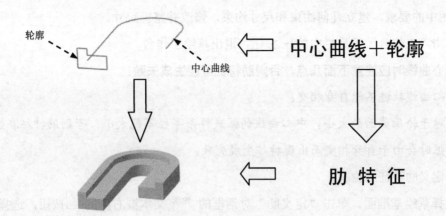

图 3.25.1 肋特征

3.25.2 肋特征创建的一般过程

下面以图 3.25.1 为例，说明创建肋特征的一般过程：

Step1. 新建文件。新建一个零部件文件，命名为 sweep.CATPart。

Step2. 选取命令。选择下拉菜单 插入 ➡ 基于草图的特征 ➡ 肋... 命令（或单击"基于草图的特征"工具栏中的 按钮），系统弹出如图 3.25.2 所示的"定义肋"对话框。

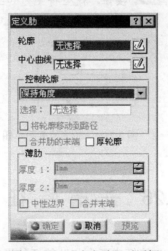

图 3.25.2 "定义肋"对话框

Step3. 定义肋特征的中心曲线。

（1）选择草绘基准面。单击"定义肋"对话框的 中心曲线 文本框右侧的 按钮，选择 yz 平面为草绘基准面，进入草绘工作台。

（2）绘制中心曲线的截面草图，如图 3.25.3 所示。

① 草绘肋特征的中心曲线。

② 按图中的要求，建立几何约束和尺寸约束，修改并整理尺寸。

（3）单击"工作台"工具栏中的 ⬆ 按钮，退出草绘工作台。

创建中心曲线时应注意下面几点，否则肋特征可能生成失败：

● 中心曲线轨迹不能自身相交。

● 相对于轮廓截面的大小，中心曲线的弧或样条半径不能太小，否则肋特征在经过该弧时会由于自身相交而出现特征生成失败。

Step4. 定义肋特征的轮廓。

（1）选择草绘基准面。单击"定义肋"对话框的 轮廓 文本框右侧的 ⬚ 按钮，选择 zx 平面为草绘基准面，系统进入草绘工作台。

（2）绘制轮廓的截面草图，如图 3.25.4 所示。

（3）建立几何约束和尺寸约束，并将尺寸修改为设计要求的尺寸，如图 3.25.4 所示。

（4）单击"工作台"工具栏中的 ⬆ 按钮，完成截面轮廓的绘制。

Step5. 在"定义肋"对话框 控制轮廓 区域的下拉列表框中选择 保持角度 选项，单击对话框中的 ⬤确定 按钮，完成肋特征的定义。

说明： 在"定义肋"对话框中选择 ☐厚轮廓 复选框，在 薄肋 区域的 厚度 2: 文本框中输入厚度值 5，然后单击对话框中的 ⬤确定 按钮，模型将变为如图 3.25.5 所示的薄壁特征。

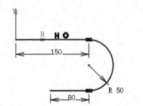

图 3.25.3 中心曲线的截面草图

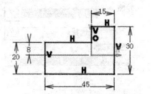

图 3.25.4 轮廓的截面草图

图 3.25.5 薄壁特征

3.26 开 槽 特 征

如图 3.26.1 所示，开槽（Slot）特征实际上与肋特征的性质相同，也是将一个轮廓沿着给定的中心曲线"扫掠"而成，二者的区别在于肋特征的功能是生成实体（加材料特征），而开槽特征则是用于切除实体（减材料特征）。

下面以图 3.26.1 为例，说明创建开槽特征的一般过程：

Step1. 打开文件 D:\dbv521.1\work\ch03\ch03.26\sweep_cut.CATPart。

Step2. 选取特征命令。选择下拉菜单 插入 ➡ 基于草图的特征 ➡ ⬚ 开槽... 命令

（或单击"基于草图的特征"工具栏中的  按钮），系统弹出如图 3.26.2 所示的"定义开槽"对话框。

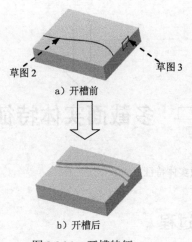

草图 2　　　　草图 3

a）开槽前

b）开槽后

图 3.26.1　开槽特征

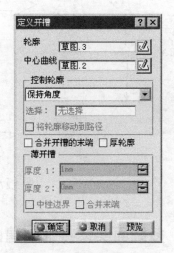

图 3.26.2　"定义开槽"对话框

Step3. 定义开槽特征的轮廓。在系统 定义轮廓。 的提示下，选择图 3.26.1a 所示的草图 3 作为开槽特征的轮廓。

说明：一般情况下，用户可以定义开槽特征的轮廓控制方式，默认在"定义开槽"对话框 控制轮廓 区域的下拉列表框中选中 保持角度 选项。

Step4. 定义开槽特征的中心曲线。在系统 定义中心曲线。 的提示下，选择草图 2 作为中心曲线。

Step5. 单击"定义开槽"对话框中的 确定 按钮，完成开槽特征的创建。

3.27　多截面实体特征

3.27.1　多截面实体特征简述

将一组不同的截面沿其边线用过渡曲面连接形成一个连续的特征，就是多截面实体特征。多截面实体特征至少需要两个截面，且不同截面应事先绘制在不同的草绘平面上。图 3.27.1 所示的多截面实体特征是由三个截面混合而成的。注意：这三个截面是在不同的草绘平面上绘制的。

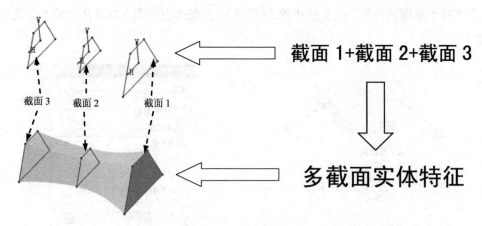

图 3.27.1　多截面实体特征

3.27.2　多截面实体特征创建的一般过程

Step1. 打开文件 D:\dbv521.1\work\ch03\ch03.27\loft.CATPart。

Step2. 选取命令。选择下拉菜单 插入 ➡ 基于草图的特征 ➡ 多截面实体... 命令（或单击"基于草图的特征"工具栏中的 按钮），系统弹出如图 3.27.2 所示的"多截面实体定义"对话框。

Step3. 选择截面轮廓。在系统 选择曲线 提示下，分别选择草图 1、草图 2、草图 3 作为多截面实体特征的截面轮廓，闭合点和闭合方向如图 3.27.3 所示。

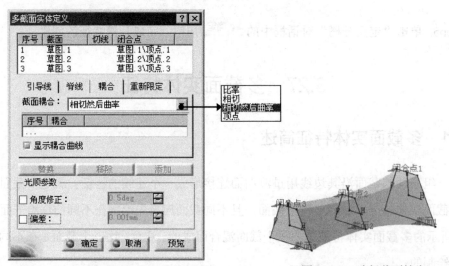

图 3.27.2　"多截面实体定义"对话框　　　　图 3.27.3　选择截面轮廓

注意： 多截面实体，实际上是利用截面轮廓以渐变的方式生成，所以在选择的时候要注意截面轮廓的先后顺序，否则实体无法正确生成。

Step4. 选择连接方式。在对话框中选择 耦合 选项卡，在 截面耦合: 下拉列表框中选择 相切然后曲率 选项。

Step5. 单击"多截面实体定义"对话框中的 ● 确定 按钮，完成特征的创建。

说明：

● 耦合 选项卡的 截面耦合: 下拉列表框中有四个选项，分别代表四种不同的图形连接方式：

☑ 比率 方式：将截面轮廓以比例方式连接，其具体操作方法是先将两个截面间的轮廓线沿闭合点的方向等分，再将等分线段依次连接，这种连接方式通常用在不同几何图形的连接上，例如圆和四边形的连接。

☑ 相切 方式：将截面轮廓上的斜率不连续点（即截面的非光滑过渡点）作为连接点，此时，各截面轮廓的顶点数必须相同。

☑ 相切然后曲率 方式：将截面轮廓上的相切连续而曲率不连续点作为连接点，此时，各截面轮廓的顶点数必须相同。

☑ 顶点 方式：将截面轮廓的所有顶点作为连接点，此时，各截面轮廓的顶点数必须相同。

● 多截面实体特征的截面轮廓一般使用闭合轮廓，每个截面轮廓都应有一个闭合点和闭合方向，各截面的闭合点和闭合方向都应处于正确的位置，否则会发生扭曲（如图 3.27.4 所示）或生成失败。

● 闭合点和闭合方向均可修改。修改闭合点的方法是：在闭合点图标处右击，从弹出的快捷菜单中选择 替换 命令，然后在正确的闭合点位置单击，即可修改闭合点。修改闭合方向的方法是：在表示闭合方向的箭头上单击，即可使之反向。

● 多截面实体特征的生成可以指定脊线或者引导线来完成（若用户没有指定时，系统采用默认的脊线引导实体生成），它的生成实际上也是截面轮廓沿脊线或者引导线的扫掠过程，图 3.27.5 所示即选定了脊线所生成的多截面实体特征。

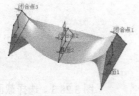

图 3.27.4　选择截面轮廓

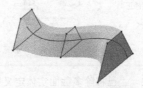

图 3.27.5　多截面实体特征

3.28　已移除的多截面实体

已移除的多截面实体特征（如图 3.28.1 所示）实际上是多截面特征的相反操作，即多截面特征是截面轮廓沿脊线扫掠形成实体，而已移除的多截面实体特征则是截面轮廓沿脊线扫掠除去实体，其一般操作过程如下：

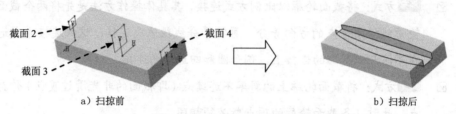

截面 2
截面 3
截面 4

a）扫掠前　　　　　　　　　　　　　　　　　b）扫掠后

图 3.28.1　已移除的多截面实体特征

Step1. 打开文件 D:\dbv521.1\work\ch03\ch03.28\loft_cut.CATPart。

Step2. 选取命令。选择下拉菜单 插入 ➡ 基于草图的特征 ➡ 已移除的多截面实体... 命令（或单击"基于草图的特征"工具栏中的 按钮），系统弹出如图 3.28.2 所示的"已移除多截面实体定义"对话框。

Step3. 选择截面轮廓。在系统 选择曲线 提示下，分别选择截图 2、截图 3 和截图 4 作为已移除的多截面实体特征的截面轮廓，截面轮廓的闭合点和闭合方向如图 3.28.3 所示。

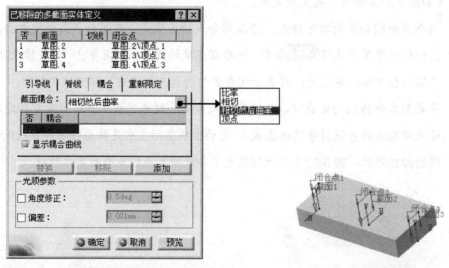

图 3.28.2　"已移除多截面实体定义"对话框　　　　图 3.28.3　选择截面轮廓

注意：各截面的闭合点和闭合方向都应处于正确的位置，若需修改闭合点或闭合方向，参见 3.27.2 节的说明。

Step4. 选择连接方式。在对话框中选择 耦合 选项卡，在 截面耦合: 下拉列表框中选择 相切然后曲率 选项。

Step5. 单击"已移除多截面实体定义"对话框中的 确定 按钮，完成特征的创建。

3.29　实体零件设计范例

本实例主要运用了如下一些命令：凸台、倒圆角、盒体、相交和多截面实体等。需要注意创建多截面实体及绘制草图等过程中用到的技巧及注意事项。零件模型及相应的特征树如图 3.29.1 所示。

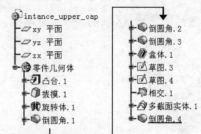

图 3.29.1　零件模型和特征树

Step1. 新建模型文件。选择下拉菜单 插入 ➡ 新建... 命令（或在"标准"工具栏中单击 按钮），在系统弹出的"新建"对话框的 类型列表: 栏中选择文件类型为 Part，单击对话框中的 确定 按钮。在"新建零件"对话框中输入零件名称 intance_upper_cap，并选取 启用混合设计 复选框，单击 确定 按钮，进入"零件设计"工作台。

Step2. 创建图 3.29.2 所示的零件基础特征——凸台 1。

（1）选择下拉菜单 插入 ➡ 基于草图的特征 ➡ 凸台... 命令（或单击 按钮），系统弹出"定义凸台"对话框。

（2）创建截面草图。

① 在"定义凸台"对话框中单击 按钮，选取"yz 平面"作为草图平面。

② 在草绘工作台中绘制图 3.29.3 所示的截面草图（草图 1）。

③ 单击"工作台"工具栏中的 按钮，退出草绘工作台。

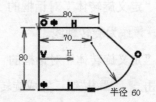

图 3.29.2　凸台 1　　　　　　　　图 3.29.3　截面草图（草图 1）

（3）定义深度属性。

① 采用系统默认的方向。

② 在该对话框中 第一限制 和 第二限制 区域的 类型: 下拉列表中均选择 尺寸 选项。

③ 在"定义凸台"对话框中 第一限制 和 第二限制 区域的 长度: 文本框中均输入数值 37.5。

（4）单击"定义凸台"对话框中的 ● 确定 按钮，完成凸台 1 的创建。

Step3. 创建图 3.29.4 所示的零件特征——拔模 1。

（1）选择下拉菜单 插入 ➡ 修饰特征 ▶ ➡ 拔模... 命令（或单击"修饰特征"工具栏中的 按钮），系统弹出"定义拔模"对话框。

（2）在系统 选择要拔模的面 的提示下，选取图 3.29.5 所示的面为要拔模的面。

（3）单击以激活 中性元素 区域的 选择: 文本框，选取模型底部的平面为中性元素。

图 3.29.4　拔模 1

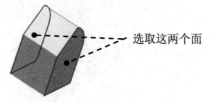

———— 选取这两个面

图 3.29.5　选择中性元素

（4）定义拔模属性。

① 采用系统默认的方向。

② 在对话框的 角度: 文本框中输入角度值-5。

（5）单击对话框中的 ● 确定 按钮，完成拔模 1 的创建。

Step4. 创建图 3.29.6 所示的零件特征——旋转体 1。

（1）选择下拉菜单 插入 ➡ 基于草图的特征 ▶ ➡ 旋转体 命令（或单击 按钮），系统弹出"定义旋转体"对话框。

（2）创建图 3.29.7 所示的截面草图。

① 在"定义旋转体"对话框中单击 按钮，选取"yz 平面"作为草图平面。

② 在草绘工作台中绘制图 3.29.7 所示的截面草图（草图 2）。

③ 单击"工作台"工具栏中的 按钮，退出草绘工作台。

（3）在"定义旋转体"对话框的 轴线 区域中右击 选择: 文本框，在系统弹出的快捷菜单中选择 Y 轴 作为旋转轴线。

（4）在"定义旋转体"对话框的 限制 区域的 第一角度: 文本框中输入数值 360。

（5）单击 ● 确定 按钮，完成旋转体 1 的创建。

图 3.29.6 旋转体 1

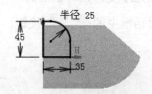

图 3.29.7 截面草图（草图 2）

Step5. 创建图 3.29.8b 所示的倒圆角 1。

（1）选择下拉菜单 插入 ➡️ 修饰特征 ➡️ 倒圆角... 命令，系统弹出"倒圆角定义"对话框。

（2）在"倒圆角定义"对话框的 选择模式：下拉列表中选择 相切 选项，选取图 3.29.8a 所示的边线为要倒圆角的对象。

（3）在"倒圆角定义"对话框的 半径：文本框中输入数值 10。

（4）单击"倒圆角定义"对话框中的 确定 按钮，完成倒圆角 1 的创建。

选取此边线

a）倒圆角前 b）倒圆角后

图 3.29.8 倒圆角 1

Step6. 创建倒圆角 2。要倒圆角的边线如图 3.29.9 所示，倒圆角半径值为 20。

Step7. 创建倒圆角 3。要倒圆的角边线如图 3.29.10 所示，倒圆角半径值为 8。

选取此边线

选取此边线

图 3.29.9 选取边线 图 3.29.10 选取边线

Step8. 创建图 3.29.11 所示的抽壳 1。

（1）选择命令。选择下拉菜单 插入 ➡️ 修饰特征 ➡️ 抽壳... 命令（或单击"修饰特征"工具栏中的 按钮），系统弹出"定义盒体"对话框。

（2）选取要移除的面。在系统 选择要移除的面 的提示下，选取图 3.29.12 所示的模型表面为要移除的面。

（3）定义抽壳厚度。在对话框的 `默认内侧厚度：` 文本框中输入数值 5.0。

（4）单击对话框中的 `⬤ 确定` 按钮，完成抽壳 1 的创建。

选取此表面 ⟵⋯

图 3.29.11　抽壳 1　　　　　　　　　图 3.29.12　选择要移除的面

Step9. 创建图 3.29.13 所示的草图 3。

（1）选择下拉菜单 `插入` ➡ `草图编辑器 ▸` ➡ `🖉草图` 命令（或单击工具栏的"草图"按钮 🖾 ）。

（2）选取"yz 平面"为草图平面，系统自动进入草图工作台。

（3）利用"投影 3D 元素"命令绘制图 3.29.14 所示的草图 3。

（4）单击退出工作台按钮 ⎍ ，完成草图 3 的创建。

草图 3 ⋯⟶

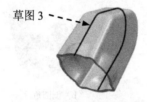

图 3.29.13　草图 3（建模环境）　　　　　图 3.29.14　草图 3（草绘环境）

Step10. 创建图 3.29.15 所示的草图 4。

（1）选择下拉菜单 `插入` ➡ `草图编辑器 ▸` ➡ `🖉草图` 命令（或单击工具栏的"草图"按钮 🖾 ）。

（2）选取"zx 平面"为草图平面，系统自动进入草图工作台。

（3）绘制图 3.29.16 所示的草图 4。

（4）单击退出工作台按钮 ⎍ ，完成草图 4 的创建。

注意：草图 4 中的圆弧为半圆，并且圆弧的圆心与草图 3 的端点相合。

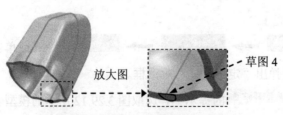

放大图　　草图 4

半径 5

图 3.29.15　草图 4（建模环境）　　　　　图 3.29.16　草图 4（草绘环境）

Step11. 创建图 3.29.17 所示的相交 1。

（1）选择下拉菜单 开始 ➡ 机械设计 ▸ ➡ 线框和曲面设计 命令，切换到"线框和曲面设计"工作台。

（2）选择下拉菜单 插入 ➡ 线框 ▸ ➡ 相交… 命令，系统弹出"相交定义"对话框。

（3）选取"xy 平面"为第一元素，选取草图 3 为第二元素。

（4）单击 ● 确定 按钮，完成相交曲线的创建（相交结果为一个点）。.

Step12. 创建图 3.29.18 所示的草图 5。

（1）选择下拉菜单 插入 ➡ 草图编辑器 ▸ ➡ 草图 命令（或单击工具栏的"草图"按钮 ）。

（2）选取"xy 平面"为草图平面，系统自动进入草图工作台。

（3）绘制图 3.29.19 所示的草图 5。

（4）单击"工作台"工具栏中的 按钮，完成草图 5 的创建。

注意：草图 5 中水平直线中点及圆弧的圆心的与相交 1 相合。

图 3.29.17　相交 1　　　　　图 3.29.18　草图 5（建模环境）　　　　图 3.29.19　草图 5（草绘环境）

Step13. 创建图 3.29.20 所示的草图 6。

（1）选择下拉菜单 插入 ➡ 草图编辑器 ▸ ➡ 草图 命令（或单击工具栏的"草图"按钮 ）。

（2）选取"zx 平面"为草图平面，系统自动进入草图工作台。

（3）绘制图 3.29.21 所示的草图 6。

（4）单击"工作台"工具栏中的 按钮，完成草图 6 的创建。

注意：草图 6 中的圆弧为半圆，并且圆弧的圆心与草图 3 的端点相合。

图 3.29.20　草图 6（建模环境）　　　　　图 3.29.21　草图 6（草绘环境）

Step14. 创建图 3.29.22 所示的多截面实体 1。

（1）切换工作台。选择下拉菜单 开始 ➡ 机械设计 ▶ ➡ 零件设计 命令，进入"零件设计"工作台。

（2）选择下拉菜单 插入 ➡ 基于草图的特征 ▶ ➡ 多截面实体... 命令（或单击"基于草图的特征"工具栏中的 按钮），系统弹出"多截面实体定义"对话框。

（3）在系统 选择曲线 的提示下，分别选取草图 4、草图 5 和草图 6 作为多截面实体特征的截面轮廓，选取草图 3 的顶点和交叉 1 作为闭合点。

（4）选取草图 3 作为引导线。

（5）在对话框中单击 耦合 选项卡，在 截面耦合: 下拉列表中选择 相切然后曲率 选项。

（6）单击"多截面实体定义"对话框中的 确定 按钮，完成多截面实体 1 的创建。

Step15. 创建倒圆角 4。要倒圆角的边线如图 3.29.23 所示，倒圆角半径值为 8。

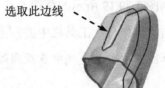

选取此边线

图 3.29.22　多截面实体 1　　　　图 3.29.23　倒圆角 4

Step16. 保存零件模型。选择下拉菜单 文件 ➡ 保存 命令，即可保存零件模型。

3.30　习　　题

一、选择题

1、下图由曲线变成实体，请指出在此过程中没有使用到的命令是（　　）

A．限制值　　　　　　　　　　　B．拔模

C．薄凸台　　　　　　　　　　　D．布尔操作

2、零件设计工作台所设计的零件，以哪种扩展名文件形式存储（　　）

A．*.CATPart　　　　　　　　　B．*.CATProduct

C．*.Drawing　　　　　　　　　D．*.Process

3、快捷键 F3 的作用是（　　）

A．隐藏几何图形　　　　　　　B．隐藏树显示

C．将几何图像低亮显示　　　　D．缩放树的大小

4、在 CATIA V5 图形区空白处单击中键的操作是（　　）

A．指定旋转中心　　　　　　　B．指定缩放中心

C．关闭旋转模式　　　　　　　D．锁定鼠标左键对该点的捕捉

5、下列选项中不属于布尔操作运算的是（　　）

A．添加　　　　　　　　　　　B．移除

C．相交　　　　　　　　　　　D．缝合

6、下列选项中，对于凸台特征的说法正确的是（　　）

A．对于凸台特征，草绘截面不可以有缺口

B．对于凸台特征，草绘截面可以有一个或多个封闭环，但环与环之间不能相切或相交

C．凸台特征草图平面不可以选择某个模型平的表面

D．拉伸的方向只能垂直于草图平面

7、下列选项中，不属于凸台特征定义形式的一项是（　　）

A．直到平面　　　　　　　　　B．直至下一个

C．直到最后　　　　　　　　　D．对称值

8、建模参考元素不包括（　　）

A．平面　　　　　　　　　　　B．线

C．点　　　　　　　　　　　　D．基准轴

9、创建实体的旋转（Shaft）特征时，下图所示的草图截面中不能满足要求的是（　　）？

10、下列选项中不属于孔类型的是（　　）

A．简单孔　　　　　　　　　　B．锥形孔

C．埋头孔　　　　　　　　　　D．间隙孔

11、在渲染模式中，以下哪个是带边着色但不使边平滑显示的结果？（　　）

12、以下哪个命令可以实现对特征树的重新排列？

A. 　　　　　　　　B.

C. 　　　　　　　　D.

13、当一个实体同时需要抽壳、拔模、倒角时，它的先后次序应该是？（　　）

A. 倒角、拔模、抽壳　　　　　　B. 拔模、抽壳、倒角

C. 拔模、倒角、抽壳　　　　　　D. 不分先后

14、命令 （Rib）的作用是（　　）

A. 创建加强筋　　　　　　　　　B. 创建扫掠实体

C. 创建凸台　　　　　　　　　　D. 创建倒圆角

15、CATIA 系统中，选中对象或特征，右键关联菜单可以调出属性对话框。以下哪项不属于属性对话框修改内容（　　）

A. 对象颜色　　　　　　　　　　B. 特征名称

C. 对象线型　　　　　　　　　　D. 对象材料属性

16、在 CATIA V5 界面中系统默认的有（　　）个基准平面？

A. 1　　　　　　　　　　　　　　B. 2

C. 3　　　　　　　　　　　　　　D. 4

17、基准平面的作用是（　　）

A. 作为草图的放置面　　　　　　B. 作为定位基准

C. 可减少特征间父子关系　　　　D. 以上都对

18、下列选项属于修饰特征中圆角类型的有（　　）

A. 可变圆角　　　　　　　　　　B. 弦圆角

C. 三切线内圆角 D. 以上都是

19、若想在实体模块中,创造并偏移一定角度的平面,平面类型合理的应该选择(   )

A. 与平面成一角度或垂直 B. 平行通过点

C. 通过三点 D. 通过点和直线

20、下列属于 CATIA 中解决特征失败的相关选项是(   )

A. 编辑 B. 取消激活

C. 删除和隔离 D. 以上都是

21、下面图 1 到图 2 的效果是属于哪种类型的拔模(   )

A. 角度拔模 B. 可变半径拔模

C. 反射线拔模 D. 以上都不是

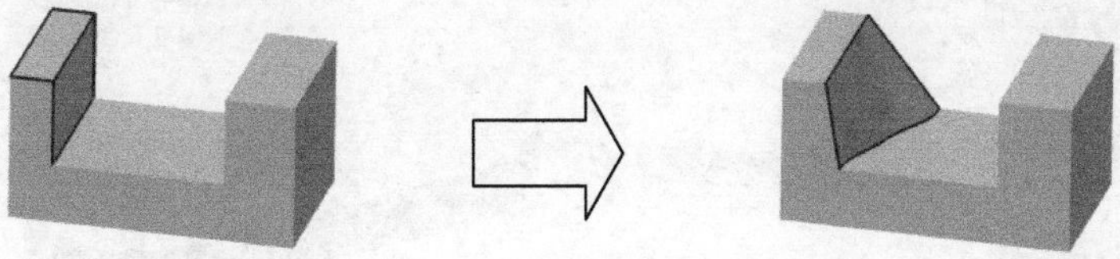

图 1   图 2

22、下列选项不属于直线定义线型的是(   )

A. 点—点 B. 点—方向

C. 曲线的切线 D. 长度—角度

23、下列哪个命令可以实现图 1 到图 2 的效果(   )

A.  B.

C. D.

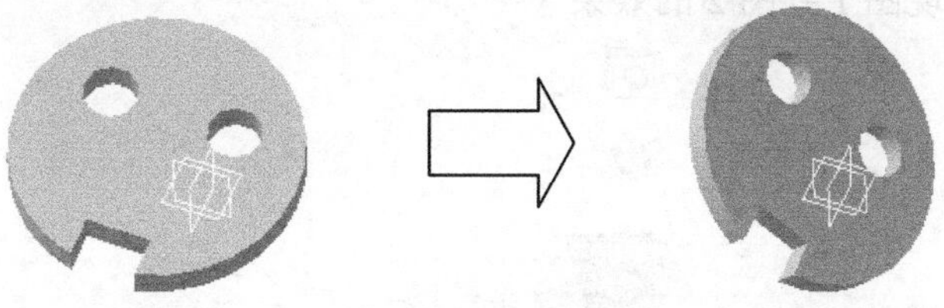

图 1   图 2

24、将倒圆三边缘,如图 1 所示: Edge 1, Edge 2 and Edge 3 ;边缘 1 和边缘 2 的半径是 10。边缘 3 的半径是 15;哪一种倒圆顺序将得到好的结果(图 2),而不是坏的结果(图 3)。(   )

A. 首先倒圆边缘 3,然后倒圆边缘 1 和边缘 2。

B. 首先倒圆边缘 1 和边缘 2,然后倒圆边缘 3。

C. 首先倒圆边缘 1,然后倒圆边缘 2,最后倒圆边缘 3。

D. 首先倒圆边缘 1,然后倒圆边缘 3,最后倒圆边缘 2。

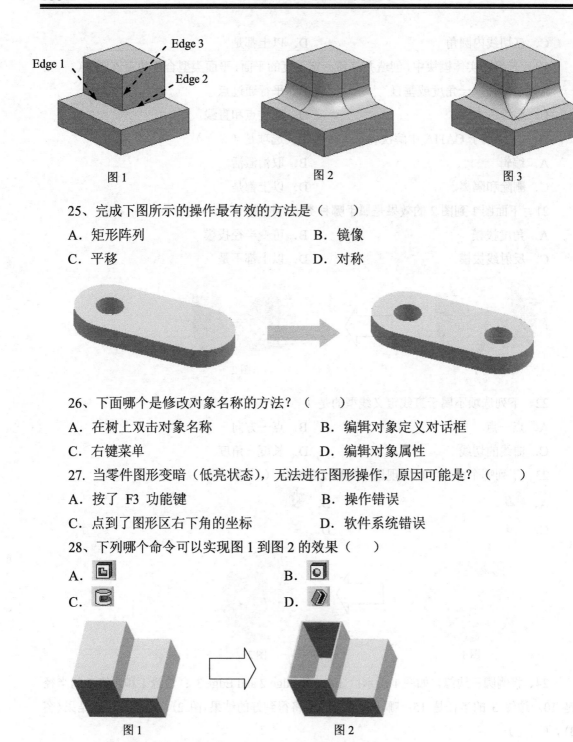

图 1　　　　　　　　　　　图 2　　　　　　　　　　　图 3

25、完成下图所示的操作最有效的方法是（　　　）

A．矩形阵列　　　　　　　　　　B．镜像

C．平移　　　　　　　　　　　　D．对称

26、下面哪个是修改对象名称的方法？（　　　）

A．在树上双击对象名称　　　　　　B．编辑对象定义对话框

C．右键菜单　　　　　　　　　　　D．编辑对象属性

27．当零件图形变暗（低亮状态），无法进行图形操作，原因可能是？（　　　）

A．按了 F3 功能键　　　　　　　　B．操作错误

C．点到了图形区右下角的坐标　　　D．软件系统错误

28、下列哪个命令可以实现图 1 到图 2 的效果（　　　）

A.　　　　　　　　　　　　　　B.

C.　　　　　　　　　　　　　　D.

图 1　　　　　　　　　　　　　　图 2

29、关于图层说法正确的是（　　　）

A．CATIA 中可以有 65536 个图层

B．图层不可以任意的命名

C．多个对象不可以分布在不同的图层

D．图层的作用是便于管理图形对象

二、判断题

1、在凸台特征中不封闭的截面线串不能创建实体。（　　）

2、有父子关系的特征不能随意调换次序。（　　）

3、删除父特征，其所有子特征也将被删除。（　　）

4、鼠标中键的作用是确认选择的对象。（　　）

5、在 CATIA 里面，一个旋转特征可以生成两个实体。（　　）

6、在创建抽壳特征时，不可以指定个别厚度到表面。（　　）

7、创建加强筋时其轮廓截面线可以为封闭的。（　　）

8、创建肋特征时，中心曲线轨迹不能有自身相交。（　　）

9、在创建多截面实体特征时，截面的选择没有顺序。（　　）

三、简答题

1、为什么在建模过程中需要建立基准面特征？

2、由草图创建实体有什么优势？

四、制作模型

1．创建如图 3.30.1 所示的零件模型。

Step1. 新建一个零件的三维模型，将零件模型命名为 fan_hub.CATPart。

Step2. 创建如图 3.30.2 所示的旋转体 1。

Step3. 创建如图 3.30.3 所示的凸台 1。

图 3.30.1　零件模型

图 3.30.2　旋转体 1

图 3.30.3　凸台 1

Step4. 创建如图 3.30.4 所示的圆模式 1。

Step5. 创建如图 3.30.5 所示的凹槽 1。

图 3.30.4 圆模式 1

图 3.30.5 凹槽 1

2. 创建如图 3.30.6 所示的零件模型。

Step1. 新建一个零件的三维模型，将零件模型命名为 cover_up.CATPart。

Step2. 创建如图 3.30.7 所示的凸台 1。

Step3. 创建如图 3.30.8 所示的肋 1。

图 3.30.6 零件模型

图 3.30.7 凸台 1

图 3.30.8 肋 1

Step4. 创建如图 3.30.9 所示的凸台 2。

Step5. 分别创建如图 3.30.10 所示的倒圆角 1 和倒圆角 2。

Step6. 创建如图 3.30.11 所示的抽壳 1。

图 3.30.9 凸台 2

图 3.30.10 倒圆角 1 和倒圆角 2

图 3.30.11 抽壳 1

3. 创建如图 3.30.12 所示的零件模型。

Step1. 新建一个零件的三维模型，将零件模型命名为 bottle.CATPart。

Step2. 依次创建如图 3.30.13、图 3.30.14、图 3.30.15 和图 3.30.16 所示的草图 1、草图 2、草图 3 和草图 4；四个草图之间的间距分别为 6、23、5。

Step3. 创建如图 3.30.17 所示的多截面实体 1。

图 3.30.12 零件模型

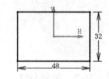
图 3.30.13 草图 1

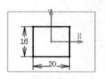
图 3.30.14 草图 2

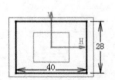
图 3.30.15 草图 3

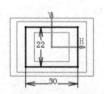
图 3.30.16 草图 4

图 3.30.17 多截面实体 1

Step4. 创建如图 3.30.18 所示的凸台 1。

Step5. 创建如图 3.30.19 所示的倒圆角 1。

Step6. 创建如图 3.30.20 所示的倒圆角 2。

图 3.30.18 凸台 1

图 3.30.19 倒圆角 1

图 3.30.20 倒圆角 2

Step7. 创建如图 3.30.21 所示的倒圆角 3。

Step8. 创建如图 3.30.22 所示的倒圆角 4。

Step9. 创建如图 3.30.23 所示的抽壳 1。

图 3.30.21 倒圆角 3

图 3.30.22 倒圆角 4

图 3.30.23 抽壳 1

Step10. 创建如图 3.30.24 所示的三切线内圆角 1。

放大图

图 3.30.24 三切线内圆角 1

4. 根据如图 3.30.25 所示的步骤创建三维模型，将零件命名为 bracket01.CATPart。

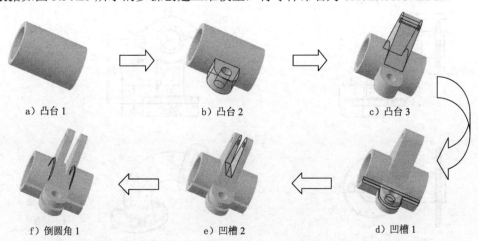

a) 凸台 1

b) 凸台 2

c) 凸台 3

f) 倒圆角 1

e) 凹槽 2

d) 凹槽 1

g）倒圆角 2　　　　h）倒圆角 3　　　　i）倒圆角 4

图 3.30.25　三维模型创建步骤

5. 根据如图 3.30.26 所示的步骤创建三维模型，将零件命名为 bracket02.CATPart。

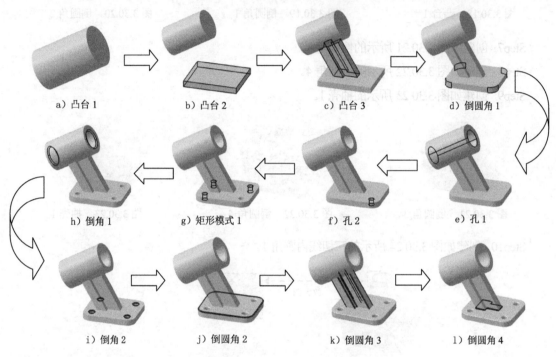

a）凸台 1　　　b）凸台 2　　　c）凸台 3　　　d）倒圆角 1

h）倒角 1　　　g）矩形模式 1　　　f）孔 2　　　e）孔 1

i）倒角 2　　　j）倒圆角 2　　　k）倒圆角 3　　　l）倒圆角 4

图 3.30.26　三维模型创建步骤

6. 根据如图 3.30.27 所示的零件各个视图，创建该零件三维模型。

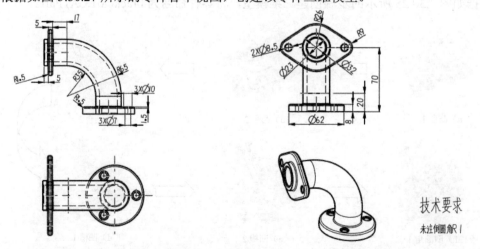

技术要求

未注倒圆角 R1

图 3.30.27　零件视图

7. 根据如图 3.30.28 所示的零件各个视图，创建该零件三维模型。

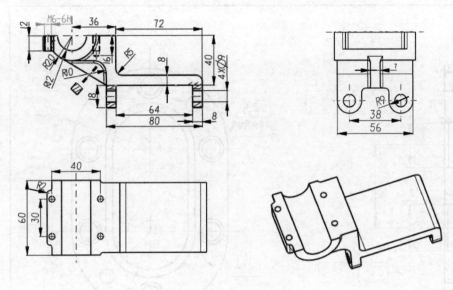

图 3.30.28 零件视图

8. 根据如图 3.30.29 所示的零件各个视图，创建该零件三维模型。

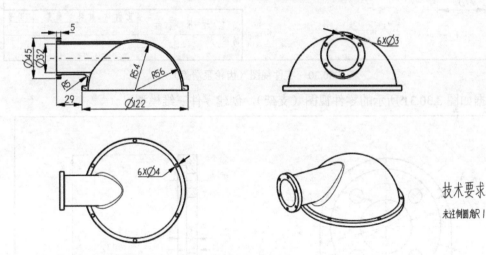

图 3.30.29 零件视图

9. 根据如图 3.30.30 所示的零件视图（齿轮泵端盖），创建零件三维模型。

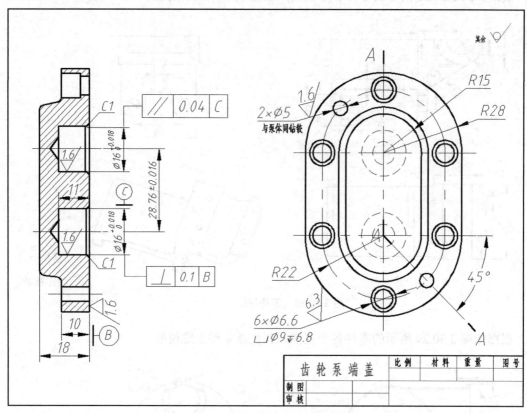

图 3.30.30　零件视图（齿轮泵端盖）

10. 根据如图 3.30.31 所示的零件视图（支架），创建零件三维模型。

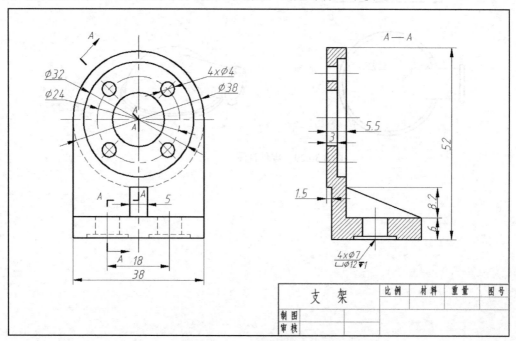

图 3.30.31　零件视图（支架）

11. 根据如图 3.30.32 所示的零件视图（V 带轮），创建零件三维模型。

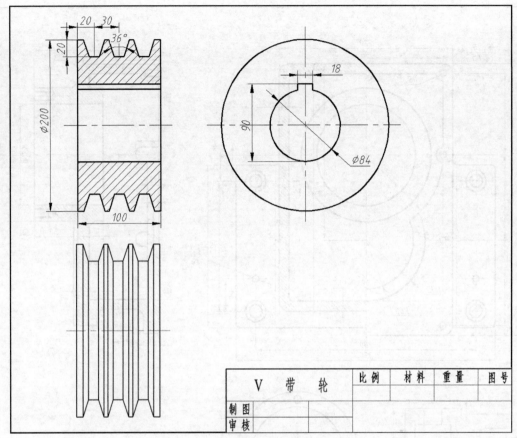

图 3.30.32 零件视图（V 带轮）

12. 根据如图 3.30.33 所示的零件视图（齿轮箱），创建零件三维模型。

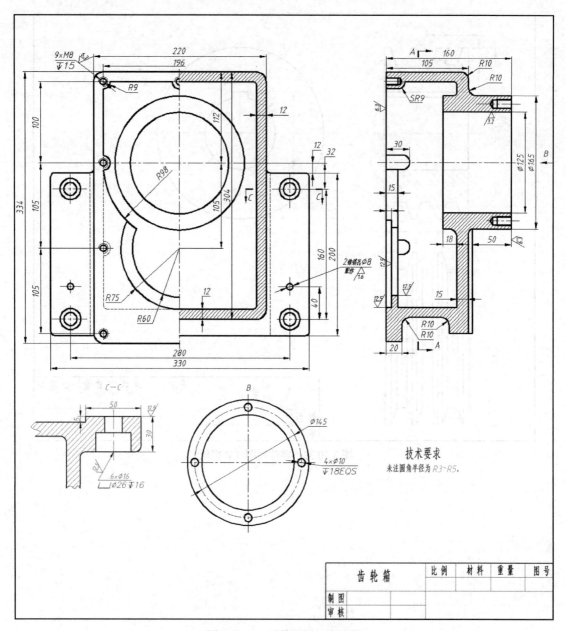

图 3.30.33 零件视图（齿轮箱）

第4章 装配设计

一个产品往往是由多个零件组合（装配）而成的，在 CAITA V5 中零件
的组合是在装配模块中完成的。通过本章的学习，可以了解产品装配的一般过程，掌握一
些基本的装配技能。主要内容包括：

- 各种装配约束的基本概念。
- 装配约束的编辑定义。
- 装配的一般过程。
- 在装配体中隐藏及修改部件。
- 在装配体中部件的对称和阵列。
- 模型的外观处理。
- 装配分解图的创建。

4.1 概　　述

一个产品往往是由多个零件组合（装配）而成的，装配模块用来建立零件间的相对位
置关系，从而形成复杂的装配体。零件间位置关系的确定主要通过添加约束实现。

装配设计一般有两种基本方式：自底向上装配和自顶向下装配。如果首先设计好全部
零件，然后将零件作为部件添加到装配体中，则称之为自底向上装配；如果是首先设计好
装配体模型，然后在装配体中组建模型，最后生成零件模型，则称之为自顶向下装配。

CAITA V5 提供了自底向上和自顶向下装配功能，并且两种方法可以混合使用。自底向
上装配是一种常用的装配模式，本书主要介绍自底向上装配。

CAITA V5 的装配模块具有下面一些特点：

- 提供了方便的部件定位方法，轻松设置部件间的位置关系。系统提供了六种约束
  方式，通过对部件添加多个约束，可以准确地把部件装配到位。
- 提供了强大的爆炸图工具，可以方便地生成装配体的爆炸图。
- 提供了强大的零件库，可以直接向装配体中添加标准零件。

相关术语和概念

零件：组成部件与产品最基本的单位。

部件：可以是一个零件，也可以是多个零件的装配结果。它是组成产品的主要单位。

装配体：也称为产品，是装配设计的最终结果。它是由部件之间的约束关系及部件组成的。

约束：在装配过程中，约束是指部件之间的相对的限制条件，可用于确定部件的位置。

4.2　装　配　约　束

通过定义装配约束，可以指定零件相对于装配体（部件）中其他部件的放置方式和位置。装配约束的类型包括相合、接触、距离、固定等。在 CATIA 中，一个零件通过装配约束添加到装配体后，它的位置会随与其有约束关系的部件改变而相应改变，而且约束设置值作为参数可随时修改，并可与其他参数建立关系方程，这样整个装配体实际上是一个参数化的装配体。

4.2.1　"相合"约束

"相合"约束可以使两个装配部件中的两个平面（如图 4.2.1a 所示）重合，并且可以调整平面方向，如图 4.2.1b、图 4.2.1c 所示；也可以使两条轴线同轴（如图 4.2.2 所示）或者两个点重合，约束符号为 ■。

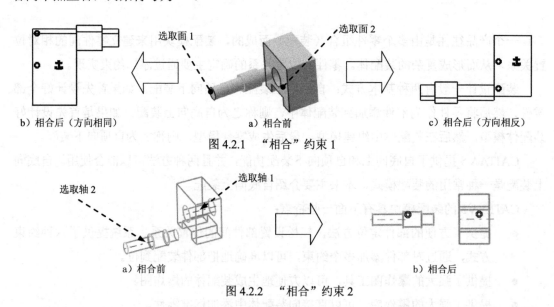

图 4.2.1　"相合"约束 1

图 4.2.2　"相合"约束 2

注意：使用"相合"约束时，两个参照不必为同一类型，直线与平面、点与直线等都可使用"相合"约束。

4.2.2　"接触"约束

"接触"约束可以使选定的两个面进行接触，可分为以下三种约束情况：

- 点接触：使球面与平面处于相切状态，约束符号为 ⬛ （如图 4.2.3 所示）。
- 线接触：使圆柱面与平面处于相切状态，约束符号为 ⬛ （如图 4.2.4 所示）。
- 面接触：使两个面重合，约束符号为 ▣ 。

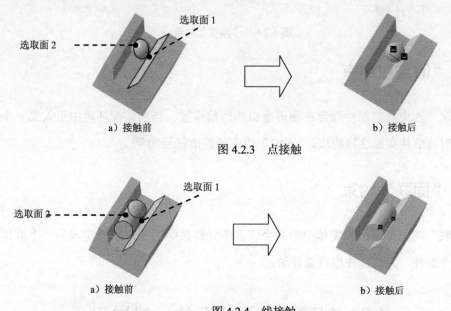

图 4.2.3　点接触

图 4.2.4　线接触

4.2.3　"偏移"约束

用"偏移"约束可以使两个部件上的点、线或面建立一定距离，从而限制部件的相对位置关系，如图 4.2.5 所示。

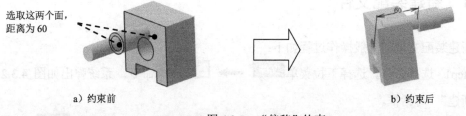

图 4.2.5　"偏移"约束

4.2.4　"角度"约束

用"角度"约束可使两个元件上的线或面建立一个角度，从而限制部件的相对位置关系，如图 4.2.6 所示。

a）约束前   b）约束后

图 4.2.6 "角度"约束

4.2.5 "固定"约束

"固定"约束是将部件固定在图形窗口的当前位置。当向装配环境中引入第一个部件时，常常对该部件实施这种约束。"固定"约束的约束符号为 ⊞ 。

4.2.6 "固联"约束

"固联"约束可以把装配体中的两个或多个元件按照当前位置固定成为一个群体，移动其中一个部件，其他部件也将被移动。

4.3 创建新装配模型的一般过程

下面以一个装配体模型——轴和轴套的装配为例（如图 4.3.1 所示），说明装配体创建的一般过程。

4.3.1 新建装配文件

新建装配文件的一般操作过程如下：

Step1. 选择命令。选择下拉菜单 文件 ➡ 新建... 命令，系统弹出如图 4.3.2 所示的"新建"对话框。

Step2. 选择文件类型。在"新建"对话框中的 类型列表: 选项组中选择 Product 选项，单击 ● 确定 按钮。

图 4.3.1　轴和轴套的装配

图 4.3.2　"新建"对话框

Step3. 在"属性"对话框中更改文件名。

（1）右击特征树的 Product1，在弹出的快捷菜单中选择 属性 命令，系统弹出"属性"对话框。

说明：新建的装配文件默认名为 Product1。

（2）在"属性"对话框中选择 产品 选项卡。在 零件编号 后面的文本框中将 Product1 改为 asm_shaft，单击 确定 按钮。

4.3.2　装配第一个零件

1. 引入第一个零件

Step1. 单击特征树中的 asm_shaft，使 asm_shaft 处于激活状态。

Step2. 选择命令。选择如图 4.3.3 所示的下拉菜单 插入 ➡ 现有部件... 命令（或单击"产品结构工具"工具栏中的 按钮，如图 4.3.4 所示）。

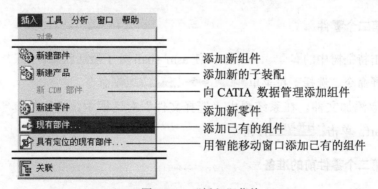

新建部件	添加新组件
新建产品	添加新的子装配
新 CDM 部件	向 CATIA 数据管理添加组件
新建零件	添加新零件
现有部件...	添加已有的组件
具有定位的现有部件...	用智能移动窗口添加已有的组件

图 4.3.3　"插入"菜单

图 4.3.4　"产品结构工具"工具栏

插入 菜单（如图 4.3.3 所示）中的几个命令说明如下：

- **新建部件**：可以在当前装配中插入一个部件，该部件没有自己单独的磁盘文件，它的数据会保存在上层装配（父装配）中。
- **新建产品**：在当前的装配中，插入一个新的子装配，以后在这个子装配中，还可以添加部件。
- **新建零件**：可以插入一个新的零件作为装配的部件，插入后再按照装配的关系设计这个零件。
- **现有部件...**：插入一个已经存在的零件文件或装配文件，这个零件必须是已经建立并保存在磁盘上的文件。
- **具有定位的现有部件...**：与现有组件命令大致相同，但该命令可根据智能移动窗口将部件插入到指定位置。

注意：在特征树中，部件文件和装配文件的图标是不同的。装配文件的图标是 ，部件的图标为 。

Step3. 选取要添加模型。完成上步操作后，系统将弹出"选择文件"对话框，选择路径 D:\dbv521.1\work\ch04\ch04.03，选取轴零件模型文件 shaft.CATPart，单击 **打开(O)** 按钮。

2．完全约束第一个零件

选择下拉菜单 **插入** ➡ **固定** 命令，在系统 选择要固定的部件 的提示下，选取特征树中的 **shaft**（或单击模型），此时模型上会显示出"固定"约束符号 ，说明第一个零件已经完全被固定在当前位置。

4.3.3 装配第二个零件

1．引入第二个零件

Step1. 单击特征树中的 **asm_shaft**，使 asm_shaft 处于激活状态。

Step2. 选择命令。选择下拉菜单 **插入** ➡ **现有部件...** 命令。

Step3. 选取添加文件。在系统弹出"选择文件"对话框中，选取轴套零件模型文件 bushing.CATPart，单击 **打开(O)** 按钮。

2．放置第二个零件前的准备

第二个零件引入后，可能与第一个部件重合，或者其方向和方位不便于进行装配放置。解决这种问题的方法如下：

Step1. 选择命令。选择如图 4.3.5 所示的下拉菜单 **编辑** ➡ **移动** ▶ ➡ **操作...** 命令（或在如图 4.3.6 所示的"移动"工具栏中单击 按钮），系统弹出如图 4.3.7 所示的"操作参数"对话框。

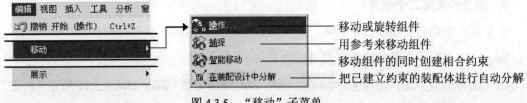

图 4.3.5　"移动"子菜单

"移动"子菜单（如图 4.3.5 所示）中的几个命令说明如下：

- ● 操作...：该命令可以使部件沿各个方向移动或绕某个轴转动，也可以将部件放置到期望的目标位置。
- ● 捕捉：通过选择需要移动部件上的点、线或面，与另一个固定部件的点、线或面相对齐。
- ● 智能移动：智能移动的功能与敏捷移动类似，只是智能移动不需要选取基准部件，只需要选取被移动部件上的几何元素。

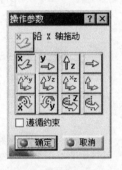

图 4.3.6　"移动"工具栏　　　　　图 4.3.7　"操作参数"对话框

Step2. 调整轴套模型的位置。

（1）在"操作参数"对话框中单击⬆y按钮，在窗口中选定轴套模型，并拖动鼠标，可以看到轴套模型随着鼠标的移动而沿着 Y 轴从图 4.3.8 中的位置平移到图 4.3.9 中的位置。

（2）在"操作参数"对话框中单击⬆z按钮，在窗口中选定轴套模型，并拖动鼠标，可以看到轴套模型随着鼠标的移动而沿着 Z 轴从图 4.3.8 中的位置平移到图 4.3.10 中的位置。

说明：移动零件还有另外一种方法，是通过图形区右上角的指南针，其具体操作方法参见"3.4.2 指南针的使用"的相关内容。

图 4.3.8　位置 1　　　　　　　图 4.3.9　位置 2　　　　　　　图 4.3.10　位置 3

3．完全约束第二个零件

完全定位轴套需要添加三个约束，分别为同轴约束、轴向约束和径向约束。

Step1. 定义第一个装配约束（同轴约束）。

（1）选择命令。选择下拉菜单 插入 ➡ 🖼 相合... 命令（或在如图 4.3.11 所示"约束"工具栏中单击 ⊘ 按钮）。

（2）定义相合轴。分别选取两个零件的轴线（如图 4.3.12 所示），此时会出现一条连接两个零件轴线的直线，并出现相合符号 ◉，如图 4.3.13 所示。

（3）更新操作。选择下拉菜单 编辑 ➡ 🔄 更新... 命令，完成第一个装配约束，如图 4.3.14 所示。

图 4.3.11　"约束"工具条

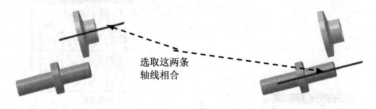

图 4.3.12　选取相合轴

图 4.3.13　建立相合约束

图 4.3.14　完成第一个装配约束

说明：

- 选择 🖼 相合... 命令后，将鼠标指针移动到部件的圆柱面之后，系统将自动出现一条轴线，此时只需单击即可选中轴线。

- 当选中第二条轴线后，系统将迅速地出现如图 4.3.13 所示的画面。图 4.3.12 只是表明选取的两条轴线，设置过程中图 4.3.12 只是瞬间出现。

- 设置完一个约束之后，系统不会进行自动更新，可以做完一个约束之后就更新，也可以使部件完全约束之后再进行更新。

Step2. 定义第二个装配约束（径向约束）。

（1）选择命令。选择下拉菜单 插入 ➡️ ⚙️ 相合... 命令（或单击"约束"工具栏中的
接触按钮 🖉 ）。

（2）定义相合面。选取如图 4.3.15 所示的两个接触面，此时会出现一条连接这两个面
的直线，并出现面接触的约束符号 ◉，如图 4.3.16 所示。

说明：此相合面分别为两个零件中的 ⌒ yz 平面，可在特征树中选取。

（3）确定相合方向。完成上步操作后，系统弹出如图 4.3.19 所示的"约束属性"对话
框，在对话框的 方向 下拉列表框中选取 ⟲ 相反 选项，单击 ◯ 确定 按钮。

（4）更新操作。选择下拉菜单 编辑 ➡️ ⟳ 更新... 命令，完成第二个装配约束，如图
4.3.17 所示。

图 4.3.15　选取接触面　　　图 4.3.16　建立接触约束　　　图 4.3.17　完成第二个装配约束

说明：

● 本例应用了"面接触"约束方式，该约束方式是"接触"约束中的一种，系统会
根据所选的几何元素，来选用不同的接触方式。其余两种接触方式见"6.2 装配
约束"。

● "面接触"约束方式是把两个面贴合在一起，并且使这两个面的法线方向相反。

Step3. 定义第三个装配约束（轴向约束）。

（1）选择命令。选择下拉菜单 插入 ➡️ 📊 接触... 命令。

（2）定义相合面。分别选取如图 4.3.18 所示的面 1、面 2 作为接触平面。

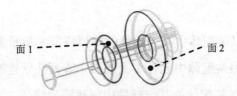

图 4.3.18　定义相合面

（3）更新操作。选择下拉菜单 编辑 ➡️ ⟳ 更新... 命令，完成装配体的创建，如图 4.3.20
所示。

"约束属性"对话框中的 方向 下拉列表框（如图 4.3.19 所示）的说明如下：

● ⟲ 未定义 ：应用系统默认的两个相合面的法线方向。

- 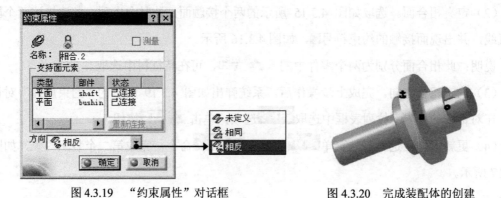相同：两个相合面的法线方向相同。

- 相反：两个相合面的法线方向相反。

图 4.3.19　"约束属性"对话框　　　　　图 4.3.20　完成装配体的创建

4.4　部件的复制

　　一个装配体中往往包含了多个相同的部件，在这种情况下，只需将其中一个部件添加到装配体中，其余的采用复制操作即可。

4.4.1　简单复制

　　通过选择下拉菜单 编辑 ➡ 复制 命令，复制一个已经存在于装配体中的部件，然后选择下拉菜单 编辑 ➡ 粘贴 命令，将复制的部件粘贴到装配体中，但新部件与原有部件位置是重合的，必须对其进行移动或约束。

4.4.2　在阵列上实例化

　　"在阵列上实例化"是以装配体中某一部件的阵列特征为参照来进行部件的复制。在图 4.4.1b 中，四个螺钉是参照装配体中元件 1 上的四个阵列孔创建的，所以在使用"在阵列上实例化"命令之前，应在装配体的某一部件中创建阵列特征。

a）复制前　　　　　　　　　　　　　b）复制后

图 4.4.1　"在阵列上实例化"复制

下面以图 4.4.1 为例，介绍"在阵列上实例化"的操作过程。

Step1. 打开文件 D：\dbv521.1\work\ch04\ch04.04\ch04.04.02\pattern_asm.CATProduct。

Step2. 选择命令。选择下拉菜单 插入 ➡ 重复使用阵列... 命令，系统弹出如图 4.4.2 所示的"在阵列上实例化"对话框。

Step3. 选取阵列复制基准。将 pattern_part01（部件 1）的特征树展开，选取 矩形阵列.1 作为阵列复制的基准，如图 4.4.3 所示。

图 4.4.2 "在阵列上实例化"对话框

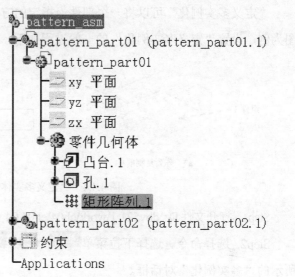

图 4.4.3 特征树

Step4. 确定阵列原部件。选中 pattern_part_02（部件 2）作为阵列的原部件，单击"在阵列上实例化"对话框中的 确定 按钮，创建出如图 4.4.1b 所示的部件阵列。

说明：在图 4.4.1b 的实例中，可以再次使用"在阵列上实例化"命令，将螺母阵列复制到螺栓上。

"在阵列上实例化"对话框（如图 4.4.2 所示）的说明如下：

- 保留与阵列的链接：选中此复选框，表示阵列复制后的部件与原有部件具有关联性。

- 阵列的定义：选中此单选项，表示只生成阵列复制，但不进行约束设置。

- 已生成的约束：选中此单选项，表示生成阵列复制的同时，也进行约束设置。

- 阵列上的第一个实例：下拉列表框中列出了被阵列复制部件的方案。

  - ☑ 重复使用原始部件：表示继续使用原有部件，并且原部件位置保持不变。新生成的部件按图样位置放置。

☑ 创建新实例：表示阵列复制的部件将放置在原有部件未约束时的位置，并在阵列复制后插入与图样个数相同的部件。

☑ 剪切并粘贴原始部件：与"创建新实例"选项基本相同，只是原有部件在阵列复制后被删除。

● ☐ 在柔性部件中放入新实例：选中此选项，表示将阵列复制生成的部件集合成一个组，放在特征树中。

4.4.3 定义多实例化

"定义多实例化"可以将一个部件沿指定的方向进行阵列复制，如图 4.4.4 所示，以此图为例，设置"定义多实例化"的一般过程如下：

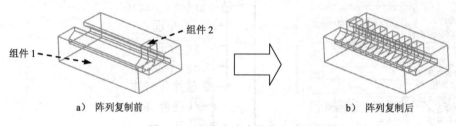

a）阵列复制前　　　　　　　　　　　b）阵列复制后

图 4.4.4 "定义多实体化"阵列复制

Step1. 打开文件 D:\dbv521.1\work\ch04\ch04.04\ch04.04.03\ scale_pattern_asm.CATProduct。

Step2. 选择命令。选择下拉菜单 插入 ➡ 定义多实例化 命令，系统弹出如图 4.4.5 所示的"多实例化"对话框。

Step3. 定义实例化复制的原部件。如图 4.4.6 所示，在特征树中选取 scale_pattern_part02（部件 2）作为多实例化复制的原部件。

Step4. 定义多实例化复制的参数。

（1）在"多实例化"对话框的 参数 下拉列表框中选取 实例和间距 选项。

（2）确定多实例化复制的新实例和间距。在"多实例化"对话框的 新实例 文本框中输入值 5，在 间距 文本框中输入值 15。

Step5. 确定多实例化复制的方向。单击 参考方向 区域中的 按钮，并单击 反向 按钮，使之反向阵列复制。

Step6. 单击"多实例化"对话框中的 确定 按钮，此时，创建出如图 4.4.4b 所示的部件多实例化复制。

"多实例化"对话框（如图 4.4.5 所示）的说明如下：

- ● 参数 下拉列表框中有三种排列方式。

  - ☑ 实例和间距：生成部件的个数和每个部件之间的距离。

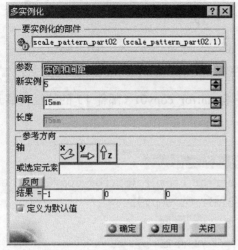

图 4.4.5　"多实例化"对话框

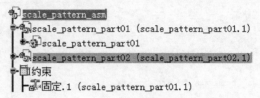

图 4.4.6　特征树

  - ☑ 实例和长度：生成部件的个数和总长度。

  - ☑ 间距和长度：每个部件之间的距离和总长度。

- ● 参考方向 区域是提供多实例化的方向。

  - ☑ 　：表示沿 X 轴方向进行多实例化复制。

  - ☑ 　：表示沿 Y 轴方向进行多实例化复制。

  - ☑ 　：表示沿 Z 轴方向进行多实例化复制。

  - ☑ 或选定元素：表示沿选定的元素（轴或者是边线）作为实例的方向。

  - ☑ 反转：单击此按钮，可使选定的方向相反。

- ● 定义为默认值：选中后，插入 下拉菜单中的 快速多实例化 命令会以这些参数作为实例化复制的默认参数。

4.4.4　部件的对称复制

在装配体中，经常会出现两个部件关于某一平面对称的情况，这时，不需要再次为装配体添加相同的部件，只需将原有部件进行对称复制即可，如图 4.4.7 所示。对称复制操作的一般过程如下：

Step1．打开文件 D:\dbv521.1\work\ch04\ch04.04\ ch04.04.04\ mirror_copy_asm.CATProduct。

Step2．选择命令。选择下拉菜单 插入 ➡ 对称 命令（或在"装配件特征"工具栏中单击 按钮），系统弹出如图 4.4.8 所示的"装配对称向导"对话框（一）。

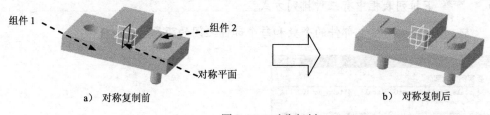

a) 对称复制前   b) 对称复制后

图 4.4.7 　对称复制

Step3. 定义对称复制平面。如图 4.4.9 所示，将 mirror_copy01（部件 1）的特征树展开，选取 xy 平面 作为对称复制的对称平面。

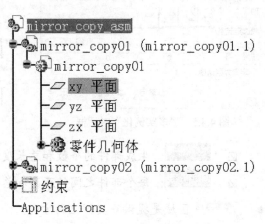

图 4.4.8 　"装配对称向导"对话框（一）   图 4.4.9 　特征树

Step4. 确定对称复制原部件。选取 mirror_copy02（部件 2）作为对称复制的原部件。系统弹出如图 4.4.10 所示的"装配对称向导"对话框（二）。

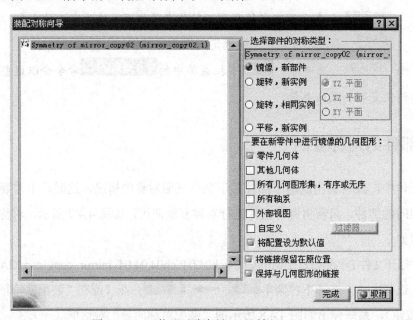

图 4.4.10 　"装配对称向导"对话框（二）

注意：子装配也可以进行对称复制操作。

Step5. 在如图 4.4.10 所示的"装配对称向导"对话框中进行如下操作：

（1）定义类型。在 选择组件的对称类型： 区域选中 ⊙镜像，新部件 单选项。

（2）定义结构内容。在 要在新零件中进行镜像的几何图形： 区域选中 □零部件几何体 复选框。

（3）定义关联性。选中 □将链接保留在原位置 和 □保留与几何图形的链接 复选框。

Step6. 单击 完成 按钮，系统弹出如图 4.4.11 所示的"装配对称结果"对话框，单击 关闭 按钮，完成对称复制。

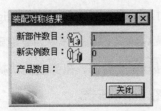

图 4.4.11 "装配对称结果"对话框

"装配对称向导"对话框（如图 4.4.10 所示）的说明如下：

● 选择组件的对称类型： 区域中提供了镜像复制的类型。

 ☑ ⊙镜像，新部件 ：对称复制后的部件只复制原部件的一个体特征。

 ☑ ○旋转，新实例 ：对称复制后的部件将复制原部件所有特征，可以沿 xy 平面、yz 平面或 yz 平面进行翻转。

 ☑ ○旋转，相同实例 ：使原部件只进行对称移动，并可以沿 xy 平面、yz 平面或 yz 平面进行翻转。

 ☑ ○平移，新实例 ：对称复制后的部件将复制原部件所有特征，但不能进行翻转。

● 要在新零件中进行镜像的几何图形： 区域中提供了原部件的结构内容。

● □将链接保留在原位置 ：对称复制后的部件与原部件保持位置的关联。

● □保留与几何图形的链接 ：对称复制后的部件与原部件保持几何体形状和结构的关联。

4.5 装配体中部件的隐藏

大型装配体通常包括数百个零部件，装配时可能会出现某个零部件被遮蔽而影响装配的情况，因此可以选择切换零部件的显示状态将其隐藏。

切换零部件的显示状态可以暂时关闭零部件的显示，将它从视图中移除，以便处理被遮蔽的零部件。隐藏或显示零部件仅影响零部件在装配体中的显示状态，不影响重建模型及计算的速度。以图 4.5.1 所示模型为例，隐藏零部件的操作步骤如下：

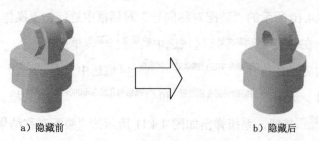

a）隐藏前　　　　　　　　　　　　　　　　b）隐藏后

图 4.5.1　装配体中部件的隐藏

Step1. 打开文件 D:\dbv521.1\work\ch04\ch04.05\predigest.CATProduct。

Step2. 在特征树中选取 blot (blot.1) 为要隐藏的零件。

Step3. 在 blot (blot.1) 上右击，在弹出的快捷菜单中选择 隐藏/显示 命令，图形区中的该零件已被隐藏，如图 4.5.1b 所示。

说明：显示零部件的方法与隐藏零部件的方法相同，在特征树上右击要显示的零件名称，然后在弹出的快捷菜单中选择 隐藏/显示 命令。

4.6　修改装配体中的部件

一个装配体完成后，可以对该装配体中的任何部件（包括产品和子装配件）进行如下操作：部件的打开与删除、部件尺寸的修改、部件装配约束的修改（如偏移约束中偏距的修改）、部件装配约束的重定义等，完成这些操作一般要从特征树开始。

下面以图 4.6.1 所示的装配体 shaft_asm.CATProduct 中 shaft.CATPart 部件为例，说明修改装配体中部件的一般操作过程：

Step1. 打开文件 D:\dbv521.1\work\ch04\ch04.06\shaft_asm.CATProduct。

Step2. 显示零件 shaft 的所有特征。

a）　修改前　　　　　　　　　　　　　　b）　修改后

图 4.6.1　修改装配体中的组件

（1）展开特征树中的部件 shaft (shaft.1)，显示出部件 shaft（shaft.1）中所包括的所有零件，如图 4.6.2b 所示。

（2）展开特征树的零件 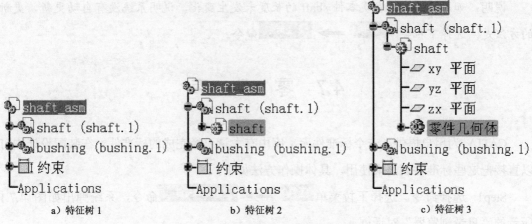 shaft ，显示出零件 shaft 的基准平面及零件几何体，如图 4.6.2c 所示。

（3）展开特征树中的 零件几何体 ，显示出零件 shaft 的所有特征，如图 4.6.3 所示。

图 4.6.2　显示零件 shaft 的所有特征

Step3. 在特征树中右击如图 4.6.3 所示的 旋转体.1 ，在系统弹出如图 4.6.4 所示的快捷菜单中选择 旋转体.1 对象 ➡ 定义... 命令，此时系统进入"零件设计"工作台。

Step4. 重新编辑特征。

（1）在特征树中右击 旋转体.1 ，从弹出的快捷菜单中选择 旋转体.1 对象 ➡ 定义... 命令，将旋转体 1 的截面草图中的尺寸值 200 修改为 160，如图 4.6.5 所示。

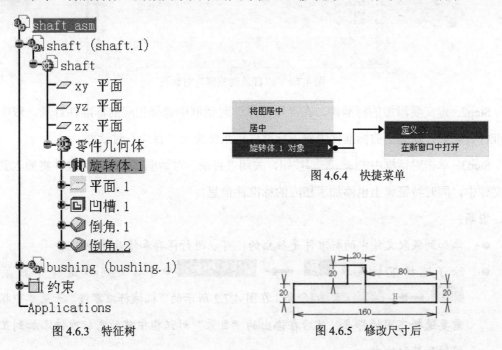

图 4.6.3　特征树　　图 4.6.4　快捷菜单　　图 4.6.5　修改尺寸后

（2）修改完成后单击 □ 按钮，完成特征的重定义。此时，部件 shaft 的长度将发生变化，如图 4.6.1b 所示。

Step5. 在模型树中双击 🗗 shaft_asm 以激活装配体，回到装配工作台。

说明：如果修改之后发现零件 shaft 的长度未发生变化，说明系统没有自动更新，更新的方法是：选择下拉菜单 编辑 ➡️ 🕐 更新 命令。

4.7　零　件　库

CATIA 为用户提供了一个标准件库，库中有大量已经完成的标准件。在装配设计中可以直接把这些标准件调出来使用，具体操作方法如下：

Step1. 选择命令。选择下拉菜单 工具 ➡️ ✔️目录浏览器 命令，系统弹出如图 4.7.1 所示的"目录浏览器"对话框。

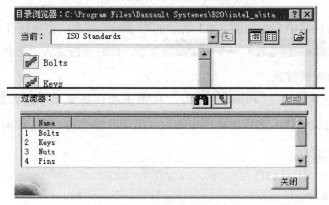

图 4.7.1　"目录浏览器"对话框

Step2. 定义要添加的标准件。在"零件库"对话框中选择相应的标准件目录，双击此标准件目录后，在列出的标准件中双击标准件后系统弹出"目录"对话框。

Step3. 单击对话框中的 确定 按钮，关闭"目录"对话框，此时，标准件将插入到装配文件中，同时特征树上也添加了相应的标准件信息。

说明：

● 添加到装配文件中的标准件是独立的，可以进行保存和修改等操作。

● 除了选择下拉菜单 工具 ➡️ ✔️目录浏览器 命令，还可以选择下拉菜单 工具 ➡️ 机械标准零件 ▸ 命令，在图 4.7.2 所示的"机械标准零件"子菜单中根据需要选择不同的标准，然后在弹出的"目录"对话框中将所需标准件添加到正在编辑的装配体中。

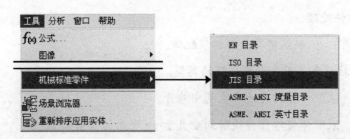

图 4.7.2　"机械标准零件"子菜单

4.8　创建装配体的分解图

为了便于观察装配设计，可以将当前已经完成约束的装配体进行自动爆炸操作。下面以 explosion.CATProduct 装配文件为例（如图 4.8.1 所示），说明自动爆炸的操作方法：

a）爆炸前　　　　　　　　　　　　　　　　b）爆炸后

图 4.8.1　在装配设计中分解

Step1. 打开文件 D:\dbv521.1\work\ch04\ch04.08\explosion.CATProduct。

Step2. 选择命令。选择下拉菜单 编辑 ➡ 移动 ➤ ➡ 在装配设计中分解 命令（或单击"移动"工具栏中的"分解"按钮 ），系统弹出图 4.8.2 所示的"分解"对话框（一）。

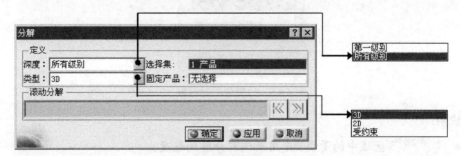

图 4.8.2　"分解"对话框（一）

图 4.8.2 所示的"分解"对话框（一）的说明：

● 深度：下拉列表是用来设置分解的层次。

　☑ 第一级别：将装配体完全分解，变成最基本的部件等级。

　☑ 所有级别：只将装配体下的第一层炸开，若其中有子装配，在分解时作为一个部件处理。

☑ 选择集：：确认将要分解的装配体。

● 类型：下拉列表是用来设置分解的类型。

   ☑ 3D：装配体可均匀地在空间中炸开。

   ☑ 2D：装配体会炸开并投射到垂直于 xy 平面的投射面上。

   ☑ 受约束：只有在装配体中存在"相合"约束，设置了共轴或共面时才有效。

● 固定产品：：选择分解时固定的部件。

Step3. 定义分解图的层次。在对话框的 深度：下拉列表中选择 所有级别 选项。

Step4. 定义分解图的类型。在对话框的 类型：下拉列表中选择 3D 选项。

Step5. 单击"分解"对话框中的 ● 应用 按钮，系统弹出如图 4.8.3 所示的"信息框"对话框，单击 ● 确定 按钮。

Step6. 确定分解程度。将滑块拖拽到 0.75（如图 4.8.4 所示）位置，单击对话框中的 ● 确定 按钮，系统弹出如图 4.8.5 所示的"警告"对话框。

图 4.8.3 "信息框"对话框

图 4.8.4 "分解"对话框（二）

图 4.8.5 "警告"对话框

说明：

● 滚动分解 区域中的滑快 是用来调解分解的程度。

   ☑ ⟨⟨：使分解程度最小。

   ☑ ⟩⟩：使分解程度最大。

Step7. 单击"警告"对话框中的 是(Y) 按钮，完成自动爆炸。

4.9　设置零件颜色及透明度

在装配过程中，如果部件都是同一个颜色，则在选取面或是观察装配结构时就比较困难，改变零件的颜色就可以解决这样的问题。下面以图 4.9.1 所示的零件为例，说明改变零件颜色及设置透明度的一般过程：

Step1. 打开文件 **D:\dbv521.1\work\ch04\ch04.09\vase.CATPart**。

Step2. 定义模型显示。选取下拉菜单 视图 ➜ 渲染样式 ▶ ➜ 着色 (SHD) 命令。

a）改变前　　　　　　　　　　　　　　b）改变后

图 4.9.1　改变零件颜色及设置透明度

Step3. 打开"属性"对话框。在特征树中右击 ✦ 零件几何体 ，在弹出的快捷菜单中选择 属性 命令，在系统弹出的"属性"对话框中选取 图形 选项卡，如图 4.9.2 所示。

（1）定义颜色。在"属性"对话框中的 填充 区域中的 颜色 下拉列表框中选取红色。

（2）定义透明度。在"属性"对话框中，选中 透明度 复选框，拖拽滑块到 49。

Step4. 单击"属性"对话框中的 ● 确定 按钮，完成模型颜色及透明度的设置。

图 4.9.2　"属性"对话框

4.10　碰撞检测及装配分析

在产品设计过程中，当各零部件组装完成后，设计者最关心的是各个零部件之间的干涉情况，碰撞检测和装配分析功能可以帮助用户了解这些信息。下面以一个简单的装配说明碰撞检测和装配分析的操作过程：

1. 碰撞检测的一般过程

Step1. 打开文件 D:\dbv521.1\work\ch04\ch04.10\asm_clutch.part。

Step2. 选择检测命令。选择下拉菜单 分析 ➡ 计算碰撞 命令，系统弹出如图 4.10.1 所示的"碰撞检测"对话框（一）。

Step3. 选择检测类型。在 定义 区域的下拉列表框中选择 碰撞 选项（一般为默认选项）。

说明：如在 定义 区域的下拉列表框中选择 间隙 选项，在下拉列表框右侧将出现另一个文本框，文本框中的数值 1mm 表示可以检测的间隙最小值。

Step4. 选取要检测的零件。按住 Ctrl 键，选取如图 4.10.2 所示的模型中的零部件 1、2 为需要进行碰撞检测的项。

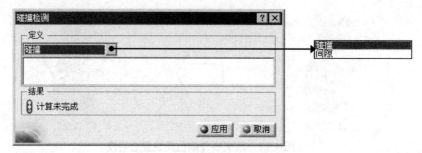

图 4.10.1　"碰撞检测"对话框（一）

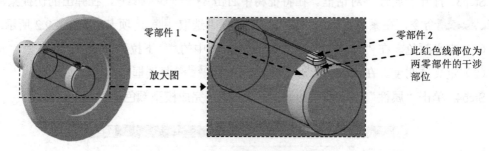

图 4.10.2　选取碰撞检测的项

说明：

● 在"碰撞检测"对话框的 定义 区域中可看到所选零部件的名称，同时特征树中与之对应的零部件显示加亮。

● 选取零部件时，只要选择的是零部件上的元素（点、线、面），系统都将以该零部件作为计算碰撞的对象。

Step5. 查看分析结果。完成上步操作后，单击"碰撞检测"对话框中的 应用 按钮，此时在如图 4.10.3 所示的"碰撞检测"对话框（二）的 结果 区域中可以看到检测结果。

2. 装配分析的一般过程

Step1. 选择分析命令。选择下拉菜单 分析 ➡ 碰撞... 命令（或单击"空间分析"工具栏中的 按钮），系统弹出如图 4.10.4 所示的"检查碰撞"对话框（一）。

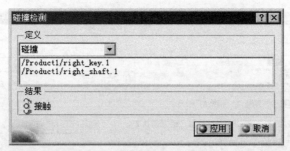

图 4.10.3 "碰撞检测"对话框（二）

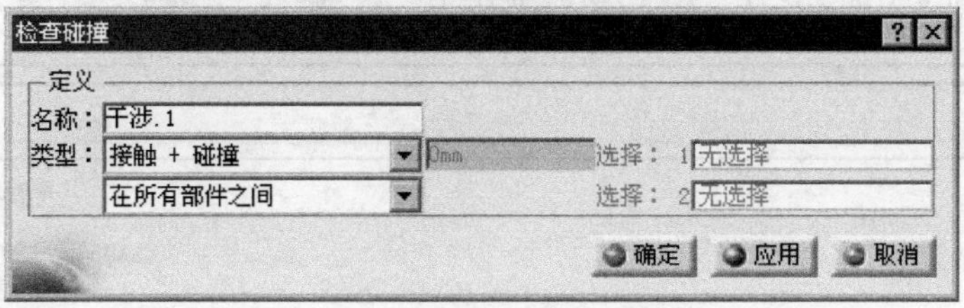

图 4.10.4 "检查碰撞"对话框（一）

Step2. 定义分析对象。在"检查碰撞"对话框中的 定义 区域的 类型：下拉列表框中分别选择 间隙 + 接触 + 碰撞 和 在所有部件之间 选项。单击"检查碰撞"对话框中的 应用 按钮，系统弹出如图 4.10.5 所示的"计算"对话框。

图 4.10.5 "计算"对话框

Step3. 查看分析结果。系统计算完成之后，"检查碰撞"对话框（二）如图 4.10.6 所示，在该对话框的 结果 区域可查看所有干涉，同时系统还将弹出如图 4.10.7 所示的"预览"对话框（一），以显示相应干涉位置的预览。

说明：

● 在"检查碰撞"对话框的 结果 区域中显示干涉数以及其中不同位置的干涉类型，但除编号 1 表示的位置外，其他各位置显示的状态均为 未检查 ，只有选择列表中的编号选项，系统才会计算干涉数值，并提供相应位置的预览图。如选择列表中的编号 11 选项，系统计算碰撞值为 – 0.38，同时"预览"对话框（二）将显示装配分析中的碰撞部位（如图 4.10.8 所示）。

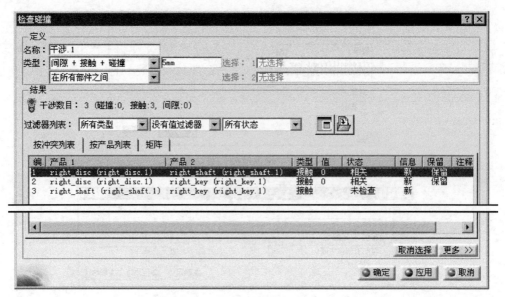

图 4.10.6　"检查碰撞"对话框（二）

 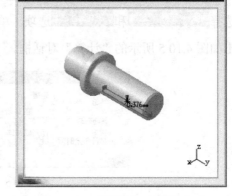

图 4.10.7　"预览"对话框（一）　　　　图 4.10.8　"预览"对话框（二）

- 若"预览"对话框被意外关闭，可以单击"检查碰撞"对话框中的 按钮使之重新显示。

- 在"检查碰撞"对话框中的 定义 区域的 类型: 下拉列表框右侧文本框中，数值 5mm 表示当前的装配分析中间隙的最大值。如在"检查碰撞"对话框中选中所有的编号，可以看出其所对应的干涉值都小于 5mm（如图 4.10.6 所示）。

- 单击 更多 >> 按钮，展开对话框隐藏部分，在对话框的 详细结果 区域中显示当前干涉的详细信息。

- "检查碰撞"对话框的 结果 区域中有一个过滤器列表，在下拉列表框中可选取用户需要过滤的类型、数值排列方法及所显示的状态，这个功能在进行大型装配分析时具有非常重要的作用。

● "检查碰撞"对话框的 结果 区域有三个选项卡： 按冲突列表 选项卡、 按产品列表 选项卡和 矩阵 选项卡。 按冲突列表 选项卡是将所有干涉以列表形式显示； 按产品列表 选项卡是将所有产品列出，从中可以看出干涉对象； 矩阵 选项卡则是将产品以矩阵方式显示，矩阵中显示的红点处即产品发生干涉的位置。

4.11　装配设计范例

本节将详细介绍如图 4.11.1 所示的一个多部件装配体（箱体组件）的设计过程，使读者进一步熟悉 CAITA 中的装配操作。读者可以从 D:\dbv521.1\work\ch04\ch04.11 中找到该装配体的所有部件。

图 4.11.1　装配设计范例

Task1. 装配部件

Step1. 新建一个装配文件，命名为 asm_base.CATProduct。

Step2. 添加如图 4.11.2 所示的底座零件模型。

（1）单击特征树中的 asm_base，激活 asm_base。

（2）选择命令。选择下拉菜单 插入 ➡ 现有部件... 命令，系统弹出"选择文件"对话框。

（3）定义要添加的零件。打开文件 D:\dbv521.1\work\ch04\ch04.11\base.CATPart。

（4）添加"固定"约束。选择下拉菜单 插入 ➡ 固定 命令，然后在特征树中单击 base (base.1)（或在图形区中选中模型）。

Step3. 添加上盖并定位，如图 4.11.3 所示。

（1）在确认 asm_base 处于激活状态后，选择下拉菜单 插入 ➡ 现有部件... 命令，在弹出的"选择文件"对话框中，选取上盖文件 base_cover.CATPart，单击 打开(O) 按钮。

（2）选择命令。选择下拉菜单 编辑 ➡ 移动 ▶ ➡ 操作... 命令，把 base_cover 部件移动到如图 4.11.4 所示的位置。

图 4.11.2 添加底座

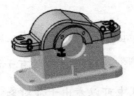
图 4.11.3 添加上盖

图 4.11.4 移动后的位置

（3）设置轴线相合约束。

① 选择命令。选择下拉菜单 插入 ➡ C 相合... 命令。

② 选取相合轴。分别选取两个部件的轴线，如图 4.11.5 所示。

（4）设置平面相合约束。

① 选择命令。选择下拉菜单 插入 ➡ C 相合... 命令。

② 选取相合平面。选取如图 4.11.6 所示的两个面作为相合平面。

③ 定义方向。在系统弹出的"约束属性"对话框的 方向 下拉列表框中选择 相反 选项。

④ 单击 确定 按钮，完成平面相合约束的设置。

（5）设置轴线相合约束。选取如图 4.11.7 所示的两根轴线作为相合轴。

图 4.11.5 选取两条相合轴

图 4.11.6 选取约束面

图 4.11.7 选取相合轴

（6）更新操作。选择下拉菜单 编辑 ➡ 更新... 命令，得到如图 4.11.3 所示的结果。

Step4. 添加垫圈并定位，如图 4.11.8 所示。

（1）在确认 base_asm 处于激活状态后，选择下拉菜单 插入 ➡ 现有部件... 命令，在弹出的"选择文件"对话框中，选取垫圈文件 washer.CATPart，然后单击 打开(0) 按钮。

（2）选择下拉菜单 编辑 ➡ 移动 ▶ 操作... 命令，把 washer 部件移动到如图 4.11.9 所示的位置。

（3）添加约束。选择下拉菜单 插入 ➡ C 相合... 命令，分别选取如图 4.11.10 所示的两根轴线为相合轴。

图 4.11.8 添加垫圈

图 4.11.9 移动后的位置

图 4.11.10 选取两条相合轴

（4）添加约束。选择下拉菜单 插入 ➡ 相合... 命令,分别选取如图 4.11.11 所示的两个面为相合面，方向为 相反 。

（5）添加约束。选择下拉菜单 插入 ➡ 相合... 命令，分别选取如图 4.11.12 所示的两根轴线为相合轴。

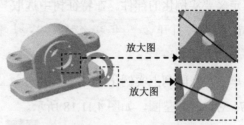

图 4.11.11　选取约束面　　　　　　　图 4.11.12　选取相合轴

（6）更新操作。选择下拉菜单 编辑 ➡ 更新... 命令，此时装配体如图 4.11.8 所示。

Step5. 添加螺栓并定位，如图 4.11.13 所示。

（1）引入螺栓文件。在"文件选择"对话框中选取 bolt.CATPart，单击 打开(O) 按钮。

（2）将 bolt 部件移动到如图 4.11.14 所示的位置。

图 4.11.13　添加螺栓　　　　　　　图 4.11.14　移动后的位置

（3）添加约束。选择下拉菜单 插入 ➡ 相合... 命令，分别选取如图 4.11.15 所示的两根轴线为相合轴。

（4）添加约束。选择下拉菜单 插入 ➡ 相合... 命令，分别选取如图 4.11.16 所示的两个面为相合面，方向为 相反 。

图 4.11.15　添加上基座

图 4.11.16　选取约束面

（5）更新操作。选择下拉菜单 编辑 ➡ 更新 命令，此时装配体如图 4.11.13 所示。

Step6. 使用"重复使用阵列"添加垫圈上的其余三个螺栓，如图 4.11.17 所示。

（1）选择命令。选取下拉菜单 插入 ➡ 重复使用阵列 命令，系统弹出"在阵列上实例化"对话框。

（2）定义要实例化的部件。在特征树中选取 bolt (bolt.1) 作为要实例化的部件。

（3）定义图样。打开 washer (washer.1) 零件的子特征树，然后选取 矩形阵列.1 作为要定义的图样。

（4）单击"在阵列上实例化"对话框中的 确定 按钮，完成三个螺栓的装配。

Step7. 对称复制垫圈，如图 4.11.18 所示。

（1）选择"对称"命令。选取下拉菜单 插入 ➡ 对称 命令。

（2）定义对称平面。选取 base 部件的 zx 平面作为对称平面。

（3）定义源对称部件。选取垫圈作为源对称部件，其余采用系统默认设置，单击 完成 按钮。

（4）单击"装配对称结果"对话框中的 关闭 按钮，此时装配体如图 4.11.18 所示。

Step8. 对称复制垫圈上的四个螺栓，如图 4.11.19 所示，操作方法参照 Step7。

图 4.11.17　添加螺栓　　　　　图 4.11.18　对称复制垫圈　　　　图 4.11.19　对称复制螺栓

Step9. 添加第二个螺栓并定位，如图 4.11.20 所示。

（1）引入螺栓文件。在"文件选择"对话框中选取 bolt_02.CATPart，单击 打开(O) 按钮。

（2）将 bolt_02 部件移动到如图 4.11.21 所示的位置。

（3）添加约束。选择下拉菜单 插入 ➡ 相合 命令，分别选取如图 4.11.22 所示的两根轴线为相合轴。

（4）添加约束。选择下拉菜单 插入 ➡ 相合 命令，分别选取如图 4.11.23 所示的两个面为相合面，方向为 相反。

图 4.11.20　添加螺栓　　　　　图 4.11.21　移动后的位置　　　　图 4.11.22　选取相合轴

（5）更新操作。选择下拉菜单 编辑 ➡ 更新... 命令，此时装配体如图 4.11.20 所示。

Step10. 使用"重复使用阵列"命令，添加上盖上的其余三个螺栓，如图 4.11.24 所示，操作方法参见 Step6。

图 4.11.23　选取相合面

图 4.11.24　添加上盖上的螺钉

Step11. 添加螺母并定位，如图 4.11.25 所示。

（1）引入螺栓文件。在"文件选择"对话框中选取 nut.CATPart，单击 打开(O) 按钮。

（2）将 nut 部件移动到如图 4.11.26 所示的位置。

（3）添加约束。选择下拉菜单 插入 ➡ 相合... 命令，分别选取如图 4.11.27 所示的两根轴线为相合轴。

（4）添加约束。选择下拉菜单 插入 ➡ 相合... 命令，分别选取如图 4.11.28 所示的两个面为相合面，方向为 相反 。

图 4.11.25　添加螺母

图 4.11.26　移动后的位置

图 4.11.27　选取相合轴

（5）更新操作。选择下拉菜单 编辑 ➡ 更新... 命令，此时装配体如图 4.11.25 所示。

Step12. 使用"重复使用阵列"命令，添加螺栓上的其余三个螺母，如图 4.11.29 所示，操作方法参见 Step6。

图 4.11.28　选取相合面

图 4.11.29　添加螺母

Task2. 分解装配

装配体完成后，把装配体进行分解生成爆炸图，便可以很清楚地反映出部件间的装配关系, 如图 4.11.30 所示。

图 4.11.30　爆炸视图

Step1. 选取命令。选择下拉菜单 编辑 ➡ 移动 ▶ ➡ 📓 在装配设计中分解 命令, 系统弹出如图 4.11.31 所示的"分解"对话框。

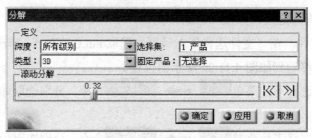

图 4.11.31　"分解"对话框

Step2. 在"分解"对话框中进行如下设置:

(1) 定义分解层次。在 深度: 下拉列表框中选择 所有级别 选项, 如图 4.11.31 所示。

(2) 定义分解类型。在 类型: 下拉列表框中选择 3D 选项, 如图 4.11.31 所示。

Step3. 单击 ● 应用 按钮, 在弹出的"信息框"对话框中, 单击 ● 确定 按钮。

Step4. 定义爆炸程度。将滑块拖拽到 0.32 (如图 4.11.31 所示), 单击 ● 确定 按钮。在系统弹出的"警告"对话框中单击 是(Y) 按钮, 此时, 装配体如图 4.11.30 所示。

4.12 习　　题

一、选择题

1、在装配设计时, (　　) 按钮用于新建零件。

A. 🖼　　　　　　　　　　　　　B. ⚙

C. 🖼　　　　　　　　　　　　　D. ➡

2、以下哪个命令可以固定装配图中某个组件? (　　)

A. ⚓　　　　　　　　　　　　　B. 📦

C. 🧭　　　　　　　　　　　　　D. 📎

3、在装配图中插入现有组件是以下哪个命令? (　　)

A. 　　　　　　　　B.

C. 　　　　　　　　D.

4、命令 在装配中的功能是（　　）

A. 角度约束　　　　　　　　B. 相合约束

C. 偏移约束　　　　　　　　D. 接触约束

5、使用 命令约束时需要选中的对象可以是（　　）

A. 两个草图　　　　　　　　B. 一个草图一个平面

C. 两个平面　　　　　　　　D. 以上皆可

6、在装配约束类型中，下列哪个图标代表"面接触"约束（　　）

A. 　　　　　　　　B.

C. 　　　　　　　　D.

7、下列图标哪个是分解命令？（　　）

A. 　　　　　　　　B.

C. 　　　　　　　　D.

8、装配设计的基本方式包括（　　）

A. 自顶向下装配　　　　　　B. 自底向上装配

C. 混合装配　　　　　　　　D. 以上都是

9、下图采用了哪种类型的装配约束（　　）

A. 相合约束

B. 偏移约束

C. 接触约束

D. 快速约束

10、下列选项中，不属于装配约束类型的是（　　）

A. 　　　　　　　　B.

C. 　　　　　　　　D.

11、在处理更新错误中，以下哪个命令不会出现？（　　）

A. 编辑　　　　　　　　　　B. 隔离

C. 删除　　　　　　　　　　D. 替换

12、 命令的功能是（　　）

A. 复制一个选定部件　　　　B. 沿直线复制选定部件

C. 沿环形阵列选定部件　　　D. 复制一个零件中的阵列

13、下列属于多实例化特征参数类型的是（　　）

A. 实例和间距　　　　　　　　B. 实例和长度

C. 间距和长度　　　　　　　　D. 以上都是

14、以下关于使用指南针移动部件的描述，正确的是（　　）

A. 从部件上拖曳指南针至空白处，指南针会停留在原处，需更新后指南针才恢复到右上角

B. 使用指南针对部件进行移动不可以实现绕点的转动

C. 使用指南针可以实现对部件移动特定距离

D. 将指南针至于某个部件上可以实现对所有部件的移动

15、以下哪种方式是实现部件沿 YZ 平面的移动？

A. 　　　　　　　　B.

C. 　　　　　　　　D.

二、装配题

1. 创建如图 4.12.1 所示的元件装配。

Step1. 打开 D:\dbv521.1\work\ch04\ch04.12\ exercise01 中的零件。

Step2. 添加如图 4.12.2 所示的相合约束 1。

Step3. 添加如图 4.12.3 所示的相合约束 2。

图 4.12.1　元件装配　　　　图 4.12.2　相合约束 1　　　　图 4.12.3　相合约束 2

Step4. 添加如图 4.12.4 所示的相合约束 3。

Step5. 添加如图 4.12.5 所示的相合约束 4。

Step6. 添加如图 4.12.6 所示的相合约束 5。

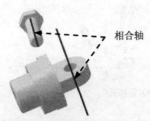

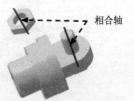

图 4.12.4　相合约束 3　　　　　　　图 4.12.5　相合约束 4　　　　　　　图 4.12.6　相合约束 5

Step7. 添加如图 4.12.7 所示的相合约束 6。

2. 更改装配体（如图 4.12.8a 所示）中零部件的颜色，结果如图 4.12.8b 所示。

　　图 4.12.7　相合约束 6　　　　　a）更改前　　　　　　　　　　　b）更改后

　　　　　　　　　　　　　　　　图 4.12.8　更改零部件的颜色

3. 创建如图 4.12.9 所示的元件装配。

Step1. 打开 D:\dbv521.1\work\ch04\ch04.12\ exercise02 中的零件。

Step2. 添加如图 4.12.10 所示的相合约束 1。

Step3. 添加如图 4.12.11 所示的相合约束 2。

　图 4.12.9　元件装配　　　　　　图 4.12.10　相合约束 1　　　　　图 4.12.11　相合约束 2

Step4. 添加如图 4.12.12 所示的相合约束 3。

Step5. 添加如图 4.12.13 所示的偏移约束 1。

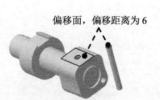

　　　图 4.12.12　相合约束 3　　　　　　　图 4.12.13　偏移约束 1

4. 创建如图 4.12.14b 所示的装配分解图。

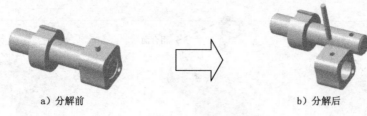

a）分解前   b）分解后

图 4.12.14　装配分解图

5. 隐藏装配体中的零部件，结果如图 4.12.15b 所示。

a）隐藏前   b）隐藏后

图 4.12.15　隐藏零部件

第 5 章　工程图设计

本章提要　随着时代的进步，3D 设计技术有了很大的发展，但三维模型并不能将产品的所有设计要求表达清楚，有些设计要求的表达仍然需要借助于二维的工程图，例如加工要求的尺寸精度、形位公差和表面粗糙度等，因此工程图在产品的研发、设计和制造等过程中，依旧是不可或缺的交流工具。本章将介绍 CATIA V5 工程图工作台的基本知识，主要内容包括：

- 设置符合国标的工程图环境。
- 各种视图的创建。
- 尺寸和尺寸公差的标注。
- 尺寸的操作。
- 注释文本的创建。
- 基准符号、形位公差及表面粗糙度的标注。
- CATIA 软件的打印出图。

5.1　工程图的组成

使用 CATIA 工程图工作台可方便、高效地创建三维模型的工程图（图样），且工程图与模型相互关联，工程图能够反映模型在设计阶段中的更改，从而使工程图与装配模型或单个零部件保持同步更新。其主要特点如下：

- 用户界面直观、简洁、易用，可以方便快捷地创建图样。
- 可以快速地将视图放置到图样上，并且系统会自动正交对齐视图。
- 能在图形窗口编辑大多数制图对象（如剖面线、尺寸、符号等），用户可以创建制图对象，并立即对其进行编辑。
- 图样中的视图可以有多种显示方式。
- 使用对图样进行更新可以有效地提高工作效率。

在学习本节前，请打开工程图 D:\dbv521.1\work\ch05\ch05.01\base.CATDrawing（如图5.1.1 所示），CATIA 的工程图主要由三个部分组成：

- 视图：包括六个基本视图（主视图、后视图、左视图、右视图、仰视图和俯视图）、正轴测图、各种剖视图、局部放大图、断面图等。在制作工程图时，根据实际零件的特点，选择不同的视图组合，以便简单清楚地把各个设计、制造等诸多要求表达清楚。

- 尺寸、公差、表面粗糙度及注释文本：包括形状尺寸、位置尺寸、尺寸公差、基准符号、形状公差、位置公差、零件的表面粗糙度以及注释文本。
- 图框、标题栏等。

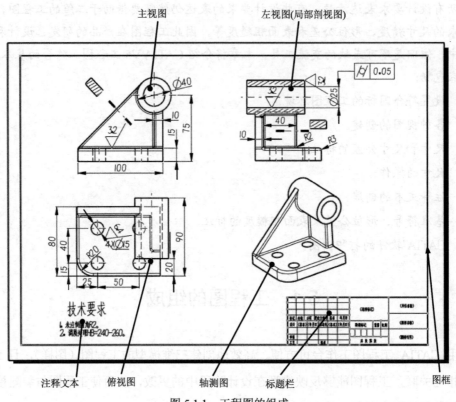

图 5.1.1　工程图的组成

5.2　设置符合国标的工程图环境

我国国标（GB 标准）对工程图做出了许多规定，例如尺寸文本的方位与字高、尺寸箭头的大小等都有明确的规定。本书随书光盘中的 dbv521.1_system_file 文件夹中提供了一个 CATIA 软件的系统文件，该系统文件中的配置可以使用户创建的工程图基本符合我国国标。请读者按下面的方法将这些文件复制到指定目录，并对其进行相关设置：

Step1. 复制配置文件。进入 CATIA 软件后，将随书光盘 drafting 文件夹中的 GB.XML 文件复制到 C:\Program Files\Dassault Systemes\B21\intel_a\resources\standard\drafting 文件夹中。

说明：如果 CATIA 软件不是安装在 C:\Program Files 目录中，则需要根据用户的安装目录，找到相应的文件夹。

Step2. 重新启动 CATIA V5 软件后，选择下拉菜单 **工具** ➡ **选项...** 命令，系统弹出"选项"对话框。

Step3. 设置制图标准（如图 5.2.1 所示）。

（1）在"选项"对话框中的左侧选择 **兼容性**。

（2）连续单击对话框右上角的 ▶ 按钮，直至出现 **IGES 2D** 选项卡并选中该选项卡。

（3）在 **工程制图**:下拉列表框中选择 **GB** 选项作为制图标准。

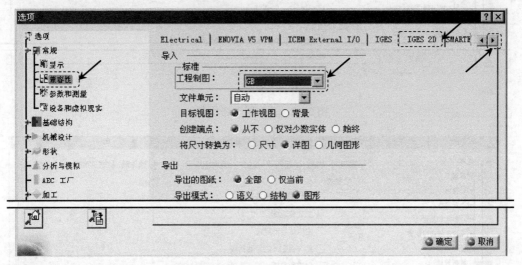

图 5.2.1　"IGES 2D"选项卡

Step4. 设置图形生成。

（1）在"选项"对话框的左侧依次选择 **机械设计** ➡ **工程制图**，然后在对话框右侧出现的相应区域中选择 **视图** 选项卡。

（2）在 **视图** 选项卡中的 **生成/修饰几何图形** 区域中选中 **生成轴**、**生成中心线**、**生成圆角** 及 **应用 3D 规格** 复选框（如图 5.2.2 所示）。

Step5. 设置尺寸生成。

（1）在"选项"对话框中选择 **生成** 选项卡。

（2）在 **生成** 选项卡中的 **尺寸生成** 区域中选中 **生成前过滤** 和 **生成后分析** 复选框（如图 5.2.3 所示）。

Step6. 设置视图布局。在"选项"对话框中选择 **布局** 选项卡,取消选中 **视图名称** 和 **缩放系数** 复选框，完成后单击 **确定** 按钮，关闭"选项"对话框。

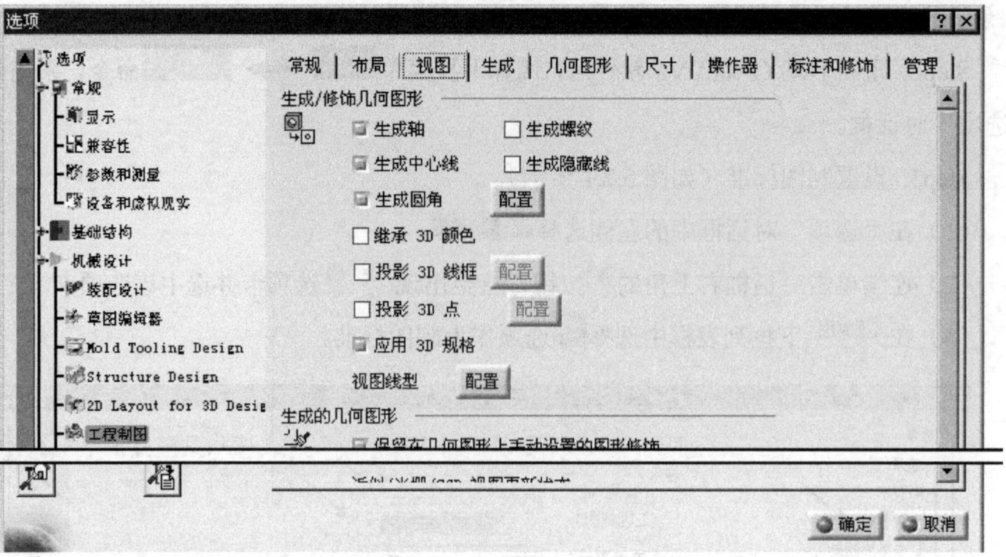

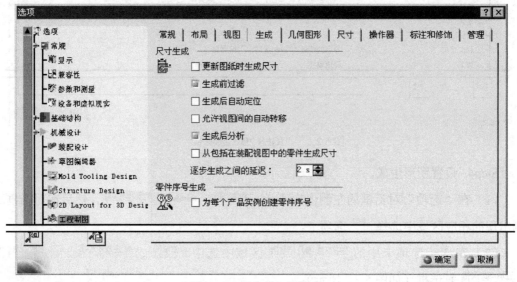

图 5.2.2　"视图"选项卡

图 5.2.3　"生成"选项卡

5.3　新建工程图

新建工程图的一般操作过程如下：

Step1. 选择下拉菜单 文件 ➞ 新建 命令，系统弹出如图 5.3.1 所示的"新建"对话框。

Step2. 在"新建"对话框的 类型列表 选项组中选择 Drawing 以创建工程图文件，单击 确定 按钮，系统弹出如图 5.3.2 所示的"新建工程图"对话框。

图 5.3.1　"新建"对话框

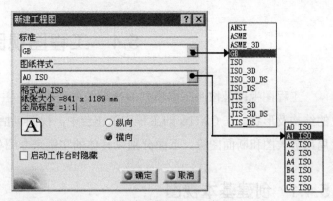

图 5.3.2　"新建工程图"对话框

Step3. 选择制图标准。

（1）在"新建工程图"对话框的 标准 下拉列表框中选择 GB 。

（2）在 图纸样式 下拉列表框中选择 A1 ISO ，单击 ● 横向 单选项，取消选中 □ 启动工作台时隐藏 复选框（系统默认取消选中）。

（3）单击 ● 确定 按钮，至此系统进入工程图工作台。

图 5.3.2 所示的"新建工程图"对话框中的各选项说明如下：

- 标准 下拉列表：包括目前国际上比较权威的几种标准。
  - ☑ ANSI ：美国国家标准化组织的标准。
  - ☑ ASME ：美国机械工程师协会的标准。
  - ☑ ISO ：国际标准化组织的标准。
  - ☑ JIS ：日本工业标准。
  - ☑ GB ：中国国家标准。
- 图纸样式 下拉列表：包括几种常用的图纸样式。
  - ☑ A0 ISO ：国际标准中的 A0 号图纸，纸张大小为 841 × 1189 mm。
  - ☑ A1 ISO ：国际标准中的 A1 号图纸，纸张大小为 594 × 841 mm。
  - ☑ A2 ISO ：国际标准中的 A2 号图纸，纸张大小为 420 × 594 mm。
  - ☑ A3 ISO ：国际标准中的 A3 号图纸，纸张大小为 297 × 420 mm。
  - ☑ A4 ISO ：国际标准中的 A4 号图纸，纸张大小为 210 × 297 mm。
  - ☑ B4 ISO ：国际标准中的 B4 号图纸，纸张大小为 250 × 354 mm。
  - ☑ B5 ISO ：国际标准中的 B5 号图纸，纸张大小为 182 × 257 mm。
  - ☑ C5 ISO ：国际标准中的 C5 号图纸，纸张大小为 162 × 229 mm。
- ○ 纵向 ：纵向放置图纸。
- ● 横向 ：横向放置图纸。

5.4　工程图视图

工程图视图是按照三维模型的投影关系生成的，主要用来表达部件模型的外部和内部的结构及形状。在 CATIA 的工程图工作台中，视图包括基本视图、轴测图、各种剖视图、局部放大图和断面图等。下面分别以具体的实例来介绍各种视图的创建方法。

5.4.1　创建基本视图

基本视图包括主视图和投影视图，本节先介绍主视图、右视图和俯视图这三种基本视图的一般创建过程。

1．创建主视图

主视图是工程图中最主要的视图。下面以 base.CATpart 零件模型的主视图为例（如图 5.4.1 所示），来说明创建主视图的一般操作过程：

Step1. 打开零件 D:\dbv521.1\work\ch05\ch05.04\ch05.04.01\base.CATPart。

Step2. 新建一个工程图文件。

（1）选择下拉菜单 文件 ➡ 新建 命令，系统弹出"新建"对话框。

（2）在"新建"对话框的 类型列表 选项组中选择 Drawing 选项，在"新建"对话框中单击 确定 按钮，系统弹出"新建工程图"对话框。

（3）在"新建工程图"对话框的 标准 下拉列表框中选择 GB 选项，在"新建工程图"对话框中的 图纸样式 选项组中选择 A1 ISO 选项，单击"新建工程图"对话框中的 确定 按钮，至此系统进入工程图工作台。

Step3. 选择命令。选择如图 5.4.2 所示的下拉菜单 插入 ➡ 视图 ▸ ➡ 投影 ▸ ➡ 正视图 命令。

图 5.4.1　创建主视图　　　　　　　图 5.4.2　"插入"下拉菜单

Step4. 切换窗口。在系统 在 3D 几何图形上选择参考平面 的提示下，选择下拉菜单 窗口(W)

➡ 1 base.CATPart ，切换到零件模型的窗口。

Step5. 选择投影平面。在特征树中选取 xy 平面作为投影平面，系统返回到工程图窗口（如图 5.4.3 所示）。

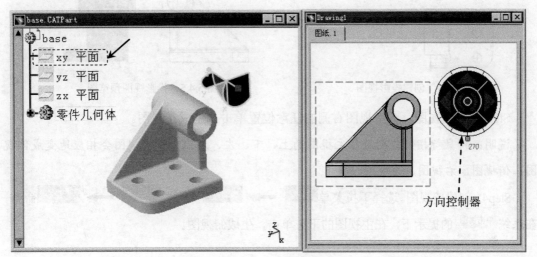

图 5.4.3　主视图预览图

Step6. 调整投影方向。在系统 单击图纸生成视图，或使用箭头重新定义视图方向 的提示下，在窗口的右上角单击方向控制器中箭头以调整投影方向。

Step7. 放置视图。在图纸上单击以放置主视图，完成主视图的创建。

说明：

● 用户也可以通过选取一点和一条直线（或中心线）、两条不平行的直线（或中心线）、三个不共线的点来确定投影平面。

● 单击方向控制器中的"向右箭头"，预览图将向右旋转 90°。

● 单击方向控制器中的"逆时针旋转箭头"，预览图将沿逆时针旋转 30°。

2．创建投影视图

投影视图包括仰视图、俯视图、右视图和左视图。下面以如图 5.4.4 所示的俯视图和左视图为例，来说明创建投影视图的一般操作过程：

Step1. 打开文件 D:\dbv521.1\work\ch05\ch05.04\ch05.04.01\base.CATDrawing。

Step2. 选择命令。选择下拉菜单 插入 ➡ 视图 ▶ ➡ 投影 ▶ ➡ ⊡ 投影 命令，在窗口中出现投影视图的预览图（如图 5.4.5 所示）。

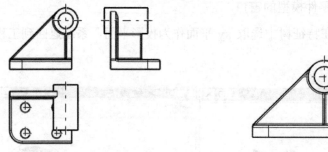

图 5.4.4　创建投影视图

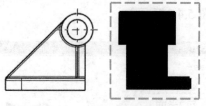

图 5.4.5　投影视图预览图

Step3. 放置视图。在主视图右侧的任意位置单击，生成左视图。

说明：将鼠标指针分别放在主视图的上、下、左、右侧，投影视图会相应地变成仰视图、俯视图、右视图、左视图。

Step4. 创建俯视图。选择下拉菜单 插入 ➡ 视图 ▶ ➡ 投影 ▶ ➡ ▫▪投影 命令，在系统 单击视图 的提示下，在主视图的下方单击，生成俯视图。

5.4.2　移动视图和锁定视图

在创建完主视图和投影视图后，如果它们在图样上的位置不合适、视图间距太小或太大，用户可以根据自己的需要移动视图。

如果视图已经完成，可以启动"锁定视图"功能，使该视图无法进行编辑，但是还可以将其移动。

1．移动视图

移动视图有以下两种方法：

方法一：将鼠标指针停放在视图的虚线框上，此时鼠标指针会变成 🖑，按住鼠标左键并移动至合适的位置后放开。

说明：

● 如果窗口中没有显示视图的虚线框，单击"工具"工具条中的 🔳 按钮，即可显示视图的虚线框。

● 移动主视图时，由主视图生成的第一级子视图会随着主视图的移动而移动；移动子视图时，父视图不会随着移动。

由于系统默认选择的是"根据参考视图定位"，根据"高平齐、宽相等"的原则（即左、右视图与主视图水平对齐，俯、仰视图与主视图竖直对齐），用户移动投影视图时只能横向或纵向移动视图。在特征树中选中要移动的视图并右击（主视图除外），在弹出的快捷菜单

中依次选择 视图定位▶ ➡ 不根据参考视图定位 命令（如图 5.4.6 所示），可移动视图至任意位置。当用户再次右击并选择 视图定位▶ ➡ 根据参考视图定位 命令时，被移动的视图又会自动以主视图为基准横向或纵向对齐。

方法二： 打开文件 D:\dbv521.1\work\ch05\ch05.04\ch05.04.02\move.CATDrawing。在特征树中右击 左视图，在弹出的快捷菜单中依次选择 视图定位▶ ➡ 设置相对位置 命令，系统弹出如图 5.4.7 所示的操作器。在系统 在图纸上单击结束命令，或使用操作器更改视图位置 的提示下，将鼠标指针移至操纵器的拖动手柄处并按住鼠标左键，移动鼠标可将左视图绕中心点移动（如图 5.4.8 所示）。单击其他圆环（如图 5.4.8 所示），可设置该圆环为拖动手柄（如图 5.4.9 所示）。

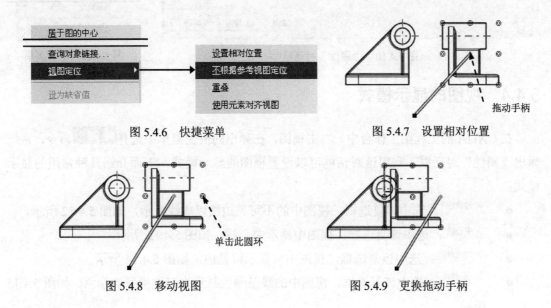

图 5.4.6　快捷菜单　　　　　　　　　　　图 5.4.7　设置相对位置

图 5.4.8　移动视图　　　　　　　　　　　图 5.4.9　更换拖动手柄

2. 锁定视图

锁定视图的一般操作过程为：

Step1. 在特征树中选中要锁定的视图并右击，在弹出的快捷菜单中选择 属性 命令，系统弹出如图 5.4.10 所示的"属性"对话框。

Step2. 在"属性"对话框的 可视化和操作 选项组中选中 锁定视图 复选框，然后单击 确定 按钮，完成视图的锁定。

说明： 在"属性"对话框中取消选中 可视化和操作 选项组中的 □ 显示视图框架 复选框，即可彻底隐藏视图中的虚线框，此时单击"工具"工具条中的 按钮不能显示视图的虚线框（本书后面所有视图都已将虚线框隐藏）。

5.4.3　删除视图

要将某个视图删除，应先选中该视图并右击，然后在弹出的快捷菜单中选择 删除 命令（如图 5.4.11 所示），或选中视图后直接按 Delete 键即可。

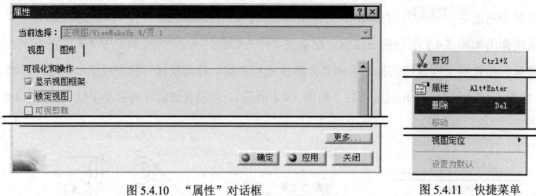

图 5.4.10　"属性"对话框　　　　　　　图 5.4.11　快捷菜单

5.4.4　视图的显示模式

在 CATIA 的工程图工作台中，右击视图，在弹出的快捷菜单中选择 属性 命令，系统弹出"属性"对话框，利用该对话框可以设置视图的显示模式，下面介绍几种常用的显示模式：

- 隐藏线：选中该复选框，视图中的不可见边线以虚线显示，如图 5.4.12 所示。
- 中心线：选中该复选框，视图中显示中心线，如图 5.4.13 所示。
- 3D 规格：选中该复选框，视图中只显示可见边，如图 5.4.14 所示。
- 3D 颜色：选中该复选框，视图中的线条颜色显示为三维模型的颜色，如图 5.4.15 所示。
- 轴：选中该复选框，视图中显示轴线，如图 5.4.16 所示。

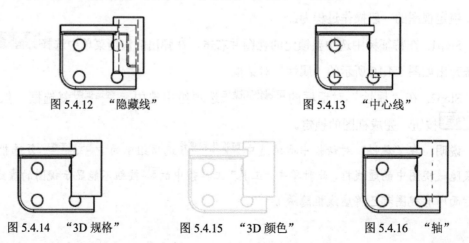

图 5.4.12　"隐藏线"　　　　　　图 5.4.13　"中心线"

图 5.4.14　"3D 规格"　　　图 5.4.15　"3D 颜色"　　　图 5.4.16　"轴"

下面以模型 base 的左视图为例，来说明如何通过"视图显示"操作将左视图设置为 隐藏线 显示状态（如图 5.4.12 所示）：

Step1. 打开工程图 D:\dbv521.1\work\ch05\ch05.04\ch05.04.04\view.CATDrawing。

Step2. 在特征树中右击俯视图，在弹出的快捷菜单中选择 属性 命令，系统弹出如图 5.4.17 所示的"属性"对话框。

Step3. 在"属性"对话框中选中 隐藏线 复选框，其余采用默认设置（如图 5.4.17 所示）。

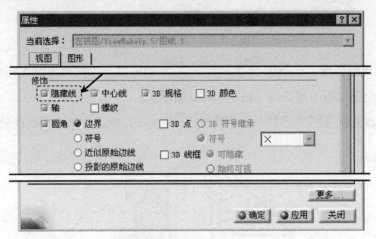

图 5.4.17 "属性"对话框

Step4. 单击"属性"对话框中的 确定 按钮，完成操作。

说明：一般情况下，在工程图中选中 中心线 、 3D 规格 和 轴 三个复选框来定义视图的显示模式。

5.4.5 创建全剖视图

全剖视图是用剖切面完全地剖开零件，将处于观察者和剖切平面之间的部分移去，而将其余部分向投影面投影所得的图形，称为剖视图。下面创建如图 5.4.18 所示的全剖视图，其操作过程如下：

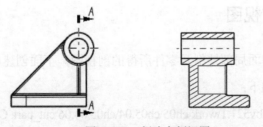

图 5.4.18 创建全剖视图

Step1. 打开文件 D:\dbv521.1\work\ch05\ch05.04\ch05.04.05\cut_all.CATDrawing。

Step2. 选择命令。选择下拉菜单 插入 ➡ 视图 ➤ ➡ 截面 ➤ ➡ 偏移剖视图命令（如图 5.4.19 所示）。

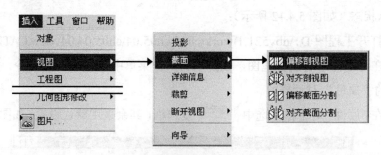

图 5.4.19 "插入"下拉菜单

Step3. 绘制剖切线。在系统 选择起点、圆弧边或轴线 的提示下，绘制如图 5.4.20 所示的剖切线，系统显示全剖视图的预览图（如图 5.4.20 所示）。

说明：根据系统 选择边线、单击或双击以结束轮廓定义 的提示，双击可结束剖切线的绘制。

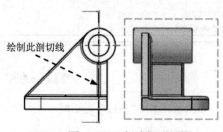

绘制此剖切线

图 5.4.20 创建投影视图

Step4. 放置视图。选择合适的放置位置并单击，完成全剖视图的创建。

说明：

● 如果剖切左右两侧不对称，那么生成的剖视图左右两侧不相同。

● 双击全剖视图中的剖面线，系统弹出"属性"对话框，利用该对话框可以修改剖面线的类型、角度、颜色、间距、线型、偏移量、厚度等属性。

● 本书后面的其他剖视图也可利用"属性"对话框来修改剖面线的属性。

5.4.6 创建局部剖视图

局部剖视图是用剖切面局部地剖开零件所得的剖视图。下面创建如图 5.4.21 所示的局部剖视图，其操作过程如下：

Step1. 打开文件 D:\dbv521.1\work\ch05\ch05.04\ch05.04.06\cut_part. CATDrawing。

Step2. 选择命令。选择下拉菜单 插入 ➞ 视图 ➞ 断开视图 ➞ 剖面视图 命令（如图 5.4.22 所示）。

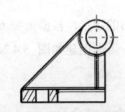

图 5.4.21　创建局部剖视图　　　　　　　　图 5.4.22　"插入"下拉菜单

Step3. 绘制如图 5.4.23 所示的剖切范围，系统弹出如图 5.4.24 所示的"3D 查看器"对话框。

Step4. 移动剖切平面。在系统 移动平面或使用元素选择平面的位置 的提示下，将图形窗口中的剖切平面移至图 5.4.25 所示的位置。

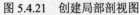

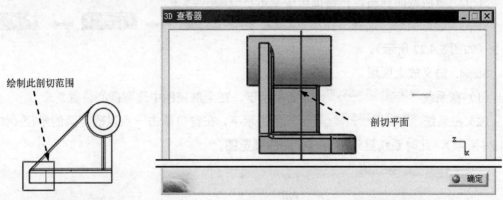

图 5.4.23　绘制剖切范围　　　　　　　　图 5.4.24　"3D 查看器"对话框

说明：单击剖切平面并按住鼠标左键，移至所需的位置即可移动剖切平面。

Step5. 单击"3D 查看器"对话框中的 确定 按钮，完成局部剖视图的创建。

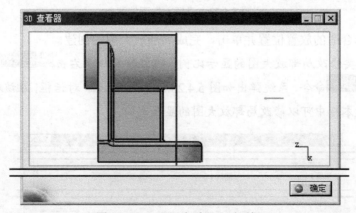

图 5.4.25　"3D 查看器"对话框

5.4.7 创建局部放大图

局部放大图是将零件的部分结构用大于原图形所采用的比例画出的图形,根据需要可画成视图、剖视图、断面图,放置时应尽量放在被放大部位的附近。下面创建如图 5.4.26 所示的局部放大图,其操作过程如下:

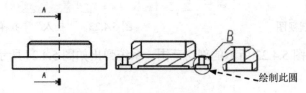

图 5.4.26　创建局部放大图

Step1. 打开文件 D:\dbv521.1\work\ch05\ch05.04\ch05.04.07\connecting.CATDrawing。

Step2. 激活截面视图。在特征树中双击 剖视图A-A 。

Step3. 选择命令。选择下拉菜单 插入 —→ 视图 ▶ —→ 详细信息 ▶ —→ 详细信息 命令(如图 5.4.27 所示)。

Step4. 定义放大区域。

(1) 在系统 选择一个点或单击以定义圆心 的提示下,在全剖视图中选取圆心位置。

(2) 在系统 选择一个点或单击以定义圆周半径 的提示下,在窗口单击一点以确定圆的半径(如图 5.4.26 所示),此时系统显示局部放大图的预览图。

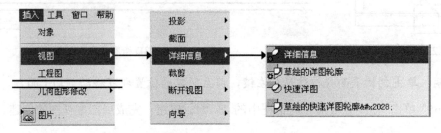

图 5.4.27　"插入"下拉菜单

Step5. 选择合适的放置位置并单击,完成局部放大图的创建。

说明:如果要修改局部放大图的显示比例,可在特征树中右击 详图B ,在弹出的快捷菜单中选择 属性 命令,系统弹出如图 5.4.28 所示的"属性"对话框,在该对话框 比例和方向 区域中的 缩放: 文本框中可以修改局部放大图的显示比例。

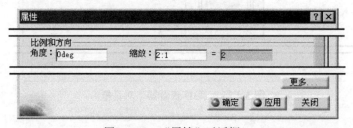

图 5.4.28　"属性"对话框

5.4.8 创建轴测图

创建轴测图的主要目的是为了方便读图。下面创建如图 5.4.29 所示的轴测图，其操作过程如下：

Step1. 打开零件 D:\dbv521.1\work\ch05\ch05.04\ch05.04.08\base.CATpart。

Step2. 新建一个工程图文件。标准采用 GB ，图纸采用 A1 ISO 。

Step3. 选择下拉菜单 插入 ➡ 视图 ▸ ➡ 投影 ▸ ➡ 等轴测视图 命令。

Step4. 切换窗口。在系统 在 3D 几何图形上选择参考平面 的提示下，选择下拉菜单 窗口 ➡ 1 base.CATpart 命令，切换到零件模型的窗口。

Step5. 选择投影平面。选取 xy 平面作为投影平面，此时系统返回到工程图窗口（如图 5.4.30 所示）。

Step6. 调整投影方向（如图 5.4.30 所示）。利用"方向控制器"调整视图的方向，单击以完成轴测图的创建。

图 5.4.29 创建正轴测图

图 5.4.30 轴测图预览图

5.4.9 创建断面图

断面图常用在只需表达零件断面的场合下，这样可以使视图简化，又能使视图所表达的零件结构清晰易懂。下面创建如图 5.4.31 所示的断面图，其操作过程如下：

Step1. 打开文件 D:\dbv521.1\work\ch05\ch05.04\ch05.04.09\section.CATDrawing。

Step2. 选择下拉菜单 插入 ➡ 视图 ▸ ➡ 截面 ▸ ➡ 偏移截面分割 命令。

Step3. 绘制如图 5.4.32 所示的断面线。

Step4. 放置视图。选择合适的位置单击，完成断面图的创建。

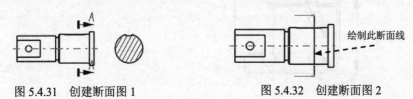

图 5.4.31 创建断面图 1　　　　图 5.4.32 创建断面图 2

5.5　尺　寸　标　注

尺寸标注是工程图的一个重要组成部分。CATIA 工程图工作台具有方便的尺寸标注功能，既可以由系统根据已有约束自动生成尺寸，也可以由用户根据需要自行标注。本节将详细介绍尺寸标注的各种方法。

5.5.1　自动生成尺寸

自动生成尺寸是将三维模型中已有的约束条件自动转换为尺寸标注。草图中存在的全部约束都可以转换为尺寸标注；零件之间存在的角度、距离约束也可以转换为尺寸标注；部件中的凸台特征转换为长度约束，旋转特征转换为角度约束，光孔和螺纹孔转换为长度和角度约束，倒圆角特征转换为半径约束，薄壁、筋板转换为长度约束；装配件中的约束关系转换为装配尺寸。在 CATIA 工程图工作台中，自动生成尺寸有"生成尺寸"和"逐步生成尺寸"两种方式。

1．生成尺寸

"生成尺寸"命令可以一步生成全部的尺寸标注（如图 5.5.1 所示），其操作过程如下：

Step1. 打开文件 D:\dbv521.1\work\ch05\ch05.05\ch05.05.01\dimension01.CATDrawing。

Step2. 选择命令。选择下拉菜单 插入 ━━▶ 生成 ▶ ━━▶ 生成尺寸 命令，系统弹出如图 5.5.2 所示的"尺寸生成过滤器"对话框。

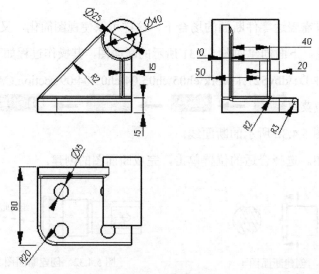

图 5.5.1　生成尺寸

Step3. 在"尺寸生成过滤器"对话框中设置如图 5.5.2 所示的参数，然后单击 确定 按钮，系统弹出如图 5.5.3 所示的"生成的尺寸分析"对话框，并显示自动生成尺寸的预览。

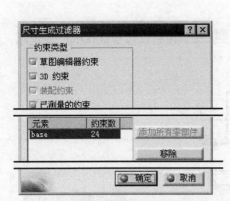
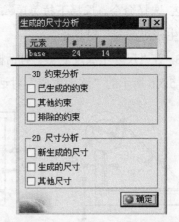

　　　图 5.5.2　"尺寸生成过滤器"对话框　　　　　图 5.5.3　"生成的尺寸分析"对话框

图 5.5.3 所示的各选项组说明如下：

- **3D 约束分析 选项组**：该选项组用于控制在三维模型中尺寸标注的显示。
  - ☑ **□已生成的约束**：在三维模型中显示所有在工程图中标出的尺寸标注。
  - ☑ **□其它约束**：在三维模型中显示没有在工程图中标出的尺寸标注。
  - ☑ **□排除的约束**：在三维模型中显示自动标注时未考虑的尺寸标注。
- **2D 尺寸分析 选项组**：该选项组用于控制在工程图中尺寸标注的显示。
  - ☑ **□新生成的尺寸**：在工程图中显示最后一次生成的尺寸标注。
  - ☑ **□生成的尺寸**：在工程图中显示所有已生成的尺寸标注。
  - ☑ **□其它尺寸**：在工程图中显示所有手动标注的尺寸标注。

Step4. 单击"生成的尺寸分析"对话框中的 确定 按钮，完成尺寸的自动生成。

注意：如果生成尺寸的文本字体太小，为了方便看图，可在生成尺寸前，在"文本属性"工具条中的"字体大小"文本框中输入尺寸的文本高度 14.0（或别的值，如图 5.5.4 所示），再进行尺寸标注，此方法在手动标注时同样适用。

图 5.5.4　"文本属性"工具条

2. 逐步生成尺寸

"逐步生成尺寸"命令可以逐个地生成尺寸标注，生成时可以决定是否生成某个尺寸，还可以选择标注尺寸的视图。下面以图 5.5.5 为例来说明其一般操作过程：

Step1. 打开文件 D:\dbv521.1\work\ch05\ch05.05\ch05.05.01\dimension02.CATDrawing。

Step2. 选择命令。选择下拉菜单 插入 ➡ 生成 ➡ 逐步生成尺寸 命令，系统弹出"尺寸生成过滤器"对话框。

Step3. 在"尺寸生成过滤器"对话框中单击 ● 确定 按钮以接受默认的过滤选项，系统弹出如图 5.5.6 所示的"逐步生成"对话框。

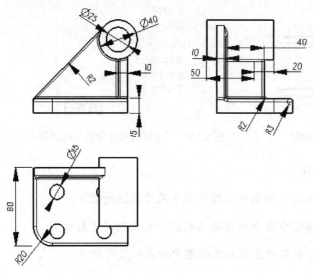

图 5.5.5　逐步生成尺寸

图 5.5.6　"逐步生成"对话框

"逐步生成"对话框（如图 5.5.6 所示）中各命令说明如下：

- ▶ 按钮：生成下一个尺寸，每单击一次生成一个尺寸标注。
- ▶▶ 按钮：一次生成剩余的尺寸标注。
- ■ 按钮：停止生成剩余的尺寸标注。
- ▌▌ 按钮：暂停生成尺寸标注。
- 🗑 按钮：删除最后一个生成的尺寸标注。
- 🔲 按钮：将已生成的最后一个尺寸标至其他的视图上。操作方法为：单击该按钮，再单击放置尺寸标注的视图的虚线框即可（如图 5.5.7 所示）。

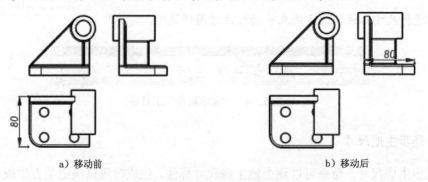

a）移动前　　　　　　　　　　　　　　　　b）移动后

图 5.5.7　将尺寸移至另一个视图

- 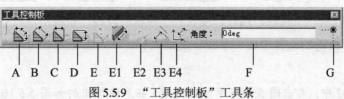 在 3D 中可视化 复选框：选中该复选框，当前生成的尺寸标注显示在三维模型上。
- 超时：复选框：选中该复选框，系统在生成每个尺寸标注后休息一段时间，在该复选框后的文本框中可以输入休息的时间。

Step4. 单击 ▶ 按钮，系统逐个地生成尺寸。

Step5. 生成完想要标注的尺寸后，单击 ■ 按钮，系统弹出"已生成的尺寸分析"对话框。

Step6. 单击"已生成的尺寸分析"对话框中的 确定 按钮，完成尺寸标注的生成。

5.5.2　手动标注尺寸

当自动生成尺寸不能全面地表达零件的结构或在工程图中需要增加一些特定的标注时，就需要通过手动标注尺寸。这类尺寸与零件或组件具有单向关联性，即受零件模型所驱动，所以又被称为"从动尺寸"。当零件模型的尺寸改变时，工程图中的这些尺寸也随之改变，但这些尺寸的值在工程图中不能被修改。

1. "工具选用板"工具条

选择下拉菜单 插入 ➡ 尺寸标注 ▶ ➡ 尺寸 ▶ ➡ 尺寸 命令（如图 5.5.8 所示），系统弹出如图 5.5.9 所示的"工具控制板"工具条。

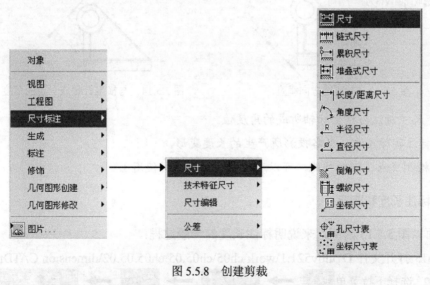

图 5.5.8　创建剪裁

图 5.5.9　"工具控制板"工具条

"工具控制板"工具条（如图 5.5.9 所示）中各命令的说明如下：

A：利用鼠标不同的放置位置来确定尺寸标注的形式，图 5.5.10 标注的是水平投影值，图 5.5.11 标注的是竖直投影值，图 5.5.12 标注的是直线的长度值。

图 5.5.10　水平投影

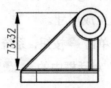
图 5.5.11　竖直投影

图 5.5.12　长度

B：标注长度值。

C：标注水平投影值。

D：标注竖直投影值。

E：设定一个任意的方向标注尺寸，单击该按钮，弹出 E1、E2、E3 三个按钮和 E4 文本框（如图 5.5.9 所示）。

E1：尺寸标注沿参考方向。

E2：尺寸标注与所选方向垂直（如图 5.5.13 所示）。

E3：尺寸标注与横坐标轴成一定的角度（如图 5.5.14 所示的角度是 60°）。

图 5.5.13　与所选方向垂直

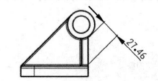
图 5.5.14　与横坐标轴成一定的角度

E4：尺寸标注与横坐标轴所成的角度值。

F：标注实际尺寸，忽略投影所产生的长度变形。

G：检测交点（辅助功能，可以和前面的命令共同使用）。

2. 标注长度和距离

下面以图 5.5.15 为例，来说明标注长度的一般过程：

Step1. 打开文件 D:\dbv521.1\work\ch05\ch05.05\ch05.05.02\dimension.CATDrawing。

Step2. 选择下拉菜单 插入 ➡ 尺寸标注 ➡ 尺寸 ➡ 长度／距离尺寸 命令，系统弹出"工具控制板"工具条，选取如图 5.5.15 所示的直线，系统出现尺寸的预览。

Step3. 选择合适的放置位置并单击，完成操作。

说明：

● 在 Step2 中，右击图 5.5.15 所示的直线，在系统弹出的如图 5.5.16 所示的快捷菜单（一）中选择 部分长度 命令，在如图 5.5.17 所示的位置 1 和位置 2 处单击（系统将这两点投影到该直线上），可标注这两投影点之间的线段长度（如图 5.5.18 所示）。

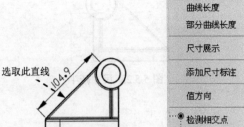

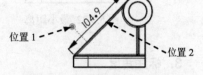

图 5.5.15　标注长度 1　　　　　图 5.5.16　快捷菜单（一）　　　　图 5.5.17　选择起始、终止位置

● 选择标注位置后，右击，在弹出的快捷菜单中选择 值方向 命令，系统弹出如图 5.5.19
所示的"值方向"对话框，利用该对话框可以设置尺寸文字的放置方向。

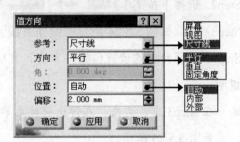

图 5.5.18　标注长度 2　　　　　　　　　图 5.5.19　"值方向"对话框

下面标注如图 5.5.20 所示的直线和圆之间的距离，其操作过程如下：

Step1. 选择下拉菜单 插入 ➡ 尺寸标注 ➡ 尺寸 ➡ 长度／距离尺寸 命令，
系统弹出"工具控制板"工具条。

Step2. 选取如图 5.5.20 所示的直线和圆，系统出现尺寸标注的预览。

Step3. 选择合适的放置位置并单击，完成操作。

说明：

● 选取标注元素后，右击，在弹出的如图 5.5.21 所示的快捷菜单(二)中选择 最小距离
命令，结果如图 5.5.22 所示。

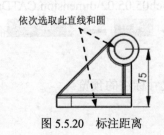

图 5.5.20　标注距离　　　　　　　图 5.5.21　快捷菜单（二）

● 选取标注元素后,右击,在弹出的快捷菜单中选择 一半尺寸 命令,结果如图 5.5.23 所示。

图 5.5.22 最小距离   图 5.5.23 尺寸减半

3. 标注角度

下面以图 5.5.24 为例,来说明标注角度的一般过程:

Step1. 打开文件 D:\dbv521.1\work\ ch05.05\ch05.05.02\dimension.CATDrawing。

Step2. 选择下拉菜单 插入 ➡ 尺寸标注 ▸ ➡ 尺寸 ▸ ➡ 角度尺寸 命令。

Step3. 选取如图 5.5.24 所示的两条直线,系统出现尺寸标注的预览。

Step4. 选择合适的放置位置并单击,完成操作。

说明:

● 在 Step3 中,右击,在弹出快捷菜单中选择 角扇形 ▸ ➡ 扇形 2 命令,结果如图 5.5.25 所示。

● 右击,在弹出的快捷菜单中选择 角扇形 ▸ ➡ 补充 命令,结果如图 5.5.26 所示。

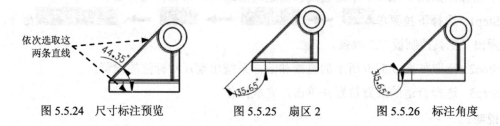

图 5.5.24 尺寸标注预览   图 5.5.25 扇区 2   图 5.5.26 标注角度

4. 标注半径

下面以图 5.5.27 为例,来说明标注半径的一般过程:

Step1. 打开文件 D:\dbv521.1\work\ch05\ch05.05\ch05.05.02\dimension.CATDrawing。

Step2. 选择下拉菜单 插入 ➡ 尺寸标注 ▸ ➡ 尺寸 ▸ ➡ 半径尺寸 命令,系统弹出"工具控制板"工具条。

Step3. 选取如图 5.5.27 所示的圆弧,系统出现尺寸标注的预览。

Step4. 选择合适的放置位置并单击,完成操作。

5. 标注直径

下面以图 5.5.28 为例，来说明标注直径的一般过程：

Step1. 打开文件 D:\dbv521.1\work\ch05\ch05.05\ch05.05.02\dimension.CATDrawing。

Step2. 选择下拉菜单 插入 ➡ 尺寸标注 ▶ ➡ 尺寸 ▶ ➡ 直径尺寸 命令，系统弹出"工具控制板"工具条。

图 5.5.27 标注半径

图 5.5.28 标注直径

Step3. 选取如图 5.5.28 所示的圆弧，系统出现尺寸标注的预览。

Step4. 选择合适的放置位置并单击，完成操作。

说明：在 Step3 中，右击，在弹出的如图 5.5.29 所示的快捷菜单中选择 1 个符号 命令，则箭头变为单箭头，结果如图 5.5.30 所示。

图 5.5.29 快捷菜单 4

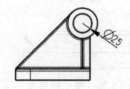

图 5.5.30 一个符号

6. 标注倒角

标注倒角需要指定倒角边和参考边。下面以图 5.5.31 为例，来说明标注倒角的一般过程：

Step1. 打开文件 D:\dbv521.1work\ch05\ch05.05\ch05.05.02\cover.CATDrawing。

Step2. 选择下拉菜单 插入 ➡ 尺寸标注 ▶ ➡ 尺寸 ▶ ➡ 倒角尺寸 命令，系统弹出如图 5.5.32 所示的"工具控制板"工具条。

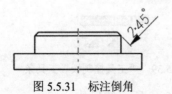

图 5.5.31 标注倒角

图 5.5.32 "工具控制板"工具条

Step3. 单击"工具控制板"工具条中的"单个符号"按钮 ，选择 ● 长度 x 角度 单选项。

Step4. 选取如图 5.5.33 所示的直线。

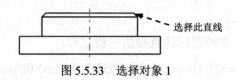

图 5.5.33　选择对象 1

Step5. 选择合适的放置位置并单击，完成操作。

"工具控制板"工具条（如图 5.5.32 所示）中的各选项说明如下：

- 长度 × 长度：倒角尺寸以长度×长度的方式标注，如图 5.5.34 所示。
- 长度 × 角度：倒角尺寸以长度×角度的方式标注，如图 5.5.31 所示。
- 角度 × 长度：倒角尺寸以角度×长度的方式标注，如图 5.5.35 所示。
- 长度：倒角尺寸以长度的方式标注。
- ⤼：倒角尺寸以单个符号的方式标注，如图 5.5.36 所示。
- ⤼：倒角尺寸以两个符号的方式标注，如图 5.5.37 所示。

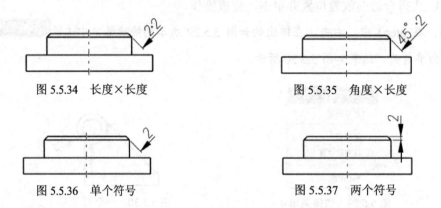

图 5.5.34　长度×长度　　　　　　　图 5.5.35　角度×长度

图 5.5.36　单个符号　　　　　　　　图 5.5.37　两个符号

7. 标注螺纹

下面以图 5.5.38 为例，来说明标注螺纹的一般过程：

Step1. 打开文件 D:\dbv521.1\work\ch05\ch05.05\ch05.05.02\bolt.CATDrawing。

Step2. 选择下拉菜单 插入 ➡ 尺寸标注 ➡ 尺寸 ➡ 螺纹尺寸 命令，系统弹出如图 5.5.39 所示的"工具控制板"工具条。

图 5.5.38　标注螺纹　　　　　　图 5.5.39　"工具控制板"工具条

Step3. 选取如图 5.5.38 所示的圆弧，系统生成如图 5.5.40 所示的尺寸。

Step4. 修改尺寸文本。

（1）选择步骤 Step3 中生成的螺纹尺寸，右击，在弹出的快捷菜单中选择 属性 命令，系统弹出"属性"对话框。

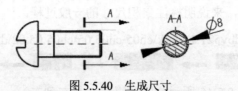

图 5.5.40　生成尺寸

（2）在"属性"对话框中选择 尺寸文本 选项卡，在 前缀 - 后缀 区域中单击 ∅ 按钮中的 M 按钮（如图 5.5.41 所示）。

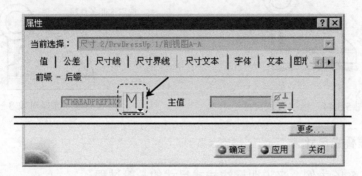

图 5.5.41　"属性"对话框

说明： 若标注螺纹时，需要标注假尺寸，可在"属性"对话框中选择 值 选项卡，先选中 □假尺寸 复选框，然后选中 ● 数字 单选项，最后在 ● 数字 单选项下方的文本框中输入参数。

8. 标注链式尺寸

下面以图 5.5.42 为例，来说明标注链式尺寸的一般过程：

Step1. 打开文件 D:\dbv521.1\work\ch05\ch05.05\ch05.05.02\ dimension.CATDrawing。

Step2. 选择下拉菜单 插入 ➡ 尺寸标注 ▶ ➡ 尺寸 ▶ ➡ 链式尺寸 命令。

Step3. 依次选取如图 5.5.43 所示的四条直线（从左到右）。

Step4. 选择合适的放置位置并单击，完成操作。

图 5.5.42　标注链式尺寸

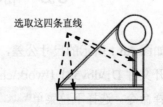

图 5.5.43　选择对象 2

9．标注累积尺寸

下面以图 5.5.44 为例，来说明标注累积尺寸的一般过程：

Step1. 打开文件 D:\dbv521.1\work\ch05\ch05.05\ch05.05.02\dimension.CATDrawing。

Step2. 选择下拉菜单 插入 ━━▶ 尺寸标注 ▶ ━━▶ 尺寸 ▶ ━━▶ 累积尺寸 命令。

Step3. 依次选取如图 5.5.45 所示的四条直线（从左到右）。

Step4. 选择合适的放置位置并单击，完成操作。

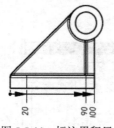

图 5.5.44　标注累积尺寸　　　　　图 5.5.45　选择对象 3

10．标注堆叠式尺寸

下面以图 5.5.46 为例，来说明标注栈式尺寸的一般过程：

Step1. 打开文件 D:\dbv521.1\work\ch05\ch05.05\ch05.05.02\dimension.CATDrawing。

Step2. 选择下拉菜单 插入 ━━▶ 尺寸标注 ▶ ━━▶ 尺寸 ▶ ━━▶ 堆叠式尺寸 命令。

Step3. 依次选取如图 5.5.47 所示的四条直线（从左到右）。

Step4. 选择合适的放置位置并单击，完成操作。

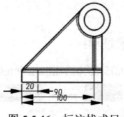
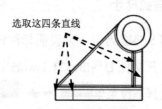

图 5.5.46　标注栈式尺寸　　　　　图 5.5.47　选择对象 4

5.6　标注尺寸公差

下面标注如图 5.6.1 所示的尺寸公差，其操作过程如下：

Step1. 打开文件 D:\dbv521.1\work\ch05\ch05.06\base.CATDrawing。

Step2. 选择命令。选择下拉菜单 插入 ━━▶ 尺寸标注 ▶ ━━▶ 尺寸 ▶ ━━▶ 尺寸 命令。

Step3. 选取如图 5.6.1 所示的直线。

Step4. 定义公差。在"尺寸属性"工具栏的"公差描述"下拉列表框中选择选项，在"公差"文本框中输入公差值 0.12/-0.15（如图 5.6.2 所示）。

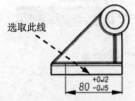

选取此线

图 5.6.1　标注尺寸公差　　　　　　　　图 5.6.2　"尺寸属性"工具栏

Step5. 放置尺寸。选择合适的放置位置并单击，完成操作。

5.7　尺寸的操作

从前一节标注尺寸的操作中，我们会注意到，由系统自动显示的尺寸在工程图上有时会显得杂乱无章，尺寸相互遮盖，尺寸间距过松或过密，某个视图上的尺寸太多，出现重复尺寸（例如，两个半径相同的圆标注两次）。这些问题通过尺寸的操作工具都可以解决，尺寸的操作包括尺寸和尺寸文本的移动、隐藏和删除，尺寸的切换视图，修改尺寸线、尺寸延长线以及尺寸的属性。下面分别对它们进行介绍。

5.7.1　移动、隐藏和删除尺寸

1. 移动尺寸

移动尺寸及尺寸文本的方法：选择要移动的尺寸，当尺寸加亮后，再将鼠标指针放到要移动的尺寸文本上，按住鼠标的左键，并移动鼠标，尺寸及尺寸文本会随着鼠标移动，选择合适的位置松开鼠标左键。

2. 隐藏尺寸

隐藏尺寸及其尺寸文本的方法：选中要隐藏的尺寸并右击，在弹出的快捷菜单中选择 隐藏／显示 命令（如图 5.7.1 所示）。

说明：如果想显示已被隐藏的尺寸，其方法为：选择下拉菜单 视图 ➡ 隐藏／显示 ➡ 交换可视空间 命令（如图 5.7.2 所示），显示被隐藏的尺寸，选中要显示的尺寸并右击，在弹出的快捷菜单中选择 隐藏／显示 命令，再选择下拉菜单 视图 ➡ 隐藏／显示 ➡ 交换可视空间 命令。

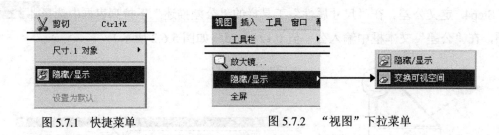

图 5.7.1　快捷菜单　　　　　　　　图 5.7.2　"视图"下拉菜单

3．删除尺寸

删除尺寸及其尺寸文本的方法：选中要删除的尺寸并右击，在弹出的快捷菜单中选择 删除 命令。

5.7.2　创建中断与移除中断

1．创建中断

"创建中断"命令可将尺寸延长线在某个位置打断。下面以图 5.7.3 为例，来说明其操作过程：

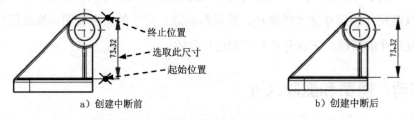

a）创建中断前　　　　　　　　　b）创建中断后

图 5.7.3　创建中断

Step1. 打开文件 D:\dbv521.1\work\ch05\ch05.07\ch05.07.02\base_01.CATDrawing。

Step2. 选择下拉菜单 插入 ➡ 尺寸标注▶ ➡ 尺寸编辑▶ ➡ 创建中断 命令，系统弹出如图 5.7.4 所示的"工具控制板"工具栏（一）。

图 5.7.4 所示的"工具控制板"工具条中各按钮说明如下：

- ：单击该按钮，打断一边的尺寸延长线。
- ：单击该按钮，打断两边的尺寸延长线，如图 5.7.5 所示。

　　　　　　　　　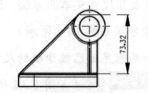

图 5.7.4　"工具控制板"工具条（一）　　　图 5.7.5　打断两边的尺寸延长线

Step3. 在"工具控制板"工具条中单击 按钮。

Step4. 选取如图 5.7.3a 所示的尺寸。

Step5. 选取尺寸线中断的起始位置, 如图 5.7.3a 所示。

Step6. 选取尺寸线中断的终止位置, 如图 5.7.3a 所示, 完成操作。

说明: 创建尺寸中断时, 起始位置和终止位置可以不在尺寸线的一侧, 但打断的位置在起始位置的一侧。

2. 移除中断

"移除中断"命令可在尺寸延长线的某个位置上移除中断。下面以图 5.7.6 为例, 说明其一般操作过程:

Step1. 打开文件 D:\dbv521.1\work\ch05\ch05.07\ch05.07.02\base_02.CATDrawing。

Step2. 选择下拉菜单 插入 ➡ 尺寸标注 ▶ ➡ 尺寸编辑 ▶ ➡ 移除中断 命令, 系统弹出如图 5.7.7 所示的"工具控制板"工具条(二)。

"工具控制板"工具条, 如图 5.7.7 所示中各按钮说明如下:

- : 单击该按钮, 移除一个尺寸延长线上的一个打断。

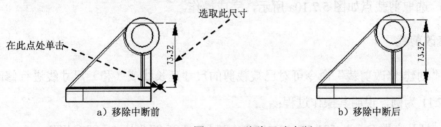

图 5.7.6 移除尺寸中断

- : 单击该按钮, 移除一个尺寸延长线上的所有打断, 如图 5.7.8 所示。
- : 单击该按钮, 移除所有打断, 如图 5.7.9 所示。

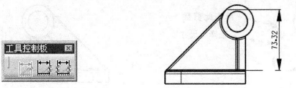

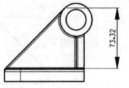

图 5.7.7 "工具控制板"工具条(二)　图 5.7.8 移除一边上的打断　图 5.7.9 移除所有打断

Step3. 在"工具控制板"工具条中单击 按钮。

Step4. 选取要取消中断的尺寸, 如图 5.7.6a 所示。

Step5. 单击如图 5.7.6a 所示的位置, 完成操作。

5.7.3 创建、修改剪裁与移除剪裁

1. 创建剪裁

使用"创建/修改剪裁"命令可裁剪尺寸延长线或(和)尺寸线。下面以图 5.7.10 为例,

说明其操作过程：

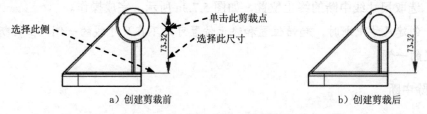

图 5.7.10 创建剪裁

Step1. 打开文件 D:\dbv521.1\work\ch05\ch05.07\ch05.07.03\base_01.CATDrawing。

Step2. 选择下拉菜单 插入 ➡ 尺寸标注 ▶ ➡ 尺寸编辑 ▶ ➡ 创建／修改剪裁 命令。

Step3. 选取要创建剪裁的尺寸，如图 5.7.10a 所示。

Step4. 选取要保留的侧，如图 5.7.10a 所示。

Step5. 选取剪裁点如图 5.7.10a 所示，完成操作。

2. 修改剪裁

使用"创建/修改剪裁"命令可对已被裁剪的尺寸延长线或（和）尺寸线进行修改。下面以图 5.7.11 为例，说明其操作过程：

Step1. 打开文件 D:\dbv521.1\work\ch05\ch05.07\ ch05.07.03\base_02.CATDrawing。

Step2. 选择下拉菜单 插入 ➡ 尺寸标注 ▶ ➡ 尺寸编辑 ▶ ➡ 创建／修改剪裁 命令。

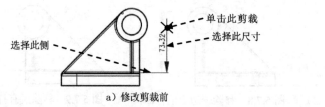

图 5.7.11 修改剪裁

Step3. 选取要修改剪裁的尺寸，如图 5.7.11a 所示。

Step4. 选取要保留的侧，如图 5.7.11a 所示。

Step5. 选取如图 5.7.11a 所示的剪裁点，完成操作。

3. 移除剪裁

移除剪裁命令可移除对尺寸延长线或（和）尺寸线的裁剪。下面以图 5.7.12 为例，说明其操作过程：

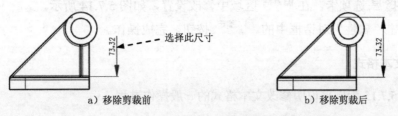

　　　　a）移除剪裁前　　　　　　　　　　　　b）移除剪裁后

图 5.7.12　移除剪裁

Step1. 打开文件 D:\dbv521.1\work\ch05\ch05.07\ ch05.07.03\base_03.CATDrawing。

Step2. 选择下拉菜单 插入 ➡ 尺寸标注 ▶ ➡ 尺寸编辑 ▶ ➡ 移除剪裁 命令。

Step3. 选取要移除裁剪的尺寸，如图 5.7.12a 所示，完成操作。

5.7.4　尺寸属性的修改

修改尺寸属性包括修改尺寸的文本位置、文本格式、尺寸公差和尺寸线的形状等。

1．修改文本位置

下面以图 5.7.13 为例，来说明修改文本位置的一般操作过程：

　　　　a）修改前　　　　　　　　　　　　　b）修改后

图 5.7.13　修改文本位置

Step1. 打开文件 D:\dbv521.1\work\ch05\ch05.07\ch05.07.04\base_01.CATDrawing。

Step2. 选择要修改属性的尺寸并右击，在弹出的快捷菜单中选择 属性 命令，系统弹出如图 5.7.14 所示的"属性"对话框（一）。

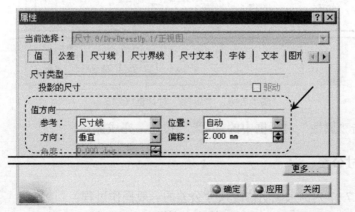

图 5.7.14　"属性"对话框（一）

Step3. 选择 值 选项卡，在 值方向 区域中修改设置，如图 5.7.14 所示。

Step4. 单击"属性"对话框中的 ● 确定 按钮，完成操作。

2．修改文本格式

下面以图 5.7.15 为例来说明修改文本格式的一般操作过程：

a）修改前　　　　　　　　　　　　　b）修改后

图 5.7.15　修改文本格式

Step1. 打开文件 D:\dbv521.1\work\ch05\ch05.07\ch05.07.04\base_02.CATDrawing。

Step2. 选择要修改属性的尺寸并右击，在弹出的快捷菜单中选择 属性 命令，系统弹出如图 5.7.16 所示的"属性"对话框。

Step3. 选择 字体 选项卡，在该选项卡中修改设置，如图 5.7.16 所示。

说明：在 大小: 区域中如果没有合适的选项，可直接输入具体的数值。

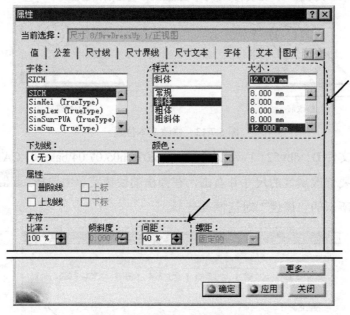

图 5.7.16　"属性"对话框（二）

Step4. 单击"属性"对话框中的 ● 确定 按钮，完成操作。

3．修改尺寸公差

下面以图 5.7.17 为例来说明修改尺寸公差的一般操作过程：

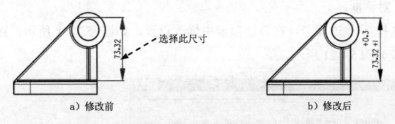

a）修改前　　　　　　　　　　　b）修改后

图 5.7.17　修改尺寸公差

Step1.　打开文件 D:\dbv521.1\work\ch05\ch05.07\ch05.07.04\base_03.CATDrawing。

Step2.　选择要修改属性的尺寸并右击，在弹出的快捷菜单中选择 📙 属性 命令，系统弹出"属性"对话框。

Step3.　选择 公差 选项卡，在该选项卡中修改设置，如图 5.7.18 所示。

Step4.　单击"属性"对话框中的 ● 确定 按钮，完成操作。

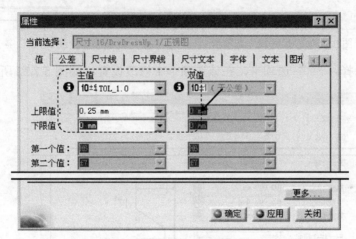

图 5.7.18　"属性"对话框（三）

4．修改尺寸线的形状

下面以图 5.7.19 为例，来说明修改尺寸线形状的一般操作过程：

（a）修改前　　　　　　　　　　（b）修改后

图 5.7.19　修改尺寸线的形状

Step1.　打开文件 D:\dbv521.1\work\ch05\ch05.07\ch05.07.04\base_04.CATDrawing。

Step2.　选择要修改属性的尺寸并右击，在弹出的快捷菜单中选择 📙 属性 命令，系统弹出"属性"对话框。

Step3. 选择 尺寸线 选项卡，在该选项卡中修改设置，如图 5.7.20 所示，则尺寸由图 5.7.19a 所示变为图 5.7.21 所示。

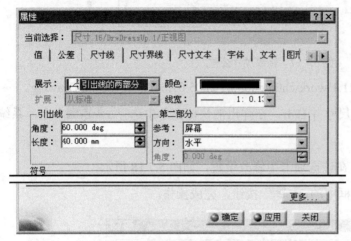

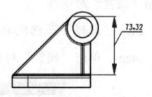

　　　图 5.7.20　"尺寸线"选项卡　　　　　　　　图 5.7.21　添加引导线

Step4. 选择 尺寸界线 选项卡，在该选项卡中修改设置，如图 5.7.22 所示。

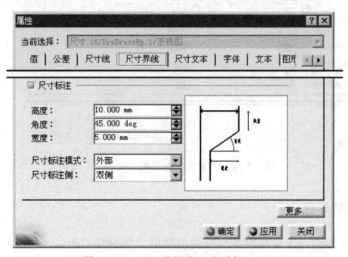

图 5.7.22　"尺寸界线"选项卡

Step5. 单击"属性"对话框中的 确定 按钮，完成操作，则尺寸由图 5.7.21 所示变为图 5.7.19b 所示。

5.8　创建注释文本

在工程图中，除了尺寸标注外，还应有相应的文字说明，即技术说明，如工件的热处理要求、表面处理要求等。所以在创建完视图的尺寸标注后，还需要创建相应的注释标注。

下面分别介绍不带引导线文本（即技术要求等）、带有引导线文本的创建和文本的编辑。

5.8.1 创建文本

下面创建如图 5.8.1 所示的文本，操作步骤如下：

Step1. 打开文件 D:\dbv521.1\work\ch05\ch05.08\ch05.08.01\text.CATDrawing。

Step2. 选择下拉菜单 插入 ➡️ 标注 ▶ ➡️ 文本 ▶ ➡️ 文本 命令。

图 5.8.1 创建注释文本

Step3. 在图样中任意位置单击，确定文本放置位置，系统弹出"文本编辑器"对话框。

Step4. 在"文本属性"工具条中设置文本的高度为 30，输入如图 5.8.2 所示的文本 1，单击 确定 按钮，结果如图 5.8.3 所示。

图 5.8.2 "文本编辑器"对话框 1   图 5.8.3 文本 1

Step5. 选择下拉菜单 插入 ➡️ 标注 ▶ ➡️ 文本 ▶ ➡️ 文本 命令，选择放置位置（放在文本 1 的下方），在"文本属性"工具条中设置文本的高度为 15，然后在"文本编辑器"对话框中输入如图 5.8.4 所示的文本，单击 确定 按钮，结果如图 5.8.5 所示。

说明：在输入多行文字时，按 Ctrl+回车键可以换行。

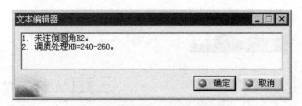

图 5.8.4 "文本编辑器"对话框 2   图 5.8.5 文本 2

5.8.2 创建带有引导线的文本

下面创建如图 5.8.6 所示的带有引导线的文本，操作过程如下：

Step1. 打开文件 D:\dbv521.1\work\ch05\ch05.08\ch05.08.02\base.CATDrawing。

Step2. 选择下拉菜单 插入 ➜ 标注 ▶ ➜ 文本 ▶ ➜ ⌐ 带引出线的文本 命令。

Step3. 选择如图 5.8.6 所示的放置位置。

Step4. 选择合适的放置位置并单击，系统弹出"文本编辑器"对话框（如图 5.8.7 所示）。

Step5. 输入如图 5.8.7 所示的文本，单击 ● 确定 按钮。

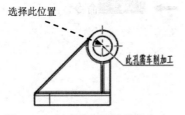

图 5.8.6 创建带有引导线的文本   图 5.8.7 "文本编辑器"对话框

5.8.3 文本的编辑

下面以如图 5.8.8 为例，来说明编辑文本的一般操作过程：

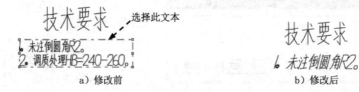

a）修改前   b）修改后

图 5.8.8 文本的编辑

Step1. 打开文件 D:\dbv521.1\work\ch05\ch05.08\ch05.08.03\text.CATDrawing。

Step2. 选择要编辑的文本，右击，在弹出的如图 5.8.9 所示的快捷菜单中选择 文本.3 对象 ➜ 定义... 命令，系统弹出如图 5.8.10 所示的"文本编辑器"对话框（一）。

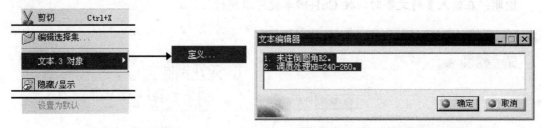

图 5.8.9 快捷菜单   图 5.8.10 "文本编辑器"对话框（一）

Step3. 修改文本，如图 5.8.11 所示，单击 ● 确定 按钮，完成文本的编辑，如图 5.8.12 所示。

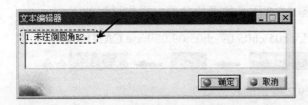

图 5.8.11　"文本编辑器"对话框（二）　　　　　图 5.8.12　文本的编辑

Step4. 右击要编辑的文本，在弹出的快捷菜单中选择 属性 命令，系统弹出"属性"对话框。

Step5. 选择"属性"对话框中的 字体 选项卡，在 样式: 区域中选择 斜体，在 大小: 区域中文本框中输入值 20。

Step6. 单击"属性"对话框中的 确定 按钮，完成操作。

5.9　标注基准符号及形位公差

5.9.1　标注基准符号

下面标注如图 5.9.1 所示的基准符号，操作过程如下：

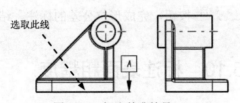

图 5.9.1　标注基准符号

Step1. 打开文件 D:\dbv521.1\work\ch05\ch05.09\ch05.09.01\base.CATDrawing。

Step2. 选择下拉菜单 插入 ➡ 尺寸标注 ➡ 公差 ➡ A 基准特征 命令。

Step3. 选取如图 5.9.1 所示的直线。

Step4. 定义放置位置。选择合适的放置位置并单击，系统弹出"创建基准特征"对话框。

Step5. 定义基准符号的名称。在"基准特征创建"对话框的文本框中输入基准字母 A，再单击该对话框中的 确定 按钮，完成基准符号的标注。

5.9.2　标注形位公差

形位公差包括形状公差和位置公差，是针对构成零件几何特征的点、线、面的形状和位置误差所规定的公差。下面标注如图 5.9.2 所示的形位公差，操作过程如下：

Step1. 打开文件 D:\dbv521.1\work\ch05\ch05.09\ch05.09.02\base.CATDrawing。

Step2. 选择下拉菜单 插入 ➡ 尺寸标注 ▶ ➡ 公差 ▶ ➡ 形位公差 命令。

Step3. 按住 Shift 键，单击如图 5.9.2 所示的尺寸箭头。

Step4. 定义放置位置。选择合适的放置位置并单击，系统弹出如图 5.9.3 所示的"形位公差"对话框。

图 5.9.2　标注形位公差

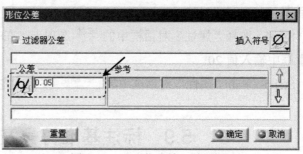

图 5.9.3　"形位公差"对话框

Step5. 定义公差类型。在"形位公差"对话框中单击 按钮中的 按钮，标注同轴度。

Step6. 设置公差值。在 公差 文本框中输入公差数值 0.05。

Step7. 单击对话框中的 确定 按钮，完成形位公差的标注，结果如图 5.9.2 所示。

5.10　标注表面粗糙度

表面粗糙度是指加工表面上具有较小的间距和峰谷所组成的微观几何特征（该软件基于标准 GB/T 131－1993）。下面标注如图 5.10.1 所示的表面粗糙度，操作过程如下：

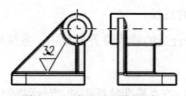

图 5.10.1　标注表面粗糙度

Step1. 打开文件 D:\dbv521.1\work\ch05\ch05.10\base.CATDrawing。

Step2. 选择下拉菜单 插入 ➡ 标注 ▶ ➡ 符号 ▶ ➡ 粗糙度符号 命令。

Step3. 选择放置位置，系统弹出"表面粗糙度符号"对话框。

Step4. 在对话框中的下拉列表框中选择 Ra，设置如图 5.10.2 所示的参数。

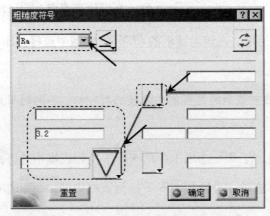

图 5.10.2　"表面粗糙度符号"对话框

Step5. 单击"表面粗糙度符号"对话框中的 确定 按钮，完成表面粗糙度的标注。

5.11　CATIA 软件的打印出图

打印出图是 CAD 工程设计中必不可少的一个环节。在 CATIA 软件中的工程图（Drawing）工作台中，选择下拉菜单 文件 ➡️ 打印... 命令，就可进行打印出图操作。

下面举例说明工程图打印的一般步骤（打印机型号为 HP LaserJet 1022）：

Step1. 打开文件 D:\dbv521.1\work\ch05\ch05.11\print.CATDrawing。

Step2. 选择命令。选择下拉菜单 文件 ➡️ 打印... 命令，系统弹出如图 5.11.1 所示的"打印"对话框。

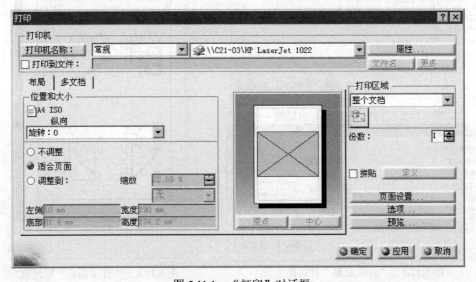

图 5.11.1　"打印"对话框

Step3. 选择打印机。单击"打印"对话框中的 打印机名称: 按钮，弹出如图 5.11.2 所示的"打印机选择"对话框。在该对话框的 打印机列表 区域中选择打印机，单击 ● 确定 按钮，回到"打印"对话框。

说明：在 打印机列表 区域中显示的是当前已连接的打印机，不同的用户可能会出现不同的选项。

Step4. 定义打印选项。在 布局 选项卡中的 纵向 下拉列表框中选择 旋转：90 选项；在 布局 选项卡中选中 ● 适合页面 单选项；选择 打印区域 下拉列表框中的 整个文档 选项；在份数文本框中输入要打印的份数 1。

Step5. 定义页面设置。单击"打印"对话框中的 页面设置... 按钮，系统弹出如图 5.11.3 所示的"页面设置"对话框；选择 圖用户 选项，其他参数采用系统默认设置，单击 ● 确定 按钮，系统回到"打印"对话框。

Step6. 打印预览。单击 预览... 按钮，系统弹出如图 5.11.4 所示的"打印预览"对话框，可以预览工程图的打印效果。

Step7. 单击"打印预览"对话框中的 ● 确定 按钮。

Step8. 单击"打印"对话框中的 ● 确定 按钮，即可打印工程图。

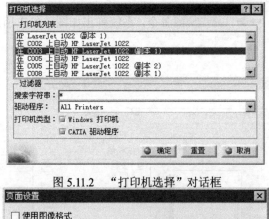

图 5.11.2   "打印机选择"对话框

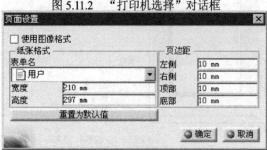

图 5.11.3   "页面设置"对话框

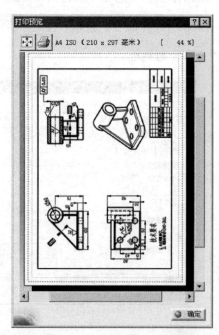

图 5.11.4   "打印预览"对话框

5.12　工程图设计范例

范例概述

本范例详细讲解一个完整工程图（如图 5.12.1 所示）的创建过程，读者通过对本范例的学习可以进一步掌握创建工程图的整个过程及具体操作方法。

下面创建如图 5.12.1 所示的工程图，操作过程如下：

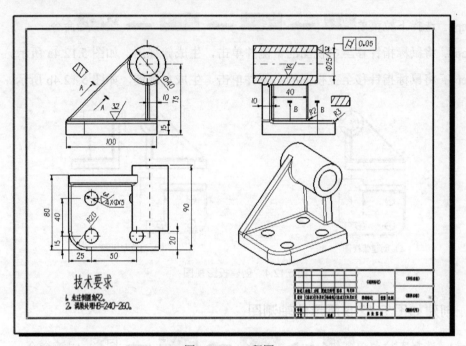

图 5.12.1　工程图

1．创建如图 5.12.2 所示的主视图

Step1. 打开文件 D:\dbv521.1\work\ch05\ch05.12\base.CATpart。

Step2. 调入 A1 图框。选择下拉菜单 文件 ➡ 打开... 命令，打开文件 D:\dbv521.1\work\ch05\ch05.12\base.CATDrawing。

Step3. 选择下拉菜单 插入 ➡ 视图 ➡ 投影 ➡ 正视图 命令。

Step4. 切换窗口。选择下拉菜单 窗口 ➡ 1 base.CATPart 命令，切换到零件模型窗口。

Step5. 选取 xy 平面作为投影平面，系统返回到工程图窗口。利用方向控制器调整投影方向，如图 5.12.3 所示，再在窗口内单击放置视图，将视图移动到合适位置，完成主视图的创建。

图 5.12.2　创建主视图

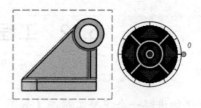

图 5.12.3　主视图预览图

2．创建如图 5.12.4 所示的投影视图

Step1. 选择下拉菜单 插入 ➡ 视图 ▶ ➡ 投影 ▶ ➡ 投影 命令。

Step2. 将鼠标指针移至主视图的下侧并单击，生成俯视图，如图 5.12.4a 所示。

Step3. 将鼠标指针移至主视图的右侧并单击，生成左视图，如图 5.12.4b 所示。

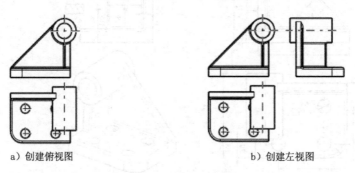

a）创建俯视图　　　　　　　　　　　　b）创建左视图

图 5.12.4　创建投影视图

3．创建如图 5.12.5 所示的轴测图

Step1. 选择下拉菜单 插入 ➡ 视图 ▶ ➡ 投影 ▶ ➡ 等轴测视图 命令。

Step2. 切换窗口。选择下拉菜单 窗口 ➡ 1 base.CATPart 命令，切换到零件模型窗口。

Step3. 选取 xy 平面作为投影平面，此时系统返回到工程图工作台，利用方向控制器调整视图的方向，单击以完成轴测图的创建并将视图移动到合适的位置。

4．创建如图 5.12.6 所示的局部剖视图

Step1. 激活左视图，选择下拉菜单 插入 ➡ 视图 ▶ ➡ 断开视图 ▶ ➡ 剖面视图 命令。

Step2. 绘制如图 5.12.7 所示的剖切范围（矩形），系统弹出如图 5.12.8 所示的"3D 查看器"对话框（一）。

图 5.12.5　创建轴测图　　　图 5.12.6　创建局部剖视图　　　图 5.12.7　绘制剖切范围

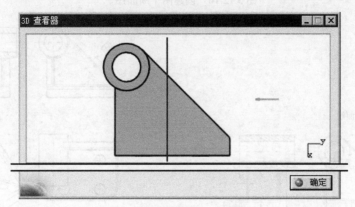

图 5.12.8　"3D 查看器" 对话框（一）

Step3. 将图形窗口中的剖切线（绿色直线）移至如图 5.12.9 所示的位置。

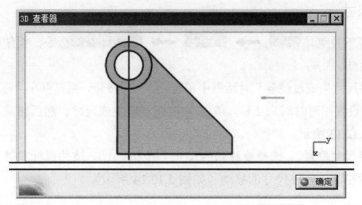

图 5.12.9　"3D 查看器" 对话框（二）

Step4. 在图形窗口中单击 ● 确定 按钮，完成局部剖视图的创建。

5. 创建如图 5.12.10 所示的两个断面图

Step1. 选择下拉菜单 插入 ➡ 视图 ▶ ➡ 截面 ▶ ➡ 偏移截面分割 命令。

Step2. 绘制如图 5.12.11 所示的两条断面线。

Step3. 放置视图。选择合适的位置单击，完成断面图的创建。

Step4. 调整视图位置，结果如图 5.12.12 所示。

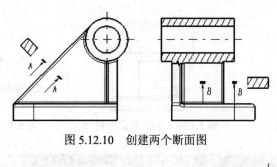

图 5.12.10　创建两个断面图

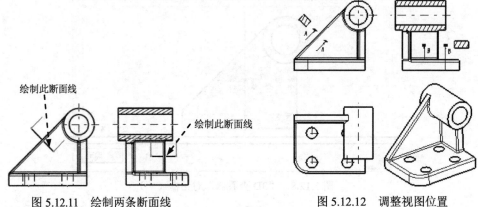

图 5.12.11　绘制两条断面线　　　　　图 5.12.12　调整视图位置

6. 生成尺寸

Step1. 选择下拉菜单 插入 ➡ 生成 ➡ 逐步生成尺寸 命令，系统弹出"尺寸生成过滤器"对话框。

Step2. 在"尺寸生成过滤器"对话框中单击 ● 确定 按钮，系统弹出"逐步生成"对话框，在对话框中设置超时时间为 2 秒，单击 ▶ 按钮开始生成尺寸，然后删除多余的尺寸标注，结果如图 5.12.13 所示。

Step3. 调整尺寸位置。 选择要移动的尺寸（单个尺寸），按住鼠标左键并移至合适的位置，松开鼠标左键，完成尺寸的移动（如图 5.12.14 所示）。

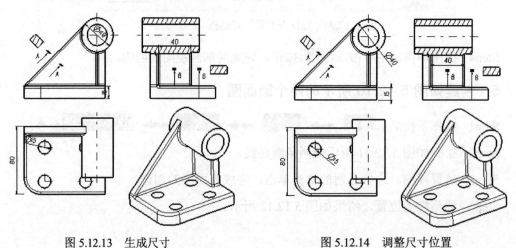

图 5.12.13　生成尺寸　　　　　　　图 5.12.14　调整尺寸位置

7．编辑尺寸

Step1. 选择如图 5.12.15a 所示的尺寸，右击，在弹出的快捷菜单中选择 📋 属性 命令，系统弹出"属性"对话框。

Step2. 选择"属性"对话框中的 尺寸文本 选项卡，在 关联文本 区域中输入 4X（如图 5.12.16 所示）。

Step3. 选择"属性"对话框中的 尺寸线 选项卡，在 展示：下拉列表框中选择 📏 两部分 选项。

Step4. 单击"属性"对话框中的 ⬤ 确定 按钮，结果如图 5.12.15b 所示。

Step5. 选择下拉菜单 插入 ➡ 尺寸标注 ▶ ➡ 尺寸 ▶ ➡ 📐 尺寸 命令，标注所缺的尺寸（如图 5.12.17 所示）。

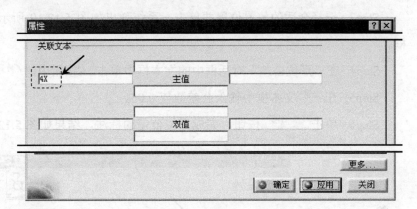

图 5.12.16　"属性"对话框

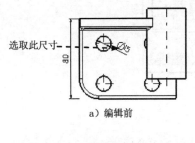

a）编辑前

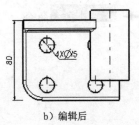

b）编辑后

图 5.12.15　编辑尺寸

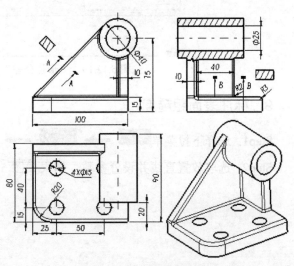

图 5.12.17　手动标注尺寸

8. 标注形位公差

Step1. 选择下拉菜单 插入 ➡ 尺寸标注 ➡ 公差 ➡ 形位公差 命令。

Step2. 按住 Shift 键，单击如图 5.12.18 所示的尺寸箭头。

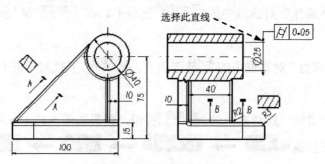

图 5.12.18　标注形位公差

Step3. 选择合适的放置位置并单击，系统弹出如图 5.12.19 所示的"形位公差"对话框。

Step4. 在"形位公差"对话框中的文本框中单击 ○ 按钮中的 ⌀ 按钮，标注同轴度。

Step5. 在 公差 文本框中输入公差数值 0.05。

Step6. 单击 确定 按钮，完成形位公差的标注，结果如图 5.12.18 所示。

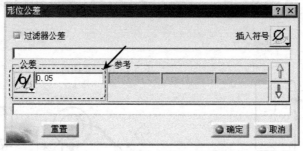

图 5.12.19　"形位公差"对话框

9. 标注表面粗糙度

Step1. 选择下拉菜单 插入 ➡ 标注 ➡ 符号 ➡ 粗糙度符号 命令。

Step2. 选取放置直线并设置参数，结果如图 5.12.20 所示。

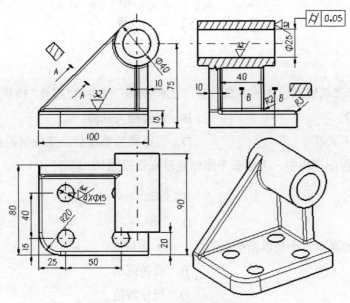

图 5.12.20　标注表面粗糙度

10．创建注释文本

Step1. 选择下拉菜单 插入 ➡ 标注 ▸ ➡ 文本 ▸ ➡ Ｔ 文本 命令。

Step2. 在图样中位置单击，确定文本放置位置，系统弹出"文本编辑器"对话框。

Step3. 输入如图 5.12.21 所示的文本 1，单击 ◉ 确定 按钮，结果如图 5.12.23 所示。

图 5.12.21　"文本编辑器"对话框 1

图 5.12.22　创建注释文本 1

Step4. 选择下拉菜单 插入 ➡ 标注 ▸ ➡ 文本 ▸ ➡ Ｔ 文本 命令，选择放置位置（放在文本 1 的下方），在"文本编辑器"对话框中输入如图 5.12.23 所示的文本 2，单击 ◉ 确定 按钮，结果如图 5.12.24 所示。

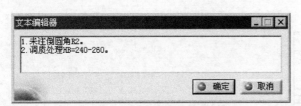

图 5.12.23　"文本编辑器"对话框 2

图 5.12.24　创建注释文本 2

5.13 习 题

一、选择题

1、工程图是计算机辅助设计的重要内容，"工程制图"模块和"零件"模块默认是（ ）

A. 不相关联的   B. 完全相关联的

C. 可关联可不关联   D. 三维模型修改后，工程制图会更新

2、CATIA 工程图模块中，下面哪个图标是建立正视图（ ）

A.   B.

C.   D.

3、机械零件的真实大小是以图样上的（ ）为依据。

A. 图形大小   B. 公差范围

C. 技术要求   D. 尺寸数值

4、下列哪个工具可以生成局部视图（ ）

A.   B.

C.   D.

5、下图中所用的是哪个类型的剖视图（ ）

A. 旋转剖视图   B. 局部剖视图

C. 全剖视图   D. 阶梯剖视图

6、下图中所用的是哪个类型的剖视图（ ）

A.   B.

C.   D.

7、下列选项中不属于基本视图的是（ ）

A．主视图　　　　　　　　　　B．左视图

C．俯视图　　　　　　　　　　D．侧视图

8、下图所用的是哪个尺寸标注类型（　　）

A．链式尺寸　　　　　　　　　B．累积尺寸

C．堆叠式尺寸　　　　　　　　D．坐标尺寸

9、在工程制图中，进行角度尺寸标注需要点击哪个图标（　　）

A．　　　　　　　　B．

C．　　　　　　　　D．

10、在工程制图中，进行粗糙度标注需要点击哪个图标（　　）

A．　　　　　　　　B．

C．　　　　　　　　D．

11、尺寸标注的三要素是（　　）

A．尺寸界线、尺寸线和单位

B．尺寸界线、尺寸线和箭头

C．尺寸界线、尺寸箭头单位和尺寸数字

D．尺寸界线、尺寸线和箭头、尺寸数字

12、在某个图纸文件中，由于我们要表达的视图信息很多，而图纸的图幅又是固定的，下面合理的处理方法是（　　）

A．把视图摆放的挤一点

B．把视图的比例定义小一点

C．在文件中添加一张新图纸

D．A 和 C

13、在工程图纸中，将一个视图的比例改小为原来的一半，该视图上的尺寸数值会（　　）

A．不变　　　　　　　　　　　B．变为原来的一半

C．有些尺寸不变，有些尺寸会变小　　D．以上说法均不正确

二、制作工程图

1. 打开文件 D:\dbv521.1\work\ch05\ch05.13\01\exercise01.CATpart，然后创建如图 5.13.1 所示的工程图。

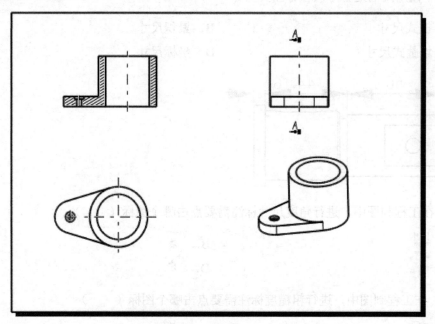

图 5.13.1　练习 1

2. 打开文件 D:\dbv521.1\work\ch05\ch05.13\02\exercise02.CATpart，然后创建如图 5.13.2 所示的工程图。

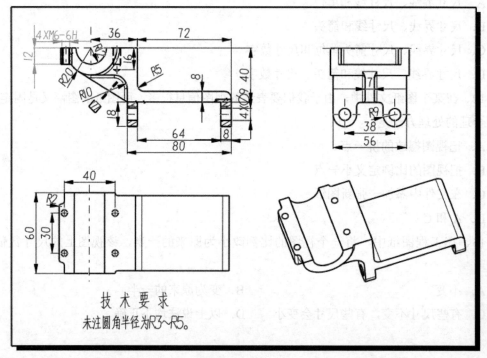

图 5.13.2　练习 2

3. 打开文件 D:\dbv521.1\work\ch05\ch05.13\03\exercise03.CATpart，然后创建如图 5.13.3 所示的工程图。

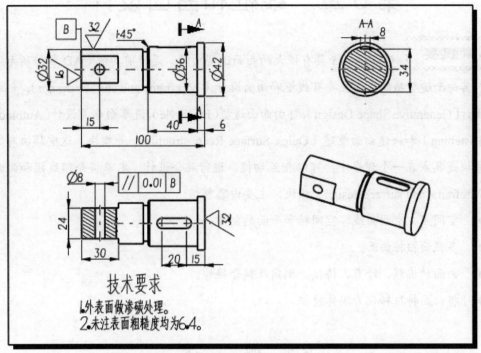

图 5.13.3　练习 3

4. 打开文件 D:\dbv521.1\work\ch05\ch05.13\04\exercise04.CATpart，然后创建如图 5.13.4 所示的工程图。

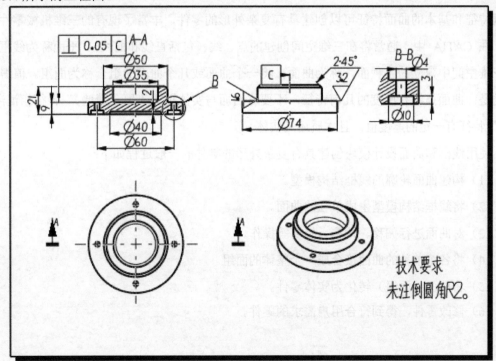

图 5.13.4　练习 4

第6章 线框和曲面设计

本章提要 CATIA V5 具有强大的曲面造型功能，是目前其他 CAD 软件所无法比拟的，其曲面造型功能模块主要有线框和曲面设计（Wireframe and surface design）、创成式曲面设计（Generative Shape Design）、自由曲面造型（FreeStyle）、汽车白车身设计（Automotive BiW Fastening）和快速曲面重建（Quick Surface Reconstruction）等模块，这些模块与零件设计模块是集成在一个程序中，可以相互切换，进行混合设计。本章将介绍线框和曲面设计（Wireframe and surface design）模块，主要内容包括：

- 空间点、空间曲线、空间轴和平面的创建。
- 多截面扫掠曲面。
- 曲面的偏移、修剪、桥接、倒角及接合操作。
- 将曲面特征转化为实体特征。

6.1 概　　述

线框和曲面设计模块可以在设计过程的最初阶段创建线框模型的结构元素。通过使用线框特征和基本的曲面特征可以创建具有复杂外形的零件，丰富了现有的三维机械零件设计。在 CATIA 中，通常将在三维空间创建的点、线（包括直线和曲线）、平面称为线框；在三维空间中建立的各种面，称为曲面；将一个曲面或几个曲面的组合称为面组。值得注意的是：曲面是没有厚度的几何特征，不要将曲面与实体里的"厚（薄壁）"特征相混淆，"厚"特征有一定的厚度值，且本质还是实体。

使用线框和曲面设计模块创建具有复杂外形的零件的一般过程如下：

（1）构建曲面轮廓的线框结构模型。

（2）将线框结构模型生成单独的曲面。

（3）对曲面进行偏移、桥接、修剪等操作。

（4）将各个单独的曲面接合成一个整体的面组。

（5）将曲面（面组）转化为实体零件。

（6）修改零件，得到符合用户需求的零件。

6.2　线框和曲面设计工作台用户界面

6.2.1　进入线框和曲面设计工作台

进入 CATIA 软件环境后，系统默认创建了一个装配文件，名称为 Product1，选择下拉菜单 开始 ➡ ▶机械设计 ▶ ➡ ▶线框和曲面设计 命令，系统弹出"新建零件"对话框，在对话框中输入零部件名称，单击 ● 确定 按钮，即可进入线框和曲面设计工作台。

6.2.2　用户界面简介

打开文件 D:\dbv521.1\work\ch06\ch06.02\soybean_milk_machine_cover.CATPart。

CATIA 线框和曲面设计工作台包括下拉菜单区、工具栏区、信息区（命令联机帮助区）、特征树区、图形区，如图 6.2.1 所示。

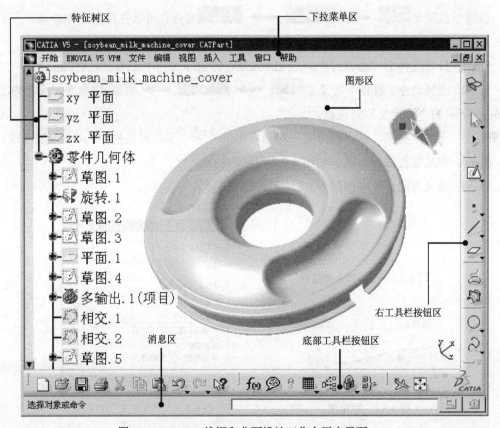

图 6.2.1　CATIA 线框和曲面设计工作台用户界面

工具栏中的命令按钮为快速进入命令及设置工作环境提供了极大方便,用户根据实际情况可以定制工具栏。

6.3 创 建 线 框

所谓的线框是指在空间创建的点、线(直线和各种曲线)和平面,可以利用这些点、线和平面作为辅助元素来建立曲面或实体特征。

6.3.1 空间点

空间点是指在空间的曲面、曲线或实体表面上创建的点,以及通过输入点的坐标在三维空间生成的点。下面将分别介绍在曲面上创建点和在曲线的切线上创建点。

1. 创建曲面上的点

使用下拉菜单 插入 ➡ 线框 ➡ 点... 命令,可以在曲面上创建点。下面以图 6.3.1 所示的实例来说明在曲面上创建点的一般过程:

Step1. 打开文件 D:\dbv521.1\work\ch06\ch06.03\ch06.03.01\surface.CATPart。

Step2. 选择命令。选择下拉菜单 插入 ➡ 线框 ➡ 点... 命令,系统弹出如图 6.3.3 所示的"点定义"对话框。

Step3. 定义点类型。在"点定义"对话框中的 点类型: 下拉列表框中选择 曲面上 选项。

Step4. 定义放置曲面。单击如图 6.3.2 所示的曲面。

Step5. 定义方向。单击如图 6.3.2 所示的位置 1。

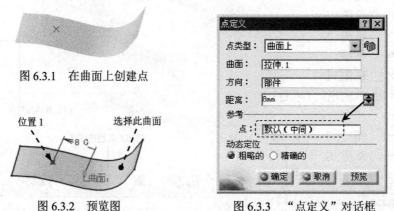

图 6.3.1 在曲面上创建点

图 6.3.2 预览图

图 6.3.3 "点定义"对话框

说明:

- 默认的参考点在曲面的中心,单击对话框中的参考点文本框(如图 6.3.3 所示),

可以选择一个新参考点。

- 在 Step5 中可以移动鼠标以确定方向，也可以单击"点定义"对话框中的 方向:文本框后，选择某一直线或平面以确定方向。

Step6. 定义点的距离。在对话框的 距离: 文本框中输入值 8。

Step7. 单击"点定义"对话框中的 ● 确定 按钮，完成曲面上点的创建。

2. 创建曲线上切线点

使用下拉菜单 插入 ➡ 线框 ➡ ⌐ 点… 命令，可以创建曲线上的切点，即在曲线上创建沿某一条方向或某一平面的切点。下面以图 6.3.4 所示的实例来说明创建曲线上切线点的一般过程：

a）创建前　　　　　　　　　　　　b）创建后

图 6.3.4　创建曲线上切线点

Step1. 打开文件 D:\dbv521.1\work\ch06\ch06.03\ch06.03.01\Tangent.CATPart。

Step2. 选择命令。选择下拉菜单 插入 ➡ 线框 ➡ ⌐ 点… 命令，系统弹出如图 6.3.5 所示的"点定义"对话框。

Step3. 定义点类型。在对话框的 点类型: 下拉列表框中选择 曲线上的切线 选项。

Step4. 定义放置曲线和方向。选择如图 6.3.6 所示的曲线；选择 X 轴作为切线方向。

Step5. 确定保留点。单击"点定义"对话框中 ● 确定 按钮，系统弹出如图 6.3.7 所示的"多重结果管理"对话框，选择该对话框中的 ● 保留所有子元素。单选项。

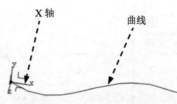

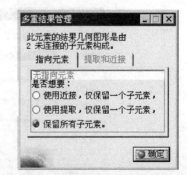

图 6.3.5　"点定义"对话框　　　　图 6.3.6　定义曲线和方向　　　　图 6.3.7　"多重结果管理"对话框

Step6. 单击"多重结果管理"对话框中的 ● 确定 按钮，完成曲线上切线点的创建。

6.3.2 点面复制（等距点）

使用下拉菜单 插入 ➡ 线框 ▶ ➡ 点面复制... 命令，可以在选择的一条曲线上建立等分点，或按给定的间距创建等距点。下面以图 6.3.8 所示的实例来说明创建等距点的一般过程：

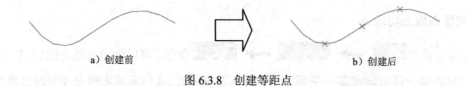

a）创建前   b）创建后

图 6.3.8 创建等距点

Step1. 打开文件 D:\dbv521.1\work\ch06\ch06.03\ch06.03.02\Isometry.CATPart。

Step2. 选择命令。选择下拉菜单 插入 ➡ 线框 ▶ ➡ 点面复制... 命令，系统弹出"点面复制"对话框。

Step3. 定义放置曲线。选取如图 6.3.9 所示的曲线为创建等距点的放置曲线。

Step4. 定义实例（等距点数目）。在"点面复制"对话框的 实例: 文本框中输入值 3，取消选中 □同时创建法线平面 复选框，如图 6.3.10 所示。

说明：

● 选中在"点面复制"对话框的 ■同时创建法线平面 复选框后，在每个点位置建立一个与曲线垂直的平面，结果如图 6.3.11 所示。

● 单击对话框上的 ■包含端点 复选框，则创建的等距点包括曲线上的两个端点。

Step5. 单击"点面复制"对话框中的 ● 确定 按钮，完成曲线上等距点的创建。

图 6.3.10 "点面复制"对话框

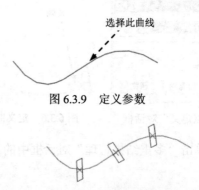

图 6.3.9 定义参数

图 6.3.11 同时创建法线平面

6.3.3　空间直线

在 CATIA V5 中，有六种建立空间直线的方法，下面将介绍通过"曲线的角度/法线"、"曲线的切线"和"曲面的法线"三种方式创建空间直线。

1．曲线的角度/法线

使用下拉菜单 插入 ➡ 线框▶ ➡ 直线... 命令，可以通过一点创建与曲线成一定夹角的直线，或通过该点创建曲线的法线。下面以图 6.3.12 所示的例子来说明创建与曲线成一定角度的直线的一般操作过程。

Step1. 打开文件 D:\dbv521.1\work\ch06\ch06.03\ch06.03.03\Angle_Normal.CATPart。

Step2. 选择命令。选择下拉菜单 插入 ➡ 线框▶ ➡ 直线... 命令，系统弹出如图 6.3.13 所示的"直线定义"对话框（一）。

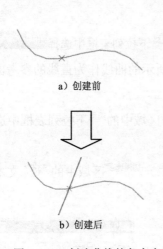

a）创建前

b）创建后

图 6.3.12　创建曲线的角度直线

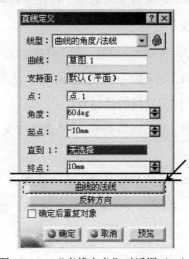

图 6.3.13　"直线定义"对话框（一）

Step3. 定义创建类型。在"直线定义"对话框的 线型 下拉列表框中选择 曲线的角度/法线 选项。

Step4. 定义参考曲线及通过点。选择如图 6.3.14 所示的曲线为直线的参考曲线；再选取如图 6.3.14 所示的点 1 为直线的通过点。

Step5. 定义角度。在"直线定义"对话框中的 角度: 文本框中输入值 60，此角度为直线与曲线在点 1 处切线的夹角。

Step6. 定义长度。在"直线定义"对话框的 起点: 文本框中输入值-10，在 终点: 文本框中输入值 10（如图 6.3.13 所示）。

说明：单击对话框中的 曲线的法线 按钮后，则在点 1 处建立一条曲线的法线，结果如图 6.3.15 所示。

图 6.3.14　参照曲线和通过点　　　　　　图 6.3.15　创建曲线的法线

Step7. 单击对话框中的 ⬤ 确定 按钮，完成直线的创建。

2. 曲线的切线

使用下拉菜单 插入 ➡ 线框 ▸ ➡ ╱直线... 命令，可以通过一个点创建曲线的切线。下面以图 6.3.16 所示的实例来说明创建曲线切线的一般操作过程：

Step1. 打开文件 D:\dbv521.1\work\ch06\ch06.03\ ch06.03.03\Tangent.CATPart。

Step2. 选择命令。选择下拉菜单 插入 ➡ 线框 ▸ ➡ ╱直线... 命令，系统弹出"直线定义"对话框。

Step3. 定义创建类型。在"直线定义"对话框中的 线型 下拉列表框中选择 曲线的切线 选项。

Step4. 定义参考曲线及通过点。选取如图 6.3.17 所示的曲线作为直线的参考曲线，再选取点 1 作为直线的通过点。

Step5. 定义相切类型。在"直线定义"对话框 切线选项 区域中的 类型 下拉列表框中选择 单切线 选项。

Step6. 确定切线长度。在"直线定义"对话框（二）切线选项 区域中的 起点：文本框中输入值-20，在 终点：文本框中输入值 25，如图 6.3.18 所示。

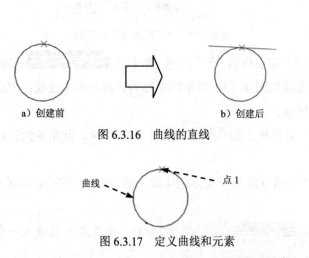

a）创建前　　　　　　　　b）创建后

图 6.3.16　曲线的直线

图 6.3.17　定义曲线和元素　　　　图 6.3.18　"直线定义"对话框（二）

Step7. 单击"直线定义"对话框中的 ⬤ 确定 按钮，完成曲线切线的创建。

3．曲面的法线

使用下拉菜单 插入 ➡ 线框 ▶ ➡ /直线... 命令，可以通过一个点创建曲面的法线。下面以图 6.3.19 所示的实例来说明创建曲面法线的一般操作过程：

Step1. 打开文件 D:\dbv521.1\work\ch06\ch06.03\ ch06.03.03\Normal.CATPart。

Step2. 选择命令。选择下拉菜单 插入 ➡ 线框 ▶ ➡ /直线... 命令，系统弹出"直线定义"对话框。

Step3. 定义创建类型。在"直线定义"对话框的 线型 下拉列表框中选择 曲线的法线 选项。

Step4. 定义参考曲面及通过点。选取如图 6.3.20 所示的曲面为创建法线的曲面，再选取如图 6.3.20 所示的点为法线的通过点。

Step5. 定义法线长度。在"直线定义"对话框（三）（图 6.3.21）的 起点: 文本框中输入值-50，在 终点: 文本框中输入值 40。

说明：单击对话框中的 反转方向 按钮可以改变法线方向。

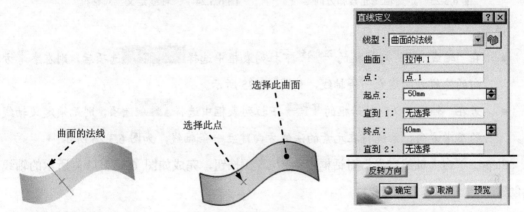

图 6.3.19　创建曲面的法线　　　图 6.3.20　定义曲线和通过点　　　图 6.3.21　"直线定义"对话框（三）

Step6. 单击"直线定义"对话框中的 ● 确定 按钮，完成曲面法线的创建。

6.3.4　空间轴

使用下拉菜单 插入 ➡ 线框 ▶ ➡ ┃轴线... 命令可以为圆、圆柱曲面（体）、旋转曲面（体）或球面（体）等建立轴线。下面以图 6.3.22 所示的实例来说明创建空间轴的一般操作过程：

a）创建前　　　　　　　　　　　　b）创建后

图 6.3.22　创建空间轴

Step1. 打开文件 D:\dbv521.1\work\ch06\ch06.03\ch06.03.04\Axis.CATPart。

Step2. 选择命令。选择下拉菜单 插入 ➡ 线框 ▸ ➡ 轴线 命令，系统弹出"轴线定义"对话框。

Step3. 定义轴线元素。选择如图 6.3.23 所示的圆为轴线元素。

Step4. 定义轴线参考方向。在特征树上选取 yz 平面为轴线方向。

Step5. 定义轴线类型。在"轴线定义"对话框的 轴线类型 下拉列表框中选择 与参考方向相同 选项，如图 6.3.24 所示。

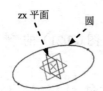

图 6.3.23 定义轴线元素和方向

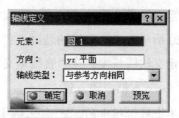

图 6.3.24 "轴线定义"对话框

说明：

● 在"轴线定义"对话框的 轴线类型 下拉列表框中选择 参考方向的法线 选项后，则在参考方向的法线方向建立一条轴线，如图 6.3.25 所示。

● 若在"轴线定义"对话框的 轴线类型 下拉列表框中选择 圆的法线 选项，则无须定义轴线的参考方向，系统将在元素的法线方向建立一条轴线，如图 6.3.26 所示。

Step6. 单击"轴线定义"对话框中的 确定 按钮，完成如图 6.3.22（b）所示的轴线的创建。

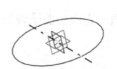

图 6.3.25 参考方向的法线

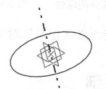

图 6.3.26 圆的法线

6.3.5 平面

在设计零件模型时，如果模型中没有合适的平面，用户可以通过"平面"命令来创建所需要的平面，本节将具体说明创建平面的五种方法。

1. 通过三点来创建平面

使用下拉菜单 插入 ➡ 线框 ▸ ➡ 平面... 命令，可以通过不在一条直线上的三个点创建平面。下面以图 6.3.27 所示的实例来说明通过三点创建平面的一般过程：

a）创建前　　　　　　　　　　　　　　　　b）创建后

图 6.3.27　通过三点创建平面

Step1. 打开文件 D:\dbv521.1\work\ch06\ch06.03\ch06.03.05\three_points.CATPart。

Step2. 选择命令。选择下拉菜单 插入 ➡️ 线框 ➡️ 平面... 命令（或单击"线框"工具栏中的"平面"按钮），系统弹出如图 6.3.28 所示的"平面定义"对话框（一）。

Step3. 定义平面类型。在"平面定义"对话框的 平面类型: 下拉列表框中选择 通过三个点 选项。

Step4. 定义通过点。依次选取如图 6.3.29 所示的点 1、点 2 和点 3 为平面的通过点，如图 6.3.28 所示。

说明：选中如图 6.3.29 所示的"移动"字符并拖动鼠标，可以移动平面的显示位置。

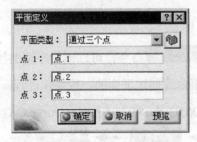

图 6.3.28　"平面定义"对话框（一）

图 6.3.29　定义通过点

Step5. 单击"平面定义"对话框中的 确定 按钮，完成通过三点创建平面。

2. 通过两条直线来创建平面

使用下拉菜单 插入 ➡️ 线框 ➡️ 平面... 命令，可以通过空间中的两条直线来创建平面。下面以图 6.3.30 所示的实例来说明通过两条直线创建平面的一般过程：

a）创建前　　　　　　　　　　　　　　　　b）创建后

图 6.3.30　通过两条直线创建平面

Step1. 打开文件 D:\dbv521.1\work\ch06\ch06.03\ch06.03.05\two_lines.CATPart。

Step2. 选择下拉菜单 插入 ➡️ 线框 ➡️ 平面... 命令，系统弹出"平面定义"

对话框（二）。

Step3. 确定平面类型。在对话框的平面类型：下拉列表框中选择 通过两条直线 选项，如图 6.3.31 所示。

Step4. 定义通过直线。选取如图 6.3.32 所示的直线 1 和直线 2 为平面通过的两条直线。

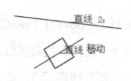

　　图 6.3.31　"平面定义"对话框（二）　　　　　图 6.3.32　定义通过直线

说明：如果两条直线在同一平面内，则建立通过两条直线的平面；如果两条直线不在同一个平面内，则通过直线 1 且与直线 2 平行的方式建立平面。

Step5. 单击"平面定义"对话框中的 确定 按钮，完成通过两条直线创建平面。

3. 通过平面曲线创建平面

使用下拉菜单 插入 ➡ 线框 ▶ ➡ 平面... 命令，可以创建平面曲线所在的平面。下面以图 6.3.33 所示的实例来说明通过平面曲线创建平面的一般操作过程：

Step1. 打开文件 D:\dbv521.1\work\ch06\ch06.03\ch06.03.05\planar_curve.CATPart。

Step2. 选择命令。选择下拉菜单 插入 ➡ 线框 ▶ ➡ 平面... 命令，系统弹出"平面定义"对话框（三），如图 6.3.34 所示。

Step3. 定义平面类型。在"平面定义"对话框的平面类型：下拉列表框中选择 通过平面曲线 选项。

Step4. 定义曲线。选择如图 6.3.35 所示的曲线。

Step5. 单击"平面定义"对话框中的 确定 按钮，完成通过平面曲线创建平面的操作。

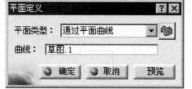

图 6.3.33　通过平面曲线创建平面　　　图 6.3.34　"平面定义"对话框（三）　　　图 6.3.35　定义平面曲线

4. 通过曲线的法线创建平面

使用下拉菜单 插入 ➡ 线框 ▶ ➡ 平面... 命令，可以通过一个点（该点可以在曲线上也可以不在曲线上）来创建曲线的法线平面。下面以图 6.3.36 所示的实例来说明通过曲线的法线创建平面的一般操作过程。

a）创建前　　　　　　　　　　b）创建后

图 6.3.36　通过曲线的法线创建平面

Step1. 打开文件 D:\dbv521.1\work\ch06\ch06.03\ch06.03.05\Normal.CATPart。

Step2. 选择命令。选择下拉菜单 插入 ➡ 线框 ➡ 平面... 命令，系统弹出"平面定义"对话框。

Step3. 定义平面类型。在"平面定义"对话框的 平面类型: 下拉列表框中选择 曲线的法线 选项，如图 6.3.37 所示。

Step4. 定义参考曲线及通过点。选取如图 6.3.38 所示的曲线为参考曲线，选取如图 6.3.38 所示的点 1 作为平面通过点。

Step5. 单击"平面定义"对话框中的 ● 确定 按钮，完成通过曲线的法线创建平面。

图 6.3.37　定义平面曲线

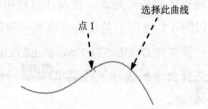

图 6.3.38　定义曲线和通过点

5．通过曲面的切线创建平面

选择下拉菜单 插入 ➡ 线框 ➡ 平面... 命令，可以通过曲面上的一个点来创建与该曲面相切的平面。下面以图 6.3.39 所示的实例来说明通过曲面的切线创建平面的一般操作过程：

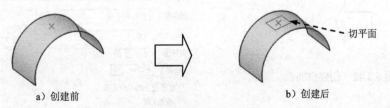

a）创建前　　　　　　　　　　b）创建后

图 6.3.39　创建曲面的切平面

Step1. 打开文件 D:\dbv521.1\work\ch06\ch06.03\ch06.03.05\Tangent.CATPart。

Step2. 选择命令。选择下拉菜单 插入 ➞ 线框 ➞ ▱ 平面 命令，系统弹出 "平面定义" 对话框（四）。

Step3. 定义平面类型。在 "平面定义" 对话框的 平面类型: 下拉列表框中选择 曲面的切线 选项，如图 6.3.40 所示。

Step4. 定义参考曲面和通过点。选取如图 6.3.41 所示的曲面为参考曲面，再选取点 1 为通过点。

图 6.3.40　"平面定义" 对话框（四）　　　　图 6.3.41　定义曲面和通过点

Step5. 单击 "平面定义" 对话框中的 ● 确定 按钮，完成通过曲面的切线创建平面。

6.3.6　圆的创建

圆是一种重要的几何元素，在设计过程中得到广泛使用，它可以直接在实体或曲面上创建。下面以图 6.3.42 所示的实例来说明创建圆的一般操作过程：

Step1. 打开文件 D:\dbv521.1\work\ch06\ch06.03\ch06.03.06\round.CATPart。

Step2. 选择命令。选择下拉菜单 插入 ➞ 线框 ➞ ○ 圆 命令，系统弹出 "圆定义" 对话框。

Step3. 定义圆类型。在 "圆定义" 对话框的 圆类型: 下拉列表框中选择 中心和半径 选项。

Step4. 定义圆的中心和支持面。选取如图 6.3.43 所示的点为圆的中心（或在特征树中选择），选取 xy 平面为圆的支持面。

Step5. 定义圆半径。在 "圆定义" 对话框的 半径: 文本框中输入值 15，单击 "圆定义" 对话框 圆限制 区域中的 ⊙ 按钮，如图 6.3.44 所示。

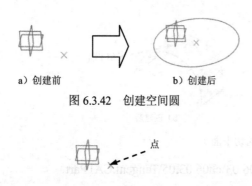

a）创建前　　　　　　　　b）创建后

图 6.3.42　创建空间圆

图 6.3.43　选择圆中心点

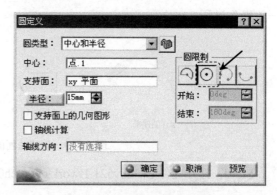

图 6.3.44　"圆定义" 对话框

Step6. 单击"圆定义"对话框中的 ⚪ 确定 按钮，完成圆的创建。

6.3.7　创建线圆角

使用下拉菜单 插入 ➡ 线框 ▶ ➡ 🖝 圆角... 命令，可以在空间或一个平面上建立圆角，如果选择的两条线在同一个平面内，则在此面上建立圆角，否则只能建立空间圆角。下面以图 6.3.45 所示的实例来说明创建圆角的一般操作过程：

a）圆角前　　　　　　　　　　b）圆角后

图 6.3.45　创建线圆角

Step1. 打开文件 D:\dbv521.1 \work\ch06\ch06.03\ch06.03.07\Corner.CATPart。

Step2. 选择命令。选择下拉菜单 插入 ➡ 线框 ▶ ➡ 🖝 圆角... 命令，系统弹出如图 6.3.46 所示的"圆角定义"对话框。

Step3. 定义圆角类型。在"圆角定义"对话框的 圆角类型： 下拉列表框中选择 支持面上的圆角 选项。

Step4. 定义圆角边线。选择如图 6.3.47 所示的曲线 1 和曲线 2 为圆角边线。

Step5. 定义圆角半径。在"圆角定义"对话框的 半径： 文本框中输入值 1。

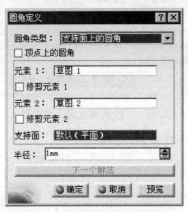

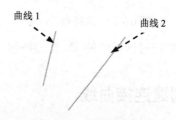

图 6.3.46　"圆角定义"对话框　　　　　图 6.3.47　定义圆角边线

Step6. 单击对话框中的 ⚪ 确定 按钮，完成线圆角的创建。

6.3.8　空间样条曲线

选择下拉菜单 插入 ➡ 线框 ▶ ➡ 🖎 样条线... 命令，利用空间的一系列点可以创建如图 6.3.48 所示的样条曲线。其创建的方法与在草图中建立样条曲线类似，只是需要在空间先建立一些控制点，然后依次选择这些控制点。下面以图 6.3.48 为例来说明创建空间样条曲线的一般操作过程：

a）创建前   b）创建后

图 6.3.48 创建样条曲线

Step1. 打开文件 D:\dbv521.1\work\ch06\ch06.03\ch06.03.08\complex_curve.CATPart。

Step2. 选择命令。选择下拉菜单 插入 ➡ 线框 ➡ 样条线... 命令，系统弹出"样条线定义"对话框。

Step3. 定义样条曲线。依次选择如图 6.3.49 所示的 点 1、点 2、点 3 和点 4 为空间样条曲线的定义点，"样条线定义"对话框如图 6.3.50 所示。

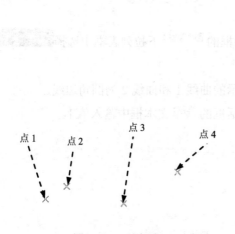

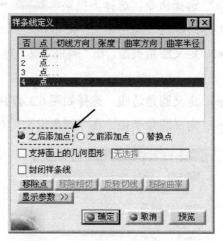

图 6.3.49 选择点   图 6.3.50 "样条线定义"对话框

Step4. 单击对话框中的 确定 按钮，完成空间样条曲线的创建。

6.3.9 创建连接曲线

使用下拉菜单 插入 ➡ 线框 ➡ 连接曲线... 命令，可以把空间的多个点或线段用空间曲线进行连接。下面以图 6.3.51 所示的实例为例来说明创建连接曲线的一般操作过程：

Step1. 打开文件 D:\dbv521.1\work\ch06\ch06.03\ch06.03.09\Connection.CATPart。

Step2. 选择命令。选择下拉菜单 插入 ➡ 线框 ➡ 连接曲线... 命令，系统弹出如图 6.3.52 所示的"连接曲线定义"对话框。

Step3. 定义连接类型。在"连接曲线定义"对话框的 连接类型 下拉列表框中选择 法线 选项。

Step4. 定义曲线连接点。选取如图 6.3.53 所示的点 1 和点 2 为曲线的连接点。

Step5. 定义连续方式。在"连接曲线定义"对话框的 连续: 下拉列表框中选择 相切 选项。

Step6. 确定连接曲线弧度值。在对话框的 张度: 文本框中输入值 1。

说明：单击对话框中的 反转方向 （如图 6.3.52 所示），可以切换曲线的相切方向。

Step7. 单击"连接曲线定义"对话框中的 ● 确定 按钮，完成曲线的连接。

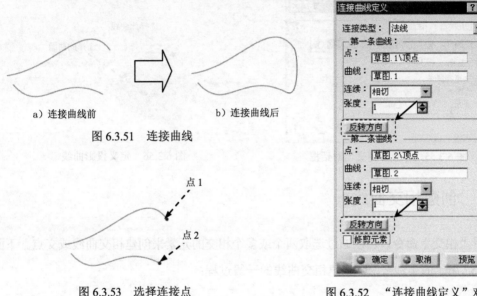

a）连接曲线前　　　　b）连接曲线后

图 6.3.51　连接曲线

图 6.3.53　选择连接点

图 6.3.52　"连接曲线定义"对话框

6.3.10　创建投影曲线

使用"投影"命令，可以将空间的点向曲线或曲面上投影，也可以将曲线向一个曲面上投影，投影时可以选择法向投影或沿一个给定的方向进行投影。下面以图 6.3.54 所示的实例为例来说明沿某一方向创建投影曲线的一般过程：

Step1. 打开文件 D:\dbv521.1\work\ch06\ch06.03\ch06.03.10\Projection.CATPart。

a）投影曲线前　　　　b）投影曲线后

图 6.3.54　投影曲线

Step2. 选择命令。选择下拉菜单 插入 ➡ 线框 ➡ 投影... 命令，系统弹出如图 6.3.55 所示的"投影定义"对话框。

Step3. 确定投影类型。在"投影定义"对话框的 投影类型: 下拉列表框中选择 沿某一方向 选项。

Step4. 定义投影曲线。选取如图 6.3.56 所示的曲线为投影曲线。

Step5. 确定支持面。选取如图 6.3.56 所示曲面为投影支持面。

Step6. 定义投影方向。选取 yz 平面，系统会沿 yz 平面的法线方向作为投影方向。

Step7. 单击"投影定义"对话框中的 确定 按钮，完成曲线的投影。

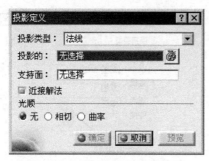

图 6.3.55　"投影定义"对话框

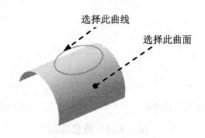

图 6.3.56　定义投影曲线

6.3.11　创建相交曲线

使用"相交"命令，可以通过选取两个或多个相交的元素来创建相交曲线或交点。下面以图 6.3.57 所示的实例来说明创建相交曲线的一般过程：

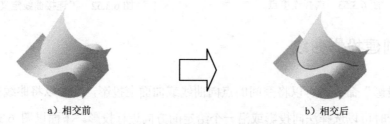

a）相交前　　　　　　　　b）相交后

图 6.3.57　创建相交曲线

Step1. 打开文件 D:\dbv521.1\work\ch06\ch06.03\ch06.03.11\intersect.CATPart。

Step2. 选择命令。选择下拉菜单 插入 ➡ 线框 ➡ 相交... 命令，系统弹出如图 6.3.58 所示的"相交定义"对话框。

Step3. 定义相交曲面。选择如图 6.3.59 所示的曲面 1 为第一元素，选择曲面 2 为第二元素。

Step4. 单击"相交定义"对话框中的 确定 按钮，完成相交曲线的创建。

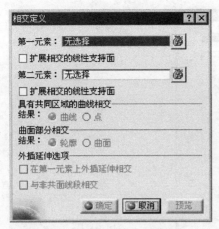

图 6.3.58　"相交定义"对话框

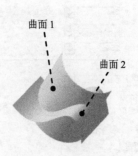

图 6.3.59　定义相交曲面

6.3.12　创建螺旋线

使用"螺旋线"命令,可以通过定义起点、轴线、间距和高度等参数在空间建立等螺距或变螺距的螺旋线。下面以图 6.3.60 为例来说明创建螺旋线的一般操作过程:

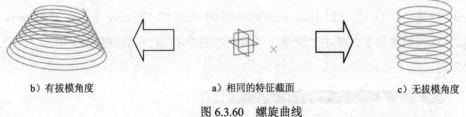

b) 有拔模角度　　　　　　　　a) 相同的特征截面　　　　　　c) 无拔模角度

图 6.3.60　螺旋曲线

Step1. 打开文件 D:\dbv521.1\work\ch06\ch06.03\ch06.03.12\screw.CATPart。

Step2. 选择命令。选择下拉菜单 插入 ➡️ 线框 ▶ ➡️ 螺旋线... 命令,系统弹出如图 6.3.61 所示的"螺旋曲线定义"对话框。

Step3. 定义起点。选择如图 6.3.62 所示的点为螺旋线的起点。

Step4. 定义旋转轴。在"螺旋曲线定义"对话框的 轴: 文本框中右击,从系统弹出的快捷菜单中选择 Z 轴 命令,作为螺旋线的旋转轴。

Step5. 定义螺旋线间距及高度。在"螺旋曲线定义"对话框的 类型 区域中的 螺距: 文本框中输入值 3,在 高度: 文本框中输入值 25。

说明:在"螺旋曲线定义"对话框的 半径变化 区域中选中 拔模角度: 单选项,并在其后的文本框中输入值 30,结果如图 6.3.60b 所示。

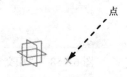

图 6.3.61   "螺旋曲线定义"对话框   图 6.3.62   选择螺旋线起点

Step6. 单击"螺旋曲线定义"对话框中的 <img 确定 /> 按钮，完成如图 6.3.60c 所示的螺旋线创建。

6.3.13   测量曲线长度

Step1. 打开文件 D:\dbv521.1\work\ch06\ch06.03\ch06.03.13\curve_length. CATPart。

Step2. 选择测量命令。单击"测量"工具栏中的 按钮，系统弹出如图 6.3.63 所示的"测量项"对话框（一）。

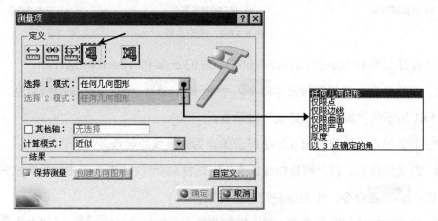

图 6.3.63   "测量项"对话框（一）

注意：若需要测量的部位有多个元素可供系统自动选择，可在"测量项"对话框的 选择 1 方式: 下拉列表框中，选择测量对象的类型为某种指定的元素类型。

Step3. 选择测量方式。在"测量项"对话框中单击 按钮，测量曲线的长度。

Step4. 选取要测量的项。在系统 指定要测量的项 的提示下，选取如图 6.3.64 所示的曲线 1 为要测量的项。

Step5. 查看测量结果。完成上步操作后，"测量项"对话框（二）如图 6.3.65 所示，此时在模型表面和对话框的 结果 区域中可看到测量结果。

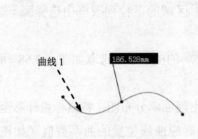

图 6.3.64　选取指示测量的项

图 6.3.65　"测量项"对话框（二）

说明：如在"测量项"对话框中单击 自定义... 按钮，系统将弹出如图 6.3.66 所示的 "测量项自定义"对话框，在该对话框中有使"测量项"对话框显示不同测量结果的定制单选项，用户可根据实际情况，设置不同定制以获取想要的数据。

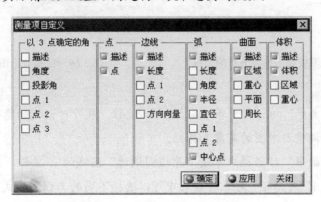

图 6.3.66　"测量项自定义"对话框

6.3.14　曲线的曲率分析

下面简要说明曲线曲率分析的一般过程：

Step1. 打开文件 D:\dbv521.1\work\ch06\ch06.03\ch06.03.14\curve_analysis.CATPart。

Step2. 选择命令。确认系统此时处于"线框与曲面设计"工作台。选择下拉菜单 插入 → 分析 ▶ → 箭状曲率分析 命令（或单击"分析"工具栏中的 按钮），系统弹出如图 6.3.67 所示的"箭状曲率"对话框。

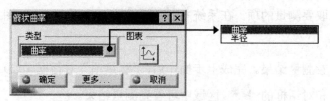

图 6.3.67   "箭状曲率"对话框

Step3. 选择分析类型。在"箭状曲率"对话框的 类型 区域的下拉列表框中选择 曲率 选项。

Step4. 选取要分析的项。在系统 选择要显示/移除曲率分析的曲线 的提示下，选取如图 6.3.68 所示的曲线 1 为要显示曲率分析的曲线。

Step5. 查看分析结果。完成上步操作后，曲线 1 上出现曲率分布图，将鼠标指针移至曲率分析图的任意曲率线上，系统将自动显示该曲率线对应曲线位置的曲率数值（如图 6.3.69 所示）。

Step6. 单击"箭状曲率"对话框中的 确定 按钮，完成曲线曲率分析。

图 6.3.68   选取要显示曲率分析的曲线   图 6.3.69   曲率分析图

说明：

- 在"箭状曲率"对话框中单击 更多... 按钮，展开对话框的隐藏部分，在该对话框中可以调整曲率图的密度和振幅。
- 在"箭状曲率"对话框中单击"原理图设计"区域的 按钮，系统将弹出"箭状曲率分析.1"对话框，在该对话框中可以选择不同的工程图模式，查看曲线的曲率分布。

6.4 创 建 曲 面

在线框和曲面设计工作台中，可以创建拉伸、旋转、填充、扫掠、桥接和多截面扫掠六种基本曲面和偏移曲面，以及球和圆柱两种预定义曲面。

6.4.1 拉伸曲面的创建

拉伸曲面是将曲线、直线、曲面边线沿着指定方向进行拉伸而形成的曲面。下面以图

6.4.1 所示的实例来说明创建拉伸曲面的一般操作过程：

Step1. 打开文件 D:\dbv521.1\work\ch06\ch06.04\ch06.04.01\Extrude.CATPart。

Step2. 选择命令。选择下拉菜单 插入 ➡ 曲面▶ ➡ 拉伸... 命令，系统弹出如图 6.4.2 所示的"拉伸曲面定义"对话框。

a）拉伸前　　　　　　　　　　b）拉伸后

图 6.4.1　创建拉伸曲面

Step3. 选择拉伸轮廓。选取如图 6.4.3 所示的曲线为拉伸轮廓。

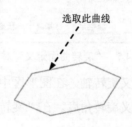

选取此曲线

图 6.4.2　"拉伸曲面定义"对话框　　　　图 6.4.3　选择拉伸轮廓线

Step4. 定义拉伸方向。选取 xy 平面，即以 xy 平面的法线方向作为拉伸方向。

Step5. 定义拉伸类型。在"拉伸曲面定义"对话框的 限制 1 区域的 类型: 下拉列表框中选择 尺寸 选项。

Step6. 定义拉伸高度。在"拉伸曲面定义"对话框的 限制 1 区域的 尺寸: 文本框中输入拉伸高度值 10。

说明："拉伸曲面定义"对话框中的 限制 2 区域是用来设置与 限制 1 方向相对的拉伸参数。

Step7. 单击"拉伸曲面定义"对话框中的 确定 按钮，完成曲面的拉伸。

6.4.2　旋转曲面的创建

旋转曲面是将曲线绕一根轴线进行旋转，从而形成的曲面。下面以图 6.4.4 为例来说明创建旋转曲面的一般操作过程：

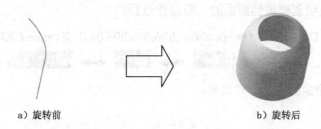

a）旋转前　　　　　　　　　　　　b）旋转后

图 6.4.4　创建旋转曲面

Step1. 打开文件 D:\dbv521.1\work\ch06\ch06.04\ch06.04.02\Revolve.CATPart。

Step2. 选择命令。选择下拉菜单 插入 ➡ 曲面 ▶ ➡ 旋转 命令，系统弹出如图 6.4.5 所示的"旋转曲面定义"对话框。

Step3. 选择旋转轮廓。选择如图 6.4.6 所示的曲线为旋转轮廓。

图 6.4.5　"旋转曲面定义"对话框

选取此曲线

图 6.4.6　选择旋转轮廓线

Step4. 定义旋转轴。在图形区中选取坐标 V 轴作为旋转轴。

Step5. 定义旋转角度。在"旋转曲面定义"对话框 角限制 区域的 角度 1：文本框中输入旋转角度值为 360。

Step6. 单击"旋转曲面定义"对话框中的 确定 按钮，完成旋转曲面的创建。

6.4.3　创建球面

下面以图 6.4.7 为例来说明创建球面的一般操作过程：

Step1. 打开文件 D:\dbv521.1\work\ch06\ch06.04\ch06.04.03\Sphere.CATPart。

Step2. 选择命令。选择下拉菜单 插入 ➡ 曲面 ▶ ➡ 球面… 命令，系统弹出"球面曲面定义"对话框。

a）创建球面前　　　　　　　　　　b）创建球面后

图 6.4.7　创建球面

Step3. 定义球面中心。选择如图 6.4.8 所示的点为球面中心。

Step4. 定义球面半径。在"球面曲面定义"对话框的^{球面半径}：文本框中输入球半径值 20。

Step5. 定义球面角度。在对话框的^{纬线起始角度}：文本框中输入值－90；在^{纬线终止角度}：文本框中输入值 90；在^{经线起始角度}：文本框中输入值 0；在^{经线终止角度}：文本框中输入值 270，如图 6.4.9 所示。

说明：单击对话框中的按钮（如图 6.4.9 所示），形成一个完整的球面，如图 6.4.10 所示。

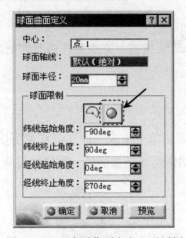

图 6.4.9　"球面曲面定义"对话框

图 6.4.8　选择球面中点

图 6.4.10　球面

Step6. 单击"球面曲面定义"对话框中的 确定 按钮，得到如图 6.4.7（b）所示的球面。

6.4.4　创建圆柱面

使用下拉菜单 插入 ➡ 曲面 ➡ 圆柱面... 命令，可以通过空间一点及一个方向生成圆柱曲面。下面以图 6.4.11 所示的实例来说明创建圆柱面的一般操作过程：

Step1. 打开文件 D:\dbv521.1\work\ch06\ch06.04\ch06.04.04\column.CATPart。

Step2. 选择命令。选择下拉菜单 插入 ➡ 曲面 ➡ 圆柱面... 命令，系统弹出"圆柱曲面定义"对话框。

Step3. 定义中心点。选择如图 6.4.12 所示的点为圆柱面的中心点。

Step4. 定义方向。选择 xy 平面，系统会以 xy 平面的法线方向作为生成圆柱面的方向。

Step5. 确定圆柱面的半径和长度。在"圆柱曲面定义"对话框的^{参数}：区域的 ^{半径}：文本框中输入值 20，在 ^{长度 1}：和 ^{长度 2}：文本框中均输入值 20，如图 6.4.13 所示。

说明：在"圆柱曲面定义"对话框^{参数}：区域的 ^{长度 2}：文本框中输入相应的值可沿 ^{长度 1}：相反的方向生成圆柱面。

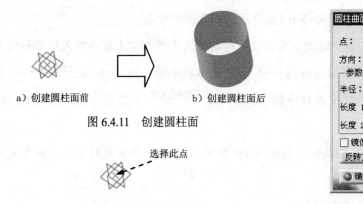

a）创建圆柱面前　　　　b）创建圆柱面后

图 6.4.11　创建圆柱面

图 6.4.13　"圆柱曲面定义"对话框

选择此点

图 6.4.12　定义圆柱面点

Step6. 单击"圆柱曲面定义"对话框中的 确定 按钮，完成圆柱曲面的创建。

6.4.5　创建填充曲面

填充曲面是由一组曲线或曲面的边线围成封闭区域中形成的曲面，它也可以通过空间中的一个点。下面以如图 6.4.14 所示的实例来说明创建填充曲面的一般操作过程：

a）填充前　　　　b）填充后

图 6.4.14　填充曲面

Step1. 打开文件 D:\dbv521.1\work\ch06\ch06.04\ch06.04.05\fill.CATPart。

Step2. 选择命令。选择下拉菜单 插入 ➜ 曲面 ➜ 填充 命令，此时系统弹出如图 6.4.15 所示的"填充曲面定义"对话框。

Step3. 定义填充边界。选取如图 6.4.16 所示的曲线 1 为填充边界。

Step4. 单击"填充曲面定义"对话框中的 确定 按钮，完成填充曲面的创建。

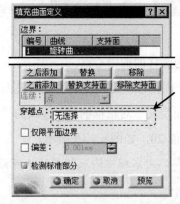

曲线 1

图 6.4.15　"填充曲面定义"对话框

图 6.4.16　定义填充边界线

6.4.6　创建扫掠曲面

扫掠曲面就是沿一条（或多条）引导线移动一条轮廓线而成的曲面，引导线可以是开放曲线，也可以是闭合曲线。创建扫掠曲面包括显示扫掠、直线扫掠、圆扫掠和圆锥扫掠四种方式。

使用显示扫掠方式创建曲面，需要定义一条轮廓线、一条或两条引导线，还可以使用一条脊线。用此方式创建扫掠曲面时有三种方式，分别为使用参考曲面、使用两条引导曲线和按拔模方向。下面以图 6.4.17 所示的实例来说明创建显示扫掠曲面的一般过程：

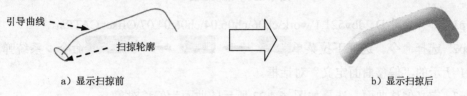

引导曲线

扫掠轮廓

a）显示扫掠前　　　　　　　　　　　　　　　b）显示扫掠后

图 6.4.17　显示扫掠

Step1.　打开文件 D:\dbv521.1\work\ch06\ch06.04\ch06.04.06\Sweep.CATPart。

Step2.　选择命令。选择下拉菜单 插入 ➡ 曲面 ➡ 扫掠 命令，此时系统弹出如图 6.4.18 所示的"扫掠曲面定义"对话框。

Step3.　定义扫掠类型。在"扫掠曲面定义"对话框的 轮廓类型: 中单击 按钮，在 子类型: 下拉列表框中选择 使用参考曲面 选项，如图 6.4.18 所示。

Step4.　定义扫掠轮廓和引导曲线。选取如图 6.4.19 所示的曲线 1 为扫掠轮廓，选取如图 6.4.19 所示的曲线 2 为引导曲线。

Step5.　单击"扫掠曲面定义"对话框中的 确定 按钮，完成扫掠曲面的创建。

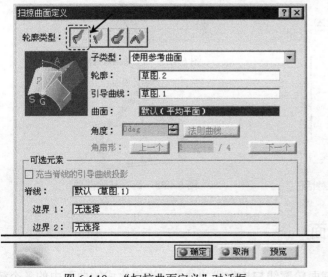

图 6.4.18　"扫掠曲面定义"对话框

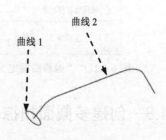

曲线 2

曲线 1

图 6.4.19　定义轮廓线于引导曲线

6.4.7　偏移曲面

偏移曲面就是将已有的曲面沿着曲面的法向向里或向外偏置一定的距离而形成新的曲面。下面以图 6.4.20 所示的实例来说明创建偏移曲面的一般操作过程：

c）部分偏移　　　　　　　a）偏移前　　　　　　　b）整体偏移

图 6.4.20　偏移曲面

Step1.　打开文件 D:\dbv521.1\work\ch06\ch06.04\ch06.04.07\Offset.CATPart。

Step2.　选择命令。选择下拉菜单 插入 ➡ 曲面 ➡ 偏移... 命令，系统弹出如图 6.4.21 所示的"偏移曲面定义"对话框。

Step3.　定义偏移曲面。选择如图 6.4.22 所示的曲面为偏移对象。

Step4.　设置偏移值。在"偏移曲面定义"对话框的 偏移 文本框中输入值 1，如图 6.4.21 所示。

说明：

- 选择"偏移曲面定义"对话框中的 要移除的子元素 选项卡（如图 6.4.21 所示），选择如图 6.4.23 所示的曲面为要移除的子元素，结果如图 6.4.20c 所示。
- 单击对话框中的 反转方向 按钮（如图 6.4.21 所示），可以切换偏移的方向。

Step5.　单击"偏移曲面定义"对话框中的 确定 按钮，完成曲面的偏移。

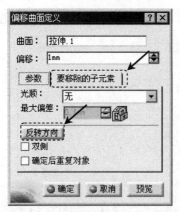

图 6.4.21　"偏移曲面定义"对话框

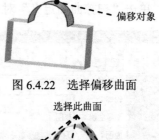

图 6.4.22　选择偏移曲面

图 6.4.23　选择移除曲面

6.4.8　创建多截面扫掠曲面

"多截面扫掠"就是通过多个截面轮廓线扫掠生成的曲面，这样生成的曲面中的各个截面可以是不同的。创建多截面扫掠曲面时，可以使用引导线、脊线，也可以设置各种耦合方式。下面以图 6.4.24 所示的实例来说明创建多截面扫掠曲面的一般操作过程：

a)"创建"前　　　　　　　　　　　　　　　b)"创建"后

图 6.4.24　创建多截面扫掠曲面

Step1. 打开文件 D:\dbv521.1\work\ch06\ch06.04\ch06.04.08\loft.CATPart。

Step2. 选择命令。选择下拉菜单 插入 ➡ 曲面 ▸ ➡ 多截面曲面 命令，此时系统弹出如图 6.4.25 所示的"多截面曲面定义"对话框。

Step3. 定义截面曲线。分别选取如图 6.4.26 所示的曲线 1 和曲线 2 作为截面曲线。

Step4. 定义引导曲线。单击"多截面曲面定义"对话框中的 引导线 列表框，分别选取如图 6.4.27 所示的曲线 3 和曲线 4 为引导线，如图 6.4.25 所示。

Step5. 单击"多截面曲面定义"对话框中的 确定 按钮，完成多截面扫掠曲面的创建。

说明：如果需要添加截面或引导线，只需激活相应的列表框后单击"多截面曲面定义"对话框中的 添加 按钮（如图 6.4.25 所示）。

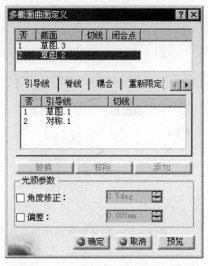

图 6.4.25　"多截面曲面定义"对话框

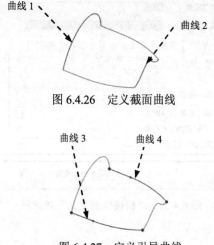

曲线 1　　　　曲线 2

图 6.4.26　定义截面曲线

曲线 3　　　　曲线 4

图 6.4.27　定义引导曲线

6.4.9　创建桥接曲面

使用下拉菜单 插入 ➡ 曲面 ▸ ➡ 桥接曲面 命令，是用一个曲面连接两个曲面或者曲线，并可以使生成的曲面与被连接的曲面具有某种连续性。下面以图 6.4.28 所示的实例来说明创建桥接曲面的一般过程：

a)"桥接曲面"前　　　　　　　　　　　　　b)"桥接曲面"后

图 6.4.28　桥接曲面

Step1. 打开文件 D:\dbv521.1\work\ch06\ch06.04\ch06.04.09\Blend.CATPart。

Step2. 选择命令。选择下拉菜单 插入 ➡ 曲面 ▶ ➡ 桥接曲面 命令，系统弹出如图 6.4.29 所示的"桥接曲面定义"对话框。

Step3. 定义桥接曲线和支持面。分别选取曲线 1 和曲线 2 为第一曲线和第二曲线，选取曲面 1 为第一支持面，如图 6.4.30 所示。

Step4. 定义桥接方式。选择"桥接曲面定义"对话框中的 基本 选项卡，在 第二连续: 下拉列表框中选择 相切 选项，在 第二相切边框: 下拉列表框中选择 双末端 选项，如图 6.4.29 所示。

Step5. 单击"桥接曲面定义"对话框中的 确定 按钮，完成桥接曲面的创建。

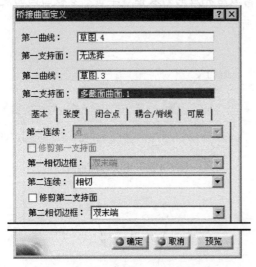

图 6.4.29　"桥接曲面定义"对话框

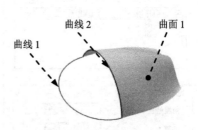

图 6.4.30　定义桥接曲线和支持面

6.5　曲面的圆角

倒圆角在曲面建模中具有相当重要的地位。倒圆角功能可以在两组曲面或者实体表面之间建立光滑连接的过渡曲面，也可以对曲面自身边线进行圆角，圆角的半径可以是定值，也可以是变化的。下面将简要介绍一般倒圆角的创建过程：

使用 命令可以在某个曲面的边线上创建圆角。该命令在"线框与曲面设计"工作台中需要定制，具体定制方法参见"1.5.4 命令定制"的相关内容，也可以切换到"创成式外形设计"工作台中进行操作（其方法为：选择下拉菜单 开始 形状 创成式外形设计 命令）。下面以图 6.5.1 所示的实例来说明创建倒圆角的一般过程：

a)"倒圆角"前　　　　　　　　　　b)"倒圆角"后

图 6.5.1　创建倒圆角

Step1. 打开文件 D:\dbv521.1\work\ch06\ch06.05\round_fillet.CATPart。

Step2. 选择命令。确认系统处于"创成式外形设计"工作台，选择下拉菜单 插入 ➡ 操作 ➡ 倒圆角 命令，此时系统弹出如图 6.5.2 所示的"倒圆角定义"对话框。

Step3. 定义圆角边线。选择如图 6.5.3 所示的曲面边线为圆角边线。

Step4. 定义拓展类型。在"倒圆角定义"对话框的 选择模式: 下拉列表中选择 相切 选项。

Step5. 定义圆角半径。在 半径 文本框中输入值 4。

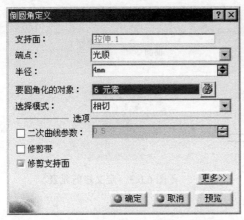

图 6.5.2　"倒圆角定义"对话框

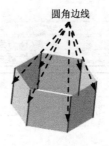

图 6.5.3　定义圆角边线

Step6. 单击"倒圆角定义"对话框中的 确定 按钮，完成圆角的创建。

6.6　曲面的修剪

"修剪"就是利用点、线等元素对线进行裁剪，或者用线、面等元素对面进行裁剪。下面以图 6.6.1 所示的实例来说明曲面修剪的一般操作过程：

c）保留内侧　　　　　　　a）修剪前　　　　　　b）保留外侧

图 6.6.1　曲面的修剪

Step1. 打开文件 D:\dbv521.1\work\ch06\ch06.06\cut.CATPart。

Step2. 选择命令。选择下拉菜单 插入 ➝ 操作 ➝ 修剪... 命令，系统弹出如图 6.6.2 所示的"修剪定义"对话框。

Step3. 定义修剪类型。在"修剪定义"对话框的 模式: 下拉列表中选择 标准 选项，如图 6.6.2 所示。

Step4. 定义修剪元素。选择如图 6.6.3 所示的曲面 1 和曲面 2 为修剪元素。

Step5. 单击"修剪定义"对话框中的 确定 按钮，完成曲面的修剪操作。

说明：在选取曲面后，单击"修剪定义"对话框中的 另一侧/下一元素 、另一侧/上一元素 按钮可以改变修剪方向，结果如图 6.6.1c 所示。

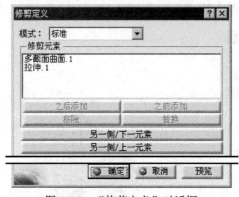

图 6.6.2　"修剪定义"对话框

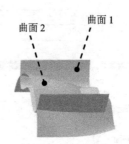

曲面 2　　曲面 1

图 6.6.3　定义修剪元素

6.7　曲面的接合

使用"接合"命令可以将多个独立的元素（曲线或曲面）连接成为一个元素。下面以图 6.7.1 所示的实例来说明曲面接合的一般操作过程：

Step1. 打开文件 D:\dbv521.1\work\ch06\ch06.07\sew.CATPart。

Step2. 选择命令。选择下拉菜单 插入 ➝ 操作 ➝ 接合... 命令，系统弹出如图 6.7.2 所示的"接合定义"对话框。

Step3. 定义接合元素。选取如图 6.7.3 所示的曲面 1 和曲面 2 为要接合的元素。

Step4. 单击"接合定义"对话框中的 ⬤ 确定 按钮，完成曲面的接合。

说明：在"接合定义"对话框的 参数 选项卡中，选中 □检查相切 复选框（如图 6.7.2 所示）可以方便地检查相互结合的曲面是否相切。

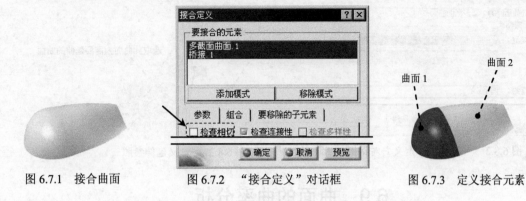

图 6.7.1　接合曲面　　　　图 6.7.2　"接合定义"对话框　　　　图 6.7.3　定义接合元素

6.8　曲面的延伸

曲面的延伸是将曲面延长某一距离或延伸到某一指定位置。下面以图 6.8.1 所示的实例来说明曲面延伸的一般操作过程：

a）"延伸"前　　　　　　　　　　　　b）"延伸"后

图 6.8.1　曲面的延伸

Step1. 打开文件 D:\dbv521.1\work\ch06\ch06.08\extend.CATPart。

Step2. 选择命令。选择下拉菜单 插入 ➞ 操作 ▸ ➞ ✦外插延伸... 命令，系统弹出如图 6.8.2 所示的"外插延伸定义"对话框。

Step3. 定义延伸类型。在"外插延伸定义"对话框的 限制 区域的 类型: 下拉列表框中选择 直到元素 选项，如图 6.8.2 所示。

Step4. 定义延伸边界。选取如图 6.8.3 所示的边线为延伸边界。

Step5. 定义延伸曲面。选取如图 6.8.3 所示的曲面为需要延伸的曲面，选取如图 6.8.3 所示的平面为延伸终止面。

说明：如果在"外插延伸定义"对话框 限制 区域中的 类型: 下拉列表框中选择 长度 选项，

则曲面的延伸长度可以通过指定值来控制。

Step6. 单击"外插延伸定义"对话框中的 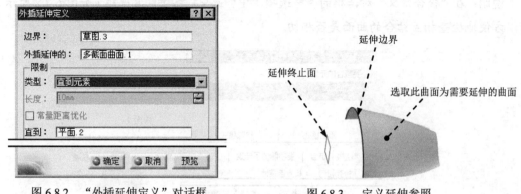 按钮，完成曲面的延伸操作。

图 6.8.2 "外插延伸定义"对话框　　　　　图 6.8.3 定义延伸参照

6.9 曲面的曲率分析

曲面的曲率分析工具在线框和曲面设计工作台的"分析"工具栏中，下面简要说明曲面曲率分析的一般操作过程：

Step1. 打开文件 D:\dbv521.1\work\ch06\ch06.09\surface_analysis.CATPart。

Step2. 选择分析命令。选择下拉菜单 插入 ➡ 分析 ▶ ➡ 曲面曲率分析 命令（或单击分析工具栏中的 按钮），系统同时弹出如图 6.9.1 所示的"曲面曲率"对话框（一）和图 6.9.2 所示的"曲面曲率分析.1"对话框（一）。

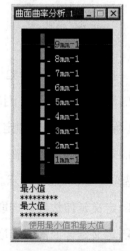

图 6.9.1 "曲面曲率"对话框（一）　　　　图 6.9.2 "曲面曲率分析.1"对话框（一）

注意：

● "曲面曲率分析.1"对话框（一）中表示的是不同颜色卡所对应的曲率值。

● "曲面曲率"对话框（一）中相关选项的介绍：

☑ 色标：显示或隐藏色标，色标即"曲面曲率分析.1"对话框（一）。

☑ 运行中：根据运行中的点进行分析，得出单个点的曲率，并以曲率箭头指示最大最小曲率的方位。

☑ 3D 最小值和最大值：在 3D 查看器中找到最大值和最小值。

☑ 无突出显示：要去系统是否突出显示。

☑ 仅正值：要求系统进行正值分析。

☑ 半径模式：要求系统在半径模式下评估分析。

Step3. 选取要分析的项。在系统 选择要显示/移除分析的曲面 的提示下，选择如图 6.9.3a 所示的曲面 1 为分析对象。

Step4. 查看分析结果。此时在如图 6.9.4 所示的"曲面曲率分析.1"对话框（二）中可以看到曲率分析的最大值和最小值，单击 使用最小值和最大值 按钮，在曲面上出现曲率分布图。

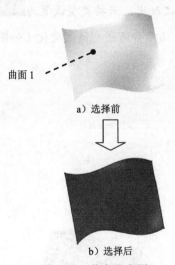

a）选择前

b）选择后

图 6.9.3　曲率分布图 1

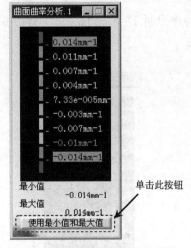

图 6.9.4　"曲面曲率分析.1"对话框（二）

说明：

● 用户在选取曲面进行曲率分析时，可能会碰到系统弹出的如图 6.9.5 所示的"警告"对话框。这种情况的处理方法是：选择下拉菜单 视图 → 渲染样式 → 自定义视图 命令，系统弹出如图 6.9.6 所示的"视图模式自定义"对话框，在该对话框 网格 区域中的 着色 区域中选择 材料 单选项，单击对话框中的 确定 按钮。

● 若在如图 6.9.4 所示的"曲面曲率分析.1"对话框中单击 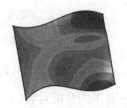 使用最小值和最大值 按钮，曲面将显示介于最大值和最小值之间的曲率分布图（如图 6.9.7 所示），这样读者可以更清楚地观察到曲面上的曲率变化。

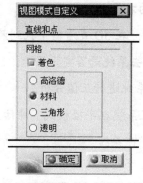

图 6.9.5 "警告"对话框　　　图 6.9.6 "视图模式自定义"对话框　　　图 6.9.7 曲率分布图 2

● 在"曲面曲率"对话框的 类型 下拉列表中，可以选择曲率显示的类型，如 最大值 、最小值 、 受限制 、 衍射区域 等，选择不同的曲率类型，曲面显示的曲率图谱和"曲面曲率分析.1"对话框中的 最大值 与 最小值 都会随之改变。若将类型设置为 最小值 ，"曲面曲率分析.1"对话框（三）如图 6.9.8 所示，曲率分布图也随之变化（如图 6.9.9 所示）。

图 6.9.8 "曲面曲率分析.1"对话框（三）　　　图 6.9.9 曲率分布图 3

● 在"曲面曲率"对话框的 显示选项 区域和 分析选项 区域中，用户可以合理地选择曲率的显示选项和分析选项，以便更清晰地观察曲面曲率图。例如，在如图 6.9.10 所示的"曲面曲率"对话框（二）的 显示选项 区域中选中 运行中 单选项，再将鼠标指针移动到曲面曲率图上，此时系统会随鼠标移动指示所在位置的曲率值和最大值、最小值所在方位，如图 6.9.11 所示。

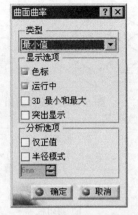

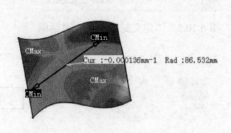

图 6.9.10　"曲面曲率"对话框（二）　　　　　图 6.9.11　曲率分布图 4

6.10　将曲面转化为实体

6.10.1　使用"封闭曲面"命令创建实体

通过"封闭曲面"命令可以将封闭的曲面转化为实体，若非封闭曲面则自动以线性的方式转化为实体。此命令在零部件设计工作台中。下面以图 6.10.1 所示的实例来说明创建封闭曲面的一般过程：

a）封闭前　　　　　　　　　　　　　　　　b）封闭后

图 6.10.1　用封闭的面组创建实体

Step1. 打开文件 D:\dbv521.1\work\ch06\ch06.10\ch06.10.01\Closed.CATPart。

说明：如果当前打开的模型是在线框和曲面设计工作台，则需要将当前的工作台切换到零部件设计工作台。

Step2. 选择命令。选择下拉菜单 插入 ➡ 基于曲面的特征 ➡ 封闭曲面... 命令，此时系统弹出如图 6.10.2 所示的"定义封闭曲面"对话框。

Step3. 定义封闭曲面。选取如图 6.10.3 所示的面组为要关闭的对象。

说明：

● 关闭对象是指需要进行封闭的曲面（实体化）。

● 利用 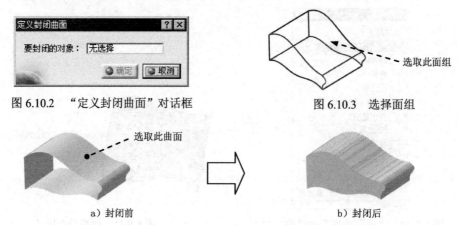封闭曲面... 命令可以将非封闭的曲面转化为实体（如图 6.10.4 所示）。

图 6.10.2　"定义封闭曲面"对话框　　　　　　　图 6.10.3　选择面组

图 6.10.4　用非封闭的面组创建实体

Step4. 单击"定义封闭曲面"对话框中的 ● 确定 按钮，完成封闭曲面的创建。

6.10.2　使用"分割"命令创建实体

"分割"命令是通过与实体相交的平面或曲面切除实体的某一部分，此命令在零部件设计工作台中。下面以图 6.10.5 所示的实例来说明使用分割命令创建实体的一般操作过程：

图 6.10.5　用"分割"命令创建实体

Step1. 打开文件 D:\dbv521.1\work\ch06\ch06.10\ch06.10.02\division.CATPart。

说明：以下操作需在零部件设计工作台中完成。

Step2. 选择命令。选择下拉菜单 插入 ➡ 基于曲面的特征 ➡ 分割... 命令，系统弹出如图 6.10.6 所示的"分割定义"对话框。

Step3. 定义分割元素。选取如图 6.10.7 所示的曲面为分割元素。

Step4. 单击"分割定义"对话框中的 ● 确定 按钮，完成分割的操作。

说明：图 6.10.7 中的箭头所指方向代表需要保留的实体方向，单击箭头可以改变箭头方向。

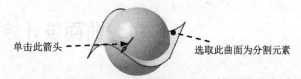

单击此箭头　　　　　　　　　选取此曲面为分割元素

图 6.10.6　"分割定义"对话框　　　　图 6.10.7　选择分割元素

6.10.3　使用"厚曲面"命令创建实体

厚曲面是将开放的曲面（或面组）转化为薄板实体特征，下面以图 6.10.8 所示的实例来说明使用"厚曲面"命令创建实体的一般操作过程：

a）"加厚"前　　　　　　　　　b）"加厚"后

图 6.10.8　用"加厚"创建实体

Step1.　打开文件 D:\dbv521.1\work\ch06\ch06.10\ch06.10.03\thick.CATPart。

说明：以下操作需在零部件设计工作台中完成。

Step2.　选择命令。选择下拉菜单 插入 ➡ 基于曲面的特征 ▶ ➡ 厚曲面... 命令，系统弹出如图 6.10.9 所示的"定义厚曲面"对话框。

Step3.　定义加厚对象。选择如图 6.10.10 所示的面组为加厚对象。

Step4.　定义加厚值。在对话框的 第一偏移：文本框中输入值 2。

Step5.　单击"定义厚曲面"对话框中的 确定 按钮，完成加厚操作。

说明：单击如图 6.10.11 所示的箭头或者单击"定义厚曲面"对话框中的 反转方向 按钮，可以使曲面加厚的方向相反。

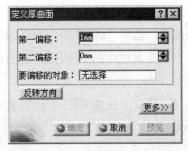

选择此面组　　　　　　　　单击此箭头

图 6.10.9　"定义厚曲面"对话框　　　图 6.10.10　定义加厚对象　　　图 6.10.11　切换方向

6.11　曲面设计综合范例

6.11.1　范例 1

实例概述：

　　本实例介绍了叶轮模型的设计过程。设计过程中的关键点是建立叶片，首先建立一个圆柱面，然后将草绘图形投影在曲面上，再根据曲面上的曲线生成填充曲面，最后通过加厚、阵列等方式完成整个模型。零件模型及特征树如图 6.11.1 所示。

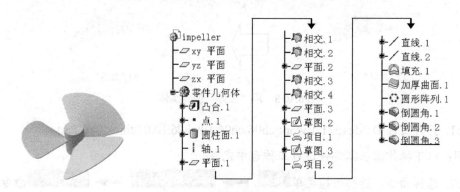

图 6.11.1　零件模型和特征树

　　Step1. 新建模型文件。选择下拉菜单 文件 ➡ 新建... 命令，系统弹出"新建"对话框，在类型列表中选择 Part，单击 ● 确定 按钮。在系统弹出的"新建零件"对话框中输入零部件名称 impeller，并选中 □ 启用混合设计 复选框，单击 ● 确定 按钮，进入"零件设计"工作台。

　　Step2. 创建图 6.11.2 所示的零件基础特征——凸台 1。

　　（1）选择下拉菜单 插入 ➡ 基于草图的特征 ▶ ➡ 凸台... 命令（或单击 按钮），系统弹出"定义凸台"对话框。

　　（2）创建截面草图。在"定义凸台"对话框中单击 按钮，选取"xy 平面"为草图平面。绘制图 6.11.3 所示的截面草图（草图 1）。单击"工作台"工具栏中的 按钮，退出草绘工作台。

　　（3）定义拉伸深度属性。采用系统默认的深度方向，在 第一限制 区域的 类型：下拉列表中选择 尺寸 选项，在 第一限制 区域的 长度：文本框中输入数值 65。

　　（4）单击 ● 确定 按钮，完成凸台 1 的创建。

　　Step3. 创建图 6.11.4 所示的点 1。

（1）切换工作台。选择下拉菜单 开始 ➡ 机械设计 ▶ ➡ 线框和曲面设计 命令，进入"线框和曲面设计"工作台。

（2）选择命令。选择下拉菜单 插入 ➡ 线框 ▶ ➡ 点… 命令（或单击工具栏的"点"按钮 ），系统弹出"点定义"对话框。

（3）定义点类型。在"点定义"对话框的 点类型 下拉列表中选择 坐标 选项，其他参数采用系统的默认设置。

（4）单击 ● 确定 按钮，完成点 1 的创建。

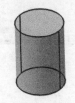
图 6.11.2　凸台 1

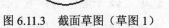
图 6.11.3　截面草图（草图 1）

图 6.11.4　点 1

Step4. 创建图 6.11.5 所示的圆柱面 1。

（1）选择下拉菜单 插入 ➡ 曲面 ▶ ➡ 圆柱面… 命令，系统弹出图 6.11.6 所示的"圆柱曲面定义"对话框。

（2）定义中心点。选取 Step3 创建的点 1 为圆柱面的中心点。

（3）定义方向。选取"xy 平面"，系统会以"xy 平面"的法线方向作为生成圆柱面的方向。

（4）确定圆柱面的半径和长度。在"圆柱曲面定义"对话框的 参数:区域的 半径: 文本框中输入数值 126，在 长度 1 文本框中输入数值 65，在 长度 2: 文本框中输入数值 0。

说明：在"圆柱曲面定义"对话框 参数:区域的 长度 2: 文本框中输入相应的值，可沿 长度 1: 相反的方向生成圆柱面。

（5）单击 ● 确定 按钮，完成圆柱面 1 的创建。

图 6.11.5　圆柱面 1

图 6.11.6　"圆柱曲面定义"对话框

Step5. 创建图 6.11.7 所示的轴 1。

（1）选择命令。选择下拉菜单 插入 ➡ 线框 ▸ ➡ ⊥ 轴线… 命令，系统弹出"轴线定义"对话框。

（2）定义轴线元素。选择图 6.11.7 所示的圆柱面为轴线元素。

（3）单击 ⬤ 确定 按钮，完成轴 1 的创建。

Step6. 创建图 6.11.8 所示的平面 1。

（1）选择命令。选择下拉菜单 插入 ➡ 线框 ▸ ➡ ▱ 平面… 命令（或单击"线框"工具栏中的"平面"按钮 ▱），系统弹出"平面定义"对话框。

（2）定义平面类型。在"平面定义"对话框的 平面类型 下拉列表中选择 与平面成一定角度或垂直 选项。选取图 6.11.8 所示的轴为旋转轴。

（3）定义参考平面。选取"yz 平面"为参考平面。

（4）定义旋转角度。在"角度"文本框中输入数值 45。

（5）单击 ⬤ 确定 按钮，完成平面 1 的创建。

图 6.11.7   轴 1   图 6.11.8   平面 1

Step7. 创建图 6.11.9 所示的相交 1。

（1）选择命令。选择下拉菜单 插入 ➡ 线框 ▸ ➡ 🍴 相交… 命令，系统弹出图 6.11.10 所示的"相交定义"对话框。

（2）定义相交曲面。选取图 6.11.11 所示的平面 1 为第一元素，在特征树中选取凸台 1 为第二元素。

（3）单击 ⬤ 确定 按钮，完成相交 1 的创建。

 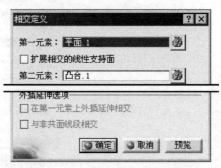 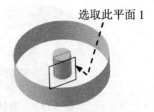

图 6.11.9   相交 1   图 6.11.10   "相交定义"对话框   图 6.11.11   定义相交曲面

Step8. 创建图 6.11.12 所示的相交 2。

（1）选择命令。选择下拉菜单 插入 ➡ 线框 ▶ ➡ 相交... 命令，系统弹出"相交定义"对话框。

（2）选取图 6.11.13 所示的平面 1 为第一元素，再选取圆柱面 1 为第二元素。

（3）单击 ● 确定 按钮，在系统弹出的"多重结果管理"对话框中选中 ● 保留所有子元素。 单选项，单击 ● 确定 按钮，完成相交 2 的创建。

图 6.11.12　相交 2

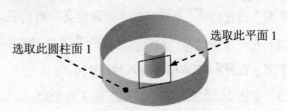
图 6.11.13　定义相交曲面

Step9. 创建图 6.11.14 所示的平面 2。

（1）选择命令。选择下拉菜单 插入 ➡ 线框 ▶ ➡ 平面... 命令（或单击"线框"工具栏中的"平面"按钮 ⬦），系统弹出"平面定义"对话框。

（2）在"平面定义"对话框的 平面类型 下拉列表中选择 与平面成一定角度或垂直 选项，选取轴 1 为旋转轴，选取"yz 平面"为参考平面，在 角度: 文本框中输入数值 - 45。

（3）单击 ● 确定 按钮，完成平面 2 的创建。

Step10. 创建图 6.11.15 所示的相交 3。

（1）选择命令。选择下拉菜单 插入 ➡ 线框 ▶ ➡ 相交... 命令，系统弹出"相交定义"对话框。

（2）定义相交曲面。选取图 6.11.15 所示的平面 2 为第一元素，在特征树中选取凸台 1 为第二元素。

（3）单击 ● 确定 按钮，完成相交 3 的创建。

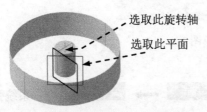
图 6.11.14　平面 2

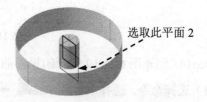
图 6.11.15　相交 3

Step11. 创建图 6.11.16 所示的相交 4。

（1）选择命令。选择下拉菜单 插入 ➡ 线框 ▶ ➡ 相交... 命令，系统弹出"相交定义"对话框。

（2）选取图 6.11.16 所示的平面 2 为第一元素，再选取圆柱面 1 为第二元素。

（3）单击 ⊙ 确定 按钮，在系统弹出的"多重结果管理"对话框中选中 ⊙ 保留所有子元素。单选项，单击 ⊙ 确定 按钮，完成相交 4 的创建。

Step12. 创建图 6.11.17 所示的平面 3。

（1）选择下拉菜单 插入 ➡ 线框 ➡ ◢ 平面… 命令（或单击"线框"工具栏中的"平面"按钮 ◢），系统弹出"平面定义"对话框。

（2）在"平面定义"对话框的 平面类型 下拉列表中选择 偏移平面 选项，选取"yz 平面"为参考平面，在 偏移: 文本框中输入数值 150。

（3）单击 ⊙ 确定 按钮，完成平面 3 的创建。

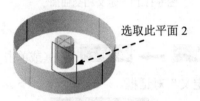
图 6.11.16　相交 4

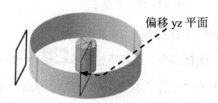
图 6.11.17　平面 3

Step13. 创建图 6.11.18 所示的草图 2。

（1）选择命令。选择下拉菜单 插入 ➡ 草图编辑器 ➡ ☑草图 命令（或单击工具栏的"草图"按钮 ☑）。

（2）定义草图平面。选取平面 3 为草图平面，系统自动进入草图工作台。

（3）绘制草图。绘制图 6.11.18 所示的草图 2。

（4）单击"工作台"工具栏中的 ⊥ 按钮，完成草图 2 的创建。

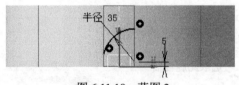
图 6.11.18　草图 2

Step14. 创建图 6.11.19 所示的投影曲线 1。

（1）选择命令。选择下拉菜单 插入 ➡ 线框 ➡ ◸投影… 命令，系统弹出"投影定义"对话框。

（2）确定投影类型。在"投影定义"对话框的 投影类型: 下拉列表中选择 沿某一方向 选项。

（3）定义投影曲线。选取图 6.11.19 所示的曲线为投影曲线。

（4）确定支持面。选取图 6.11.19 所示的曲面为投影支持面。

（5）定义投影方向。选取平面 3，系统会沿平面 3 的法线方向作为投影方向。

（6）单击 ⬤ 确定 按钮，完成曲线的投影。

Step15. 创建图 6.11.20 所示的草图 3。

（1）选择命令。选择下拉菜单 插入 ➡ 草图编辑器 ▸ ➡ ☑ 草图 命令（或单击工具栏的"草图"按钮 ☑）。

（2）选取平面 3 为草图平面，系统自动进入草图工作台；绘制图 6.11.20 所示的草图 3；单击"工作台"工具栏中的 🖱 按钮，完成草图 3 的创建。

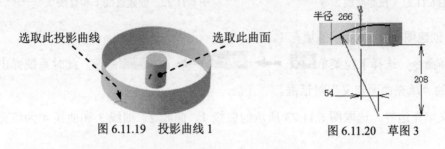

选取此投影曲线　　　选取此曲面

图 6.11.19　投影曲线 1　　　　　　图 6.11.20　草图 3

Step16. 创建图 6.11.21 所示的投影曲线 2。

（1）选择命令。选择下拉菜单 插入 ➡ 线框 ▸ ➡ ⬛ 投影... 命令，系统弹出"投影定义"对话框。

（2）在"投影定义"对话框的 投影类型: 下拉列表中选择 沿某一方向 选项。选取图 6.11.21 所示的曲线为投影曲线；选取图 6.11.21 所示的圆柱面为投影支持面；选取平面 3，系统会沿平面 3 的法线方向作为投影方向。

（3）单击 ⬤ 确定 按钮，完成曲线的投影。

Step17. 创建图 6.11.22 所示的直线 1。

（1）选择命令。选择下拉菜单 插入 ➡ 线框 ▸ ➡ ╱ 直线... 命令（或单击工具栏中的 ╱ 按钮），系统弹出"直线定义"对话框。

（2）定义直线的创建类型。在"直线定义"对话框的 线型: 下拉列表中选择 点-点 选项。

（3）定义直线参数。在系统 选择第一元素（点、曲线甚至曲面） 的提示下，选取图 6.11.22 所示的点 1 为第一元素；在系统 选择第二个点或方向 的提示下，选取点 2 为第二元素。

（4）单击 ⬤ 确定 按钮，完成直线 1 的创建。

Step18. 创建图 6.11.22 所示的直线 2。

（1）选择命令。选择下拉菜单 插入 ➡ 线框 ▸ ➡ ╱ 直线... 命令（或单击工具栏中的 ╱ 按钮），系统弹出"直线定义"对话框。

（2）在"直线定义"对话框的 线型： 下拉列表中选择 点-点 选项。分别选取图 6.11.22 所示的点 3、点 4 为第一元素和第二元素。

（3）单击 ● 确定 按钮，完成直线 2 的创建。

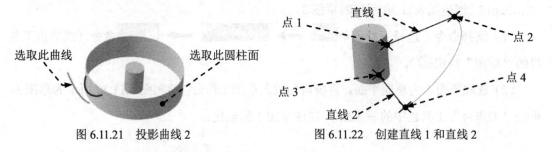

图 6.11.21　投影曲线 2　　　　　　　　　图 6.11.22　创建直线 1 和直线 2

Step19. 创建图 6.11.23 所示的填充 1。

（1）选择命令。选择下拉菜单 插入 ➞ 曲面 ▸ ➞ 填充 命令，此时系统弹出图 6.11.24 所示的"填充曲面定义"对话框。

（2）定义填充边界。选取图 6.11.23 所示的曲线 1、曲线 2、曲线 3 和曲线 4 为填充边界。

说明： 在选取填充边界曲线时，曲线 1、曲线 2、曲线 3 和曲线 4 是分开来选的，选取时要按顺序选取。

（3）单击 ● 确定 按钮，完成填充 1 的创建。

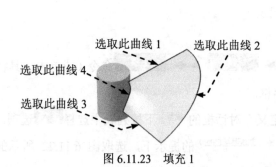

图 6.11.23　填充 1

图 6.11.24　"填充曲面定义"对话框

Step20. 创建加厚曲面 1，如图 6.11.25 所示。

（1）切换工作台。选择下拉菜单 开始 ➞ 机械设计 ▸ ➞ 零件设计 命令，进入"零件设计"工作台。

（2）选择命令。选择下拉菜单 插入 ➞ 基于曲面的特征 ▸ ➞ 厚曲面 命令，系统弹出"定义厚曲面"对话框。

（3）定义加厚对象。选取图 6.11.25 所示的曲面为加厚对象。

（4）定义加厚值。在对话框的 第一偏移：和第二偏移：文本框中均输入数值 1.5。

（5）单击 ● 确定 按钮，完成加厚操作。

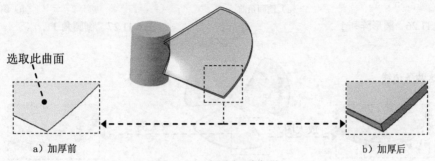

选取此曲面

a）加厚前　　　　　　　　　　　　　　　　b）加厚后

图 6.11.25　创建加厚曲面 1

Step21. 创建图 6.11.26 所示的圆形阵列 1。

（1）选择下拉菜单 插入 ➡ 变换特征 ▶ ➡ 圆形阵列... 命令，系统弹出"定义圆形阵列"对话框。

（2）定义图样参数。在"定义圆形阵列"对话框的 参数：下拉列表中选择 实例和角度间距 选项；在 实例：文本框中输入数值 3，在 角度间距：文本框中输入数值 120；选取图 6.11.26 所示的轴 1 为参考元素，选取加厚曲面 1 为要阵列的对象。

（3）单击 ● 确定 按钮，完成阵列操作。

Step22. 创建图 6.11.27b 所示的倒圆角 1。

（1）选择命令。选择下拉菜单 插入 ➡ 修饰特征 ▶ ➡ 倒圆角... 命令，系统弹出"倒圆角定义"对话框。

（2）定义倒圆角的对象。在"倒圆角定义"对话框的 选择模式：下拉列表中选择 相切 选项，选取图 6.11.27a 所示的边线为倒圆角的对象。

（3）输入倒圆角半径。在"倒圆角定义"对话框的 半径：文本框中输入数值 15。

（4）单击 ● 确定 按钮，完成倒圆角 1 的创建。

说明：在创建倒圆角之前读者可以将曲面及曲线隐藏以便于操作。

Step23. 创建图 6.11.28b 所示的倒圆角 2，操作步骤参见 Step22，选取图 6.11.28a 所示的边线为倒圆角对象，倒圆角半径值为 1。

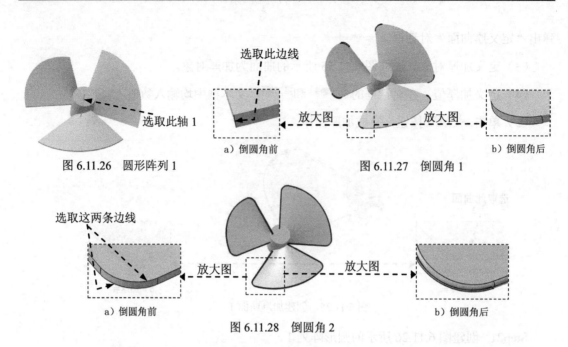

图 6.11.26　圆形阵列 1

图 6.11.27　倒圆角 1

图 6.11.28　倒圆角 2

Step24. 创建图 6.11.29 所示的倒圆角 3。选取图 6.11.29a 所示的边线为倒圆角对象，倒圆角半径值为 2。

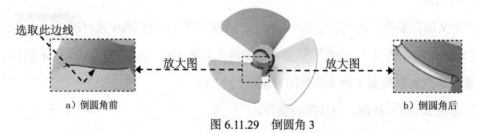

图 6.11.29　倒圆角 3

Step25. 保存文件。选择下拉菜单 文件 ━━━▶ 保存 命令，完成零件模型的保存。

6.11.2　范例 2

实例概述：

本实例详细讲解调温旋钮的设计过程。其设计过程是先使用"创成式外形设计"工作台中的旋转、多截面曲面、修剪等命令完成曲面创建，然后使用加厚命令将曲面加厚生成实体，这种设计方法在后面的设计中将会有更深的讲解。零件模型及相应的特征树如图 6.11.30 所示。

Step1. 新建一个零件的三维模型，将其命名为 gas_oven_switch。选择下拉菜单 开始 ━━━▶ 形状 ▶ ━━━▶ 创成式外形设计 命令，进入"创成式外形设计"工作台。

Step2. 创建图 6.11.31 所示的草图 1。

图 6.11.30　零件模型和特征树

（1）选择下拉菜单 插入 ➡ 草图编辑器 ▶ ➡ 草图 命令（或单击工具栏的"草图"按钮 ）。

（2）定义草绘平面。选取"yz 平面"为草图平面，系统进入草图工作台。

（3）绘制草图。绘制图 6.11.32 所示的草图 1。

（4）单击"工作台"工具栏中的 按钮，完成草图 1 的创建。

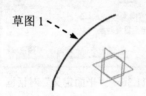

图 6.11.31　草图 1（建模环境）

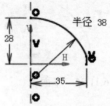

图 6.11.32　草图 1（草绘环境）

Step3. 创建图 6.11.33 所示的旋转 1。

（1）选择命令。选择 插入 ➡ 曲面 ▶ ➡ 旋转... 命令，系统弹出图 6.11.34 所示的"旋转曲面定义"对话框。

（2）选取旋转轮廓。选取上一步所创建的草图 1 为旋转轮廓。

图 6.11.33　旋转 1（曲面）

图 6.11.34　"旋转曲面定义"对话框

（3）定义旋转轴。采用系统默认的草图轴作为旋转轴。

（4）定义旋转角度。在"旋转曲面定义"对话框 角限制 区域的 角度 1: 文本框中输入旋转角度值 360。

（5）单击 确定 按钮，完成旋转 1 的创建。

Step4. 创建图 6.11.35 所示的平面 1。

（1）选择命令。选择下拉菜单 插入 ➡ 线框 ▶ ➡ 平面... 命令（单击工具栏的"平面"按钮 ⌐ ），系统弹出图 6.11.36 所示的"平面定义"对话框。

（2）定义平面类型。在"平面定义"对话框的 平面类型 下拉列表中选择 偏移平面 选项（图 6.11.36）。

（3）定义偏移参考平面。选取"yz 平面"为参考平面。

（4）定义偏移方向。接受系统默认的偏移方向。

说明：如需更改方向，单击"平面定义"对话框中的 反转方向 按钮即可。

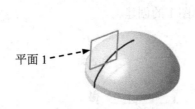

图 6.11.35　平面 1

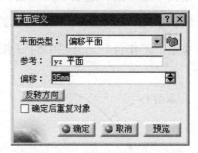

图 6.11.36　"平面定义"对话框

（5）输入偏移值。在"平面定义"对话框的 偏移: 文本框中输入偏移数值 35。

（6）单击 ● 确定 按钮，完成平面 1 的创建。

Step5. 创建图 6.11.37 所示的平面 2。

（1）选择命令。选择下拉菜单 插入 ➡ 线框 ▶ ➡ 平面... 命令（单击工具栏的"平面"按钮 ⌐ ），弹出"平面定义"对话框。

（2）定义平面类型。在"平面定义"对话框的 平面类型 下拉列表中选择 偏移平面 选项。

（3）定义偏移参考平面。选取"yz 平面"为参考平面。

（4）定义偏移方向。单击 反转方向 按钮，反转偏移方向。

（5）输入偏移值。在"平面定义"对话框的 偏移: 文本框中输入偏移数值 35。

（6）单击 ● 确定 按钮，完成平面 2 的创建。

Step6. 创建图 6.11.38 所示的草图 2。

（1）选择命令。选择下拉菜单 插入 ➡ 草图编辑器 ▶ ➡ 草图 命令（或单击工具栏的"草图"按钮 ）。

（2）定义草绘平面。选取"yz 平面"为草图平面，系统进入草图工作台。

（3）绘制草图。绘制图 6.11.39 所示的草图 2。

（4）单击 按钮，完成草图 2 的创建。

说明：图 6.11.39 所示的草图 2 中，半径为 250 的圆弧的圆心与 V 轴相重合。

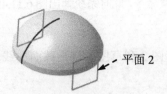

图 6.11.37　平面 2

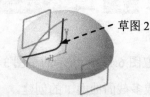

图 6.11.38　草图 2（建模环境）

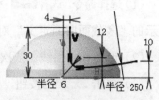

图 6.11.39　草图 2（草绘环境）

Step7. 创建图 6.11.40 所示的草图 3。

（1）选择命令。选择下拉菜单 插入 ➡ 草图编辑器 ▶ ➡ 草图 命令（或单击工具栏的"草图"按钮 ）。

（2）定义草绘平面。选取平面 1 为草图平面，系统进入草图工作台。

（3）绘制草图。绘制图 6.11.41 所示的草图 3。

（4）单击 按钮，完成草图 3 的创建。

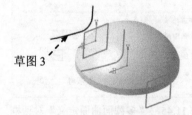

图 6.11.40　草图 3（建模环境）

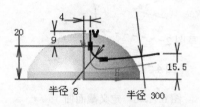

图 6.11.41　草图 3（草绘环境）

Step8. 创建图 6.11.42 所示的草图 4。

（1）选择命令。选择下拉菜单 插入 ➡ 草图编辑器 ▶ ➡ 草图 命令（或单击工具栏的"草图"按钮 ）。

（2）定义草绘平面。选取平面 2 为草图平面，系统进入草图工作台。

（3）绘制草图。绘制图 6.11.43 所示的截面草图（草图 4）。

注意：在绘制该草图时，先选取草图 3，然后选择下拉菜单 插入 ➡ 操作 ▶ ➡ 3D 几何图形 ▶ ➡ 投影 3D 元素 命令即可。

（4）单击 按钮，完成草图 4 的创建。

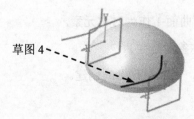

图 6.11.42　草图 4（建模环境）

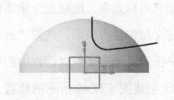

图 6.11.43　草图 4（草绘环境）

Step9. 创建图 6.11.44 所示的多截面曲面 1。

（1）选择命令。选择 插入 ➡ 曲面 ▸ ➡ 多截面曲面… 命令，此时系统弹出图 6.11.45 所示的"多截面曲面定义"对话框。

（2）定义截面曲线。依次选取图 6.11.46 所示的草图 3、草图 2 和草图 4 作为截面曲线。

（3）单击 ● 确定 按钮，完成多截面曲面 1 的创建。

图 6.11.44　多截面曲面 1

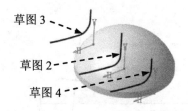

图 6.11.46　定义截面曲

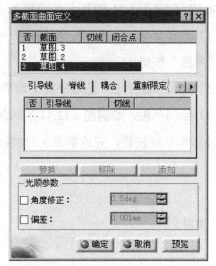

图 6.11.45　"多截面曲面定义"对话框

Step10. 创建图 6.11.47 所示的对称 1。

（1）选取命令。选择下拉菜单 插入 ➡ 操作 ▸ ➡ 对称… 命令，系统弹出图 6.11.48 所示的"对称定义"对话框。

图 6.11.47　对称 1

图 6.11.48　"对称定义"对话框

（2）定义对称元素。选取上一步所创建的多截面曲面 1 作为对称元素。

（3）定义对称参考平面。选取"zx 平面"为对称参考平面。

（4）单击"对称定义"对话框中的 ● 确定 按钮，完成对称 1 的创建。

Step11. 创建图 6.11.49 所示的修剪 1。

（1）选择命令。选择 插入 ➡ 操作 ▸ ➡ 修剪... 命令（单击工具栏的"修剪"按钮），此时系统弹出图 6.11.50 所示的"修剪定义"对话框。

（2）定义修剪类型。在"修剪定义"对话框的 模式 下拉列表中选择 标准 选项。

（3）定义修剪元素。选取旋转 1 和多截面曲面 1 为修剪元素，如图 6.11.51 所示。

（4）定义修剪方向。单击"修剪定义"对话框中的 另一侧/下一元素 按钮和 另一侧/上一元素 按钮，以改变修剪方向。

（5）单击 ● 确定 按钮，完成修剪 1 的创建。

图 6.11.49　修剪 1

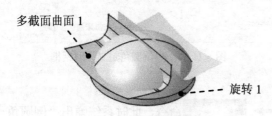

图 6.11.51　定义修剪元素

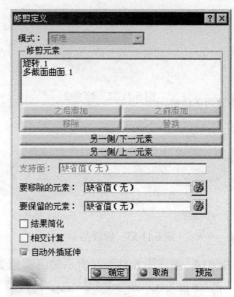

图 6.11.50　"修剪定义"对话框

说明： 在创建修剪特征时，可根据实际情况单击"修剪定义"对话框中的 另一侧/下一元素 按钮和 另一侧/上一元素 按钮来改变修剪方向，以确定曲面修剪后要保留的一侧。

Step12. 创建图 6.11.52 所示的修剪 2。

（1）选择命令。选择 插入 ➡ 操作 ▸ ➡ 修剪... 命令（单击工具栏的"修剪"按钮），此时系统弹出"修剪定义"对话框。

（2）定义修剪类型。在"修剪定义"对话框的 模式 下拉列表中选择 标准 选项。

（3）定义修剪元素。选取修剪 1 和对称 1 为修剪元素。

（4）定义修剪方向。单击"修剪定义"对话框中的 另一侧/下一元素 按钮和 另一侧/上一元素 按钮，以改变修剪方向。

（5）单击 ● 确定 按钮，完成曲面修剪 2 的创建。

Step13. 创建图 6.11.53b 所示的倒圆角 1。

（1）选择命令。选择 插入 ➡️ 操作 ▶ ➡️ 倒圆角... 命令，此时系统弹出图 6.11.54 所示的"倒圆角定义"对话框。

（2）定义圆角化的对象。在"倒圆角定义"对话框的 拓展: 下拉列表中选择 相切 选项，选取图 6.11.53a 所示的两条边链为要圆角化的对象。

（3）确定圆角半径。在"倒圆角定义"对话框的 半径 文本框中输入数值 2。

（4）单击 ● 确定 按钮，完成倒圆角 1 的创建。

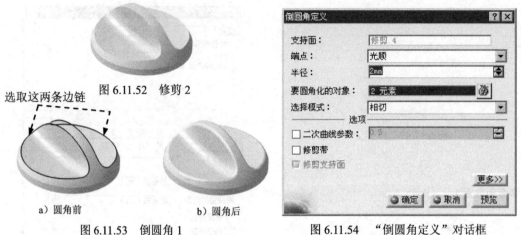

图 6.11.52　修剪 2

选取这两条边链

a）圆角前　　　　　　b）圆角后

图 6.11.53　倒圆角 1

图 6.11.54　"倒圆角定义"对话框

Step14. 创建图 6.11.55b 所示的倒圆角 2。

（1）选择命令。选择 插入 ➡️ 操作 ▶ ➡️ 倒圆角... 命令，此时系统弹出"倒圆角定义"对话框。

（2）定义圆角化的对象。在"倒圆角定义"对话框的 选择模式: 下拉列表中选择 相切 选项，选取图 6.11.55a 所示的边链为要圆角化的对象。

（3）确定圆角半径。在"倒圆角定义"对话框的 半径 文本框中输入数值 5。

（4）单击 ● 确定 按钮，完成倒圆角 2 的创建。

选取此边链

a）圆角前　　　　　　　　　　　　b）圆角后

图 6.11.55　倒圆角 2

Step15. 创建图 6.11.56 所示的加厚曲面 1。

（1）切换工作台。选择下拉菜单 开始 ➡ ▶机械设计 ▶ ➡ ⚙零件设计命令，此时切换到"零件设计"工作台中。

（2）选择命令。选择 插入 ➡ 基于曲面的特征 ▶ ➡ 📎厚曲面...命令，系统弹出图 6.11.57 所示的"定义厚曲面"对话框。

（3）定义加厚对象。在特征树上选取倒圆角 2 为要加厚的对象。

（4）定义加厚值。在"定义厚曲面"对话框的第一偏移文本框中输入数值 1，如图 6.11.57 所示。

（5）定义厚曲面方向。采用系统默认的加厚方向。

（6）单击 ⚫ 确定 按钮，完成加厚曲面 1 的创建。

图 6.11.56　加厚曲面 1　　　　　　　图 6.11.57　"定义厚曲面"对话框

Step16. 保存零件模型。选择下拉菜单 文件 ➡ 💾保存命令，即可保存零件模型。

6.12 习　　题

一、选择题

1、下列选项哪些不属于点定义的类型（　　）

A．曲面上　　　　　　　　　B．平面上

C．曲线的法线　　　　　　　D．曲线上的切线

2、下列属于空间直线创建的方法是（　　）

A．点-方向　　　　　　　　　B．曲线的角度/法线

C．曲线的切线　　　　　　　D．以上都是

3、下面哪个命令可以将空间的两个点或线段用空间曲线连接起来（　　）

A. ⌒　　　　　　　　　　　B. ↩

C. ∿　　　　　　　　　　　D. ✎

4、以下哪条螺旋线不能由螺旋命令一步创建出来（　　）

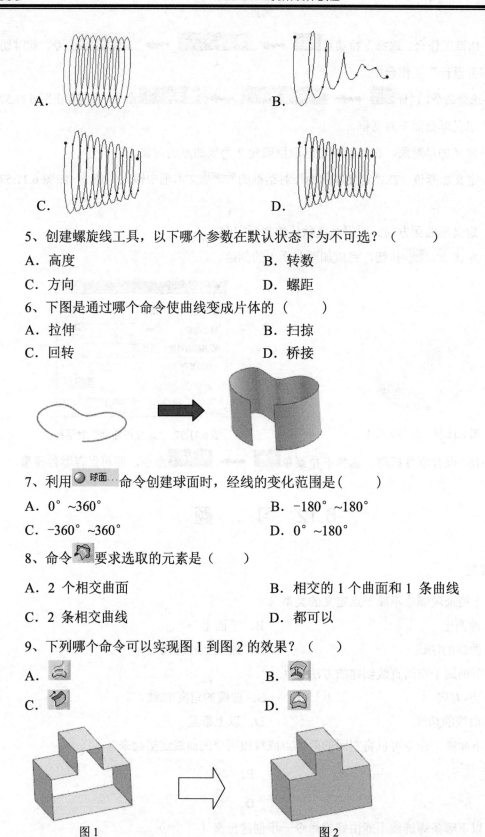

A.

B.

C.

D.

5、创建螺旋线工具，以下哪个参数在默认状态下为不可选？（　　　）

A. 高度　　　　　　　　　　B. 转数

C. 方向　　　　　　　　　　D. 螺距

6、下图是通过哪个命令使曲线变成片体的（　　　）

A. 拉伸　　　　　　　　　　B. 扫掠

C. 回转　　　　　　　　　　D. 桥接

7、利用 球面... 命令创建球面时，经线的变化范围是（　　　）

A. 0°~360°　　　　　　　　B. -180°~180°

C. -360°~360°　　　　　　　D. 0°~180°

8、命令 要求选取的元素是（　　　）

A. 2 个相交曲面　　　　　　　B. 相交的 1 个曲面和 1 条曲线

C. 2 条相交曲线　　　　　　　D. 都可以

9、下列哪个命令可以实现图 1 到图 2 的效果？（　　　）

A.

B.

C.

D.

图 1　　　　　　　　　　　　　　　　　　图 2

10、以下哪个命令可以实现多截面扫掠？（　　）

A. 　　　　　　　　　B.

C. 　　　　　　　　　　　　　　　D.

11、下列选项不属于扫掠曲面轮廓类型的是（　　）

A. 显示　　　　　　　　　　　B. 直线

C. 二次曲线　　　　　　　　　D. 圆弧

12、下列哪个命令可以实现曲面的加厚（　　）

A. 　　　　B. 　　　　C. 　　　　D.

13、下列选项属于边界工具拓展类型的是（　　）

A. 点连续　　　　　　　　　　B. 完整边界

C. 切线连续　　　　　　　　　D. 以上都是

14、以下对于命令 的描述，错误的是（　　）

A. 旋转轴线即可以是坐标轴线也可以是直线

B. 旋转轴线与轮廓线可以相交

C. 旋转角度可以通过拖曳箭头改变

D. 旋转角度之和在 0°~360°

15、关于"分割"命令下列说法正确的是（　　）

A. 分割的对象只能是实体　　　B. 切割元素只能是基准平面

C. 分割的对象只能是曲面　　　D. 切割元素可以是基准平面也可以是曲面

16、如下图所示的分析称之为（　　）

A. 曲率梳分析　　　　　　　　B. 光照分析

C. 斑马线分析　　　　　　　　D. 拔模分析

0.022mm-1

17、下图是利用"片体加厚"命令将一个片体变成实体，箭头方向为法向方向，以下哪组偏置值是正确的　（　　）

A. 0　5　　　　　　　　　　　　　　B. 5　20

C. 0　-5　　　　　　　　　　　　　D. 5　-10

18、下图中的片体是通过哪个命令一步实现的（　　　）

A. 偏移　　　　　　　　　　　　　B. 平移

C. 桥接　　　　　　　　　　　　　D. 提取

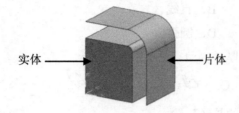

实体　　　　　　　　　　片体

二、制作模型

1. 创建如图 6.12.1 所示的零件模型(挂钟外壳)。

Step1. 创建如图 6.12.2 所示的曲面旋转 1。

Step2. 创建如图 6.12.3 所示的草图。

图 6.12.1　零件模型　　　　　图 6.12.2　曲面旋转 1　　　　　图 6.12.3　草图

Step3. 创建如图 6.12.4 所示的曲线分割特征。

Step4. 创建如图 6.12.5 所示的圆模式 1。

Step5. 创建如图 6.12.6 所示的曲面分割特征。

图 6.12.4　曲线分割特征　　　　图 6.12.5　圆模式 1　　　　图 6.12.6　曲面分割特征

Step6. 创建如图 6.12.7 所示的曲面填充特征。

Step7. 创建如图 6.12.8 所示的倒圆角 1。

Step8. 创建如图 6.12.9 所示的倒圆角 2。

图 6.12.7 曲面填充特征

图 6.12.8 倒圆角 1

图 6.12.9 倒圆角 2

Step9. 创建如图 6.12.10 所示的倒圆角 3。

Step10. 创建如图 6.12.11 所示的曲面加厚 1。

图 6.12.10 倒圆角 3

图 6.12.11 曲面加厚 1

2. 创建如图 6.12.12 所示的零件模型(鼠标盖)。

Step1. 创建如图 6.12.13 所示的草图。

Step2. 创建如图 6.12.14 所示的对称图形。

图 6.12.12 零件模型

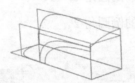

图 6.12.13 创建草图

图 6.12.14 对称图形

Step3. 创建如图 6.12.15 所示的曲面填充 1。

Step4. 创建如图 6.12.16 所示的曲面填充 2。

Step5. 创建如图 6.12.17 所示的曲面填充 3。

图 6.12.15 曲面填充 1

图 6.12.16 曲面填充 2

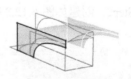

图 6.12.17 曲面填充 3

Step6. 创建如图 6.12.18 所示的修剪 1。

Step7. 创建如图 6.12.19 所示的倒圆角 1。

Step8. 创建如图 6.12.20 所示的曲面加厚 1。

图 6.12.18　修剪 1

图 6.12.19　倒圆角 1

图 6.12.20　曲面加厚 1

Step9. 创建如图 6.12.21 所示的曲面拉伸 1。

Step10. 创建如图 6.12.22 所示的分割 1。

Step11. 创建如图 6.12.23 所示的曲面填充 1。

图 6.12.21　曲面拉伸 1

图 6.12.22　分割 1

图 6.12.23　曲面填充 1

Step12. 创建如图 6.12.24 所示的分割 2（此操作的目的是为了利用曲面填充 1 将模型的底部切平）。

Step13. 创建如图 6.12.25 所示的倒圆角 1。

Step14. 创建如图 6.12.26 所示的倒圆角 2。

图 6.12.24　分割 2

放大图

图 6.12.25　倒圆角 1

图 6.12.26　倒圆角 2

3. 创建如图 6.12.27 所示的零件模型（塑料座椅）。

Step1. 创建如图 6.12.28 所示的样条曲线。

Step2. 创建如图 6.12.29 所示的多截面曲面 1。

图 6.12.27　零件模型

图 6.12.28　样条曲线

图 6.12.29　多截面曲面 1

Step3. 创建如图 6.12.30 所示的曲面拉伸 1。

Step4. 创建如图 6.12.31 所示的分割 1。

Step5. 创建如图 6.12.32 所示的曲面拉伸 2。

图 6.12.30　曲面拉伸 1

图 6.12.31　分割 1

图 6.12.32　曲面拉伸 2

Step6. 创建如图 6.12.33 所示的分割 2。

Step7. 创建如图 6.12.34 所示的曲面加厚 1。

图 6.12.33　分割 2

图 6.12.34　曲面加厚 1

4. 创建如图 6.12.35 所示的零件模型（自行车车座）。

Step1. 新建一个零件的三维模型，将零件的模型命名为 bike_surface。

Step2. 创建如图 6.12.36 所示的样条曲线。

Step3. 创建如图 6.12.37 所示的多截面曲面 1。

图 6.12.35　零件模型

图 6.12.36　样条曲线

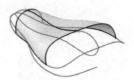
图 6.12.37　多截面曲面 1

Step4. 创建如图 6.12.38 所示的多截面曲面 2。

Step5. 创建如图 6.12.39 所示的多截面曲面 3。

Step6. 创建曲面接合特征，接合对象为多截面曲面 1、多截面曲面 2 和多截面曲面 3。

Step7. 创建如图 6.12.40 所示的曲面加厚 1。

图 6.12.38　多截面曲面 2　　　　图 6.12.39　多截面曲面 3　　　　图 6.12.40　曲面加厚 1

5. 根据如图 6.12.41 所示的零件视图创建零件模型(淋浴把手)。

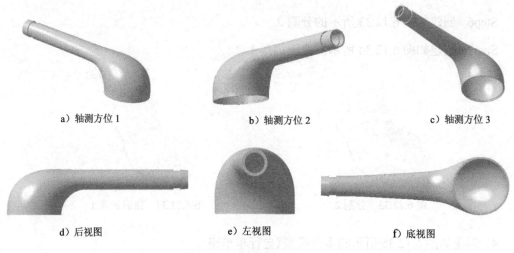

a)轴测方位 1　　　　　　　b)轴测方位 2　　　　　　　c)轴测方位 3

d)后视图　　　　　　　　e)左视图　　　　　　　　f)底视图

图 6.12.41　零件视图

6. 根据如图 6.12.42 所示的零件视图创建零件模型(吸尘器上盖)。

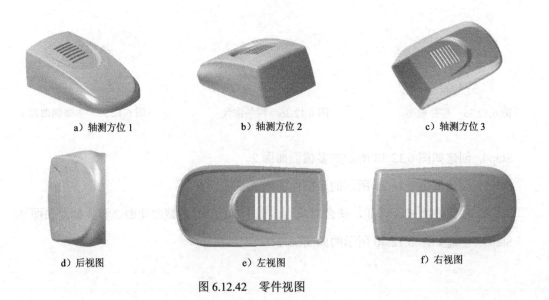

a)轴测方位 1　　　　　　　b)轴测方位 2　　　　　　　c)轴测方位 3

d)后视图　　　　　　　　e)左视图　　　　　　　　f)右视图

图 6.12.42　零件视图

7. 根据如图 6.12.43 所示的零件视图创建零件模型(汽水瓶)。

a)轴测方位 1

b)轴测方位 2

c)轴测方位 3

d)正视图

e)顶视图

f)底视图

图 6.12.43　零件视图

第7章 钣 金 设 计

在机械设计中，钣金件设计占很大的比例。钣金具有重量轻、强度高、导电（能够用于电磁屏蔽）、成本低、大规模量产性能好等特点，目前在电子电器、通信、汽车工业、医疗器械等领域得到了广泛应用，例如在电脑机箱、手机、MP3 中，钣金是必不可少的组成部分。随着钣金的应用越来越广泛，钣金件的设计变成了产品开发过程中很重要的一环，机械工程师必须熟练掌握钣金件的设计技巧，使得设计的钣金既满足产品的功能和外观等要求，又能使得冲压模具制造简单、成本低。本章将介绍 CATIA 钣金设计的基本知识，包括以下内容：

- 钣金设计概述。
- 创建钣金壁。
- 钣金的折弯。
- 钣金综合范例。

7.1 钣金设计概述

钣金件一般是指具有均一厚度的金属薄板零件，机电设备的支撑结构（如电器控制柜）、护盖（如机床的外围护罩）等一般都是钣金件。与实体零件模型一样，钣金件模型的各种结构也是以特征的形式创建的，但钣金件的设计也有自己独特的规律。使用 CATIA 软件创建钣金件的过程大致如下：

Step1. 通过新建一个钣金件模型，进入钣金设计环境。

Step2. 以钣金件所支持或保护的内部零部件大小和形状为基础，创建第一钣金壁（主要钣金壁）。例如设计机床床身护罩时，先要按床身的形状和尺寸创建第一钣金壁。

Step3. 添加附加钣金壁。在第一钣金壁创建之后，往往需要在其基础上添加另外的钣金壁，即附加钣金壁。

Step4. 在钣金模型中，还可以随时添加一些实体特征，如实体切削特征、孔特征、圆角特征和倒角特征等。

Step5. 创建钣金冲孔和切口特征，为钣金的折弯做准备。

Step6. 进行钣金的折弯。

Step7. 进行钣金的展平。

Step8. 创建钣金的工程图。

7.2　进入"钣金设计"工作台

下面介绍进入钣金设计环境的一般操作过程：

Step1. 选择命令。选择下拉菜单 文件 ➡ 新建... 命令（或在"标准"工具栏中单击"新建"按钮），此时系统弹出"新建"对话框。

Step2. 选择文件类型。

（1）在"新建"对话框的 类型列表: 栏中选择文件类型为 Part 选项，然后单击 确定 按钮，此时系统弹出"新建零件"对话框。

（2）在"新建零件"对话框中单击 确定 按钮，此时系统进入"零件设计"工作台。

Step3. 切 换 工 作 台 。 选 择 下 拉 菜 单 开始 ➡ 机械设计 ➡ Generative Sheetmetal Design 命令，此时系统切换到"钣金设计"工作台下。

7.3　创建钣金壁

7.3.1　钣金壁概述

钣金壁（Wall）是指厚度一致的薄板，它是一个钣金零件的"基础"，其他的钣金特征（如冲孔、成形、折弯、切割等）都要在这个"基础"上构建，因而钣金壁是钣金件最重要的部分。钣金壁操作的有关命令位于 插入 下拉菜单的 Walls 和 Rolled Walls 子菜单中。

7.3.2　创建第一钣金壁

在创建第一钣金壁之前首先需要对钣金的参数进行设置，然后在创建第一钣金壁，否则钣金设计模块的相关钣金命令处不可用状态。

选择下拉菜单 插入 ➡ Sheet Metal Parameters... 命令（或者在"Walls"工具栏中单击 按钮），系统弹出图 7.3.1 所示的"Sheet Metal Parameters"对话框。

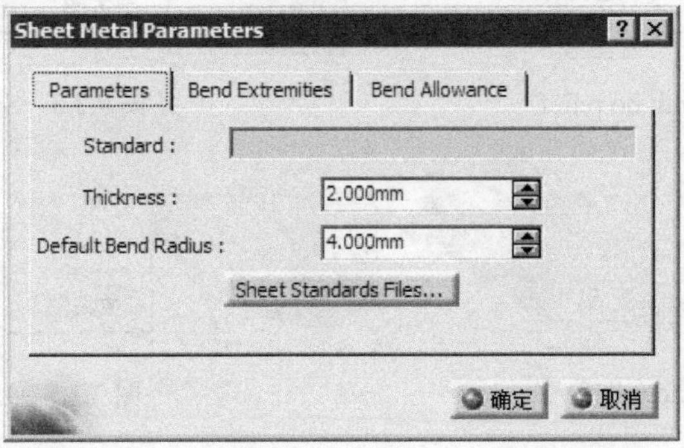

图 7.3.1　"Sheet Metal Parameters"对话框

图 7.3.1 所示"Sheet Metal Parameters"对话框中的部分说明如下：

- Parameters 选项卡：用于设置钣金壁的厚度和折弯半径值，其包括 Standard：文本框，Thickness：文本框、Default Bend Radius：文本框和 Sheet Standards Files... 按钮。

  ☑ Standard：文本框：用于显示所使用的标准钣金文件名。

  ☑ Thickness：文本框：用于定义钣金壁的厚度值。

  ☑ Default Bend Radius：文本框：用于定义钣金壁的折弯钣金值。

  ☑ Sheet Standards Files... 按钮：用于调入钣金标准文件。单击此按钮，用户可以在相应的目录下载入钣金设计参数表。

- Bend Extremities 选项卡：用于设置折弯末端的形式，其包括 Minimum with no relief ▼ 下拉列表、下拉列表、L1：文本框和 L2：文本框。

  ☑ Minimum with no relief ▼ 下拉列表：用于定义折弯末端的形式，其包括 Minimum with no relief 选项、Square relief 选项、Round relief 选项、Linear 选项、Tangent 选项、Maximum 选项、Closed 选项和 Flat joint 选项。各个折弯末端形式如图 7.3.2~图 7.3.7 所示。

  ☑ 下拉列表：用于创建止裂槽，其包括"Minimum with no relief"选项、"Minimum with square relief"选项、"Minimum with round relief"选项、"Linear shape"选项、"Curved shape"选项、"Maximum bend"选项、"Closed"选项和"Flat joint"选项。此下拉列表是与 Minimum with no relief ▼ 下拉列表相对应的。

  ☑ L1：文本框：用于定义折弯末端为 Square relief 选项和 Round relief 选项的宽度限制。

  ☑ L2：文本框：用于定义折弯末端为 Square relief 选项和 Round relief 选项的长度限制。

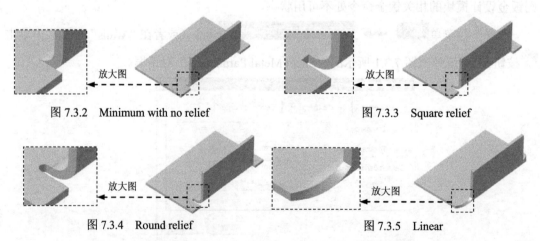

图 7.3.2   Minimum with no relief   图 7.3.3   Square relief

图 7.3.4   Round relief   图 7.3.5   Linear

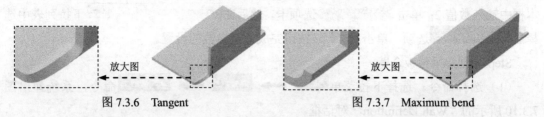

图 7.3.6　Tangent　　　　　　　　图 7.3.7　Maximum bend

- Bend Allowance 选项卡：用于设置钣金的折弯系数，其包括 K Factor : 文本框、f(x)按钮和 Apply DIN 按钮。

  ☑ K Factor : 文本框：用于指定折弯系数 K 的值。

  ☑ f(x)按钮：用于打开允许更改驱动方程的对话框。

  ☑ Apply DIN 按钮：用于根据 DIN 公式计算并应用折弯系数。

创建第一钣金壁的命令位于下拉菜单 插入 ➡ Walls ▶ 子菜单中的 Wall... 命令和 Extrusion... 都可以创建拉伸类型的第一钣金壁。另外，还有两个命令位于下拉菜单 插入 ➡ Rolled Walls ▶ 子菜单中（图 7.3.8），使用这些命令也可以创建第一钣金壁，其原理和方法与创建相应类型的曲面特征极为相似。

1.　第一钣金壁——平整钣金壁

平整钣金壁是一个平整的薄板（图 7.3.9），在创建这类钣金壁时，需要先绘制钣金壁的正面轮廓草图（必须为封闭的线条），然后给定钣金厚度值即可。注意：拉伸钣金壁与平整钣金壁创建时最大的不同在于：拉伸（凸缘）钣金壁的轮廓草图不一定要封闭，而平整钣金壁的轮廓草图则必须封闭。详细操作步骤说明如下：

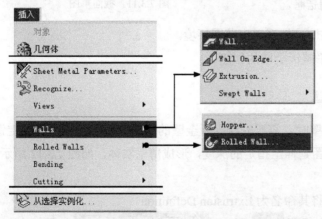

图 7.3.8　"Walls"子菜单和"Rollde Walls"子菜单

图 7.3.9　平整钣金壁

Step1. 新建一个钣金件模型，将其命名为 Wall_Definition。

Step2. 设置钣金参数。选择下拉菜单 插入 ➡ Sheet Metal Parameters... 命令，系统弹出"Sheet Metal Parameters"对话框。在 Thickness : 文本框中输入值 3，在 Default Bend Radius : 文

本框中输入数值 2；单击 Bend Extremities 选项卡，然后在 Minimum with no relief ▼ 下拉列表中选择 Minimum with no relief 选项。单击 ● 确定 按钮完成钣金参数的设置。

Step3. 创建平整钣金壁。

（1）选择命令。选择下拉菜单 插入 ➡ Walls ▶ ➡ Wall... 命令，系统弹出图 7.3.10 所示的"Wall Definition"对话框。

图 7.3.10 所示"Wall Definition"对话框中的部分说明如下：

- Profile: 文本框：单击此文本框，用户可以在绘图区选取钣金壁的轮廓。
- 按钮：用于绘制平整钣金的截面草图。
- 按钮：用于定义钣金厚度的方向（单侧）。
- 按钮：用于定义钣金厚度的方向（对称）。
- Tangent to: 文本框：单击此文本框，用户可以在绘图区选取与平整钣金壁相切的金属壁特征。
- Invert Material Side 按钮：用于转换材料边，即钣金壁的创建方向。

（2）定义截面草图平面。在对话框中单击 按钮，在特征树中选取 xy 平面为草图平面。

（3）绘制截面草图。绘制图 7.3.11 所示的截面草图。

图 7.3.10　"Wall Definition"对话框

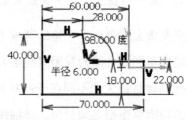

图 7.3.11　截面草图

（4）在"工作台"工具栏中单击 按钮退出草图环境。

（5）单击 ● 确定 按钮，完成平整钣金壁的创建。

2. 第一钣金壁——拉伸钣金壁

在以拉伸的方式创建第一钣金壁时，需要先绘制钣金壁的侧面轮廓草图，然后给定钣金的拉伸深度值，则系统将轮廓草图延伸至指定的深度，形成薄壁实体，如图 7.3.12 所示，其详细操作步骤说明如下：

Step1. 新建一个钣金件模型，将其命名为 Extrusion Definition。

Step2. 设置钣金参数。选择下拉菜单 插入 ➡ Sheet Metal Parameters... 命令，系统弹出"Sheet Metal Parameters"对话框。在 Thickness: 文本框中输入数值 3，在 Default Bend Radius: 文本框中输入数值 2；单击 Bend Extremities 选项卡，然后在 Minimum with no relief ▼ 下拉列表中选择 Minimum with no relief 选项。单击 ● 确定 按钮完成钣金参数的设置。

Step3. 创建拉伸钣金壁。

（1）选择命令。选择下拉菜单 插入 ➡ Walls ▸ ➡ Extrusion... 命令，系统弹出
图 7.3.13 所示的"Extrusion Definition"对话框。

图 7.3.12　拉伸钣金壁　　　　图 7.3.13　"Extrusion Definition"对话框

图 7.3.13 所示"Extrusion Definition"对话框中的部分说明如下：

● Profile: 文本框：用于定义拉伸钣金壁的轮廓。

● ⬚ 按钮：用于绘制拉伸钣金的截面草图。

● ⬚↑ 按钮：用于定义钣金厚度的方向（单侧）。

● ⬚↕ 按钮：用于定义钣金厚度的方向（对称）。

● Limit 1 dimension: ▼ 下拉列表：该下拉列表用于定义拉伸第一方向属性，其中包含
Limit 1 dimension: 、Limit 1 up to plane: 和 Limit 1 up to surface: 三个选项。选择 Limit 1 dimension: 选
项时激活其后的文本框，可输入数值以数值的方式定义第一方向限制；选择
Limit 1 up to plane: 选项时激活其后的文本框，可选取一平面来定义第一方向限制；选
择 Limit 1 up to surface: 选项时激活其后的文本框，可选取一曲面来定义第一方向限制。

● Limit 2 dimension: ▼ 下拉列表：该下拉列表用于定义拉伸第二方向属性，其中包含
Limit 2 dimension: 、Limit 2 up to plane: 和 Limit 2 up to surface: 三个选项。选择 Limit 2 dimension: 选
项时激活其后的文本框，可输入数值以数值的方式定义第二方向限制；选择
Limit 2 up to plane: 选项时激活其后的文本框，可选取一平面来定义第一方向限制；选
择 Limit 2 up to surface: 选项时激活其后的文本框，可选取一曲面来定义第二方向限制。

● ☐ Mirrored extent 复选框：用于镜像当前的拉伸偏置。

● ☐ Automatic bend 复选框：选中该复选框，当草图中有尖角时，系统自动创建圆角。

● ☐ Exploded mode 复选框：选中该复选框，用于设置分解，依照草图实体的数量自动
将钣金壁分解为多个单位。

● Invert Material Side 按钮：用于转换材料边，即钣金壁的创建方向。

● Invert direction 按钮：单击该按钮，可反转拉伸方向。

（2）定义截面草图平面。在对话框中单击 ![icon]按钮，在特征树中选取 yz 平面为草图平面。

（3）绘制截面草图。绘制图 7.3.14 所示的截面草图。

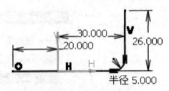

图 7.3.14　截面草图

（4）退出草图环境。在"工作台"工具栏中单击 ![icon]按钮退出草图环境。

（5）设置拉伸参数。在"Extrusion Definition"对话框的 Limit 1 dimension: ▼ 下拉列表中选择 Limit 1 dimension: 选项，然后在其后文本框中输入数值 30。

（6）单击 ● 确定 按钮，完成拉伸钣金壁的创建。

7.3.3　创建附加钣金壁

在创建了第一钣金壁后，就可以通过其他命令创建附加钣金壁了。附加钣金壁主要是通过 插入 ➡ Walls ▸ ➡ ![icon] Wall On Edge... 命令和位于 插入 ➡ Walls ▸ ➡ Swept Walls ▸ 子菜单中的命令来创建。

1.　平整附加钣金壁

平整附加钣金壁是一种正面平整的钣金薄壁，其壁厚与主钣金壁相同。其主要是通过 插入 ➡ Walls ▸ ➡ ![icon] Wall On Edge... 命令来创建，下面通过图 7.3.15 所示的实例介绍三种平整附加钣金壁的创建过程。

Step1. 完全平整壁。

（1）打开模型 D:\dbv521.1\work\ch07\ch07.03\ch07.03.03\Wall_On_Edge_Definition_01. CAT Part，如图 7.3.15a 所示。

a）创建前　　　　　　　　　　　　　　　　　　　　　　　b）创建后

图 7.3.15　完全平整壁

（2）选择命令。选择下拉菜单 插入 ➡ Walls ▸ ➡ ![icon] Wall On Edge... 命令，系统弹出图 7.3.16 所示的"Wall On Edge Definition"对话框。

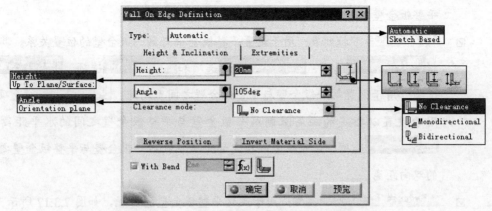

图 7.3.16   "Wall On Edge Definition" 对话框

图 7.3.16 所示 "Wall On Edge Definition" 对话框中的部分说明如下:

- Type: 下拉列表: 用于设置创建折弯的类型, 其包括 Automatic 选项和 Sketch Based 选项。

  - ☑ Automatic 选项: 用于设置使用自动创建钣金壁的方式。

  - ☑ Sketch Based 选项: 用于设置使用所绘制的草图的方式创建钣金壁。

- Height & Inclination 选项卡: 用于设置创建的平整钣金壁的相关参数, 如高度、角度、长度类型, 间隙类型, 位置等。其包括 Height: ▼ 下拉列表、Angle ▼ 下拉列表、 ⬚ 下拉列表、Clearance mode: 下拉列表、 Reverse Position 按钮和 Invert Material Side 按钮。

  - ☑ Height: ▼ 下拉列表: 用于设置限制平整钣金壁高度的类型, 其包括 Height: 选项和 Up To Plane/Surface: 选项。 Height: 选项: 用于设置使用定义的高度值限制平整钣金壁高度, 用户可以在其后的文本框中输入值来定义平整钣金壁高度。 Up To Plane/Surface: 选项: 用于设置使用指定的平面或者曲面限制平整钣金壁的高度。单击其后的文本框, 用户可以在绘图区选取一个平面或者曲面限制平整钣金壁的高度。

  - ☑ Angle ▼ 下拉列表: 用于设置限制平整钣金壁弯曲的形式, 其包括 Angle 选项和 Orientation plane 选项。 Angle 选项: 用于使用指定的角度值限制平整钣金的弯曲。用户可以在其后的文本框中输入值来定义平整钣金的弯曲角度。 Orientation plane 选项: 用于使用方向平面的方式限制平整钣金壁的弯曲。

  - ☑ ⬚ 下拉列表: 用于设置长度的类型, 其包括 ⬚ 选项、⬚ 选项、⬚ 选项和 ⬚ 选项。 ⬚ 选项: 用于设置平整钣金壁的开放端到第一钣金壁下端面的距离。 ⬚ 选项: 用于设置平整钣金壁的开放端到第一钣金壁上端面的距离。 ⬚ 选项: 用于设置平整钣金壁的开放端到平整平面下端面的距离。 ⬚ 选项: 用于设置平整钣金壁的开放端到折弯圆心的距离。

☑ Clearance mode: 下拉列表：用于设置平整钣金壁与第一钣金壁的位置关系，其包括 No Clearance 选项、 Monodirectional 选项和 Bidirectional 选项。 No Clearance 选项：用于设置第一钣金壁与平整钣金壁之间无间隙。 Monodirectional 选项：用于设置以指定的距离限制第一钣金壁与平整钣金壁之间的水平距离。 Bidirectional 选项：用于设置以指定的距离限制第一钣金壁与平整钣金壁之间的双向距离。

☑ Reverse Position 按钮：用于改变平整钣金壁的位置，如图 7.3.17 所示。

a) 方向 1　　　　　　　　　b) 方向 2

图 7.3.17　改变位置

☑ Invert Material Side 按钮：用于改变平整钣金壁的附着边，如图 7.3.18 所示。

● Extremities 选项卡：用于设置平面钣金壁的边界限制，其包括 Left limit: 文本框、 Left offset: 文本框、 Right limit: 文本框、 Right offset: 文本框和两个 下拉列表，如图 7.3.19 所示。

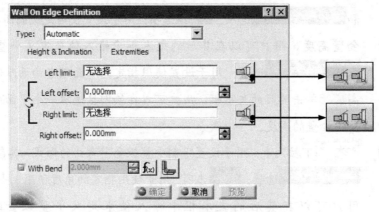

图 7.3.18　"Extremities" 选项卡

a) 方向 1　　　　　　　　　b) 方向 2

图 7.3.19　改变附着边

- ☑ Left limit: 文本框：单击此文本框，用户可以在绘图区选取平整钣金壁的左边界限制。
- ☑ Left offset: 文本框：用于定义平整钣金壁左边界与第一钣金壁相应边的距离值。
- ☑ Right limit: 文本框：单击此文本框，用户可以在绘图区选取平整钣金壁的右边界限制。
- ☑ Right offset: 文本框：用于定义平整钣金壁右边界与第一钣金壁相应边的距离值。
- ☑ 下拉列表：用于定义限制位置的类型，其包括 选项和 选项。

- With Bend 复选框：用于设置创建折弯半径。
- 2mm 文本框：用于定义弯曲半径值。
- f(x) 按钮：用于打开允许更改驱动方程式的对话框。
- 按钮：用于定义折弯参数。单击此按钮，系统弹出图 7.3.20 所示的 "Bend Definition" 对话框。用户可以通过此对话框对折弯参数进行设置。

（3）设置创建折弯的类型。在对话框 Type: 下拉列表中选择 Automatic 选项。

（4）定义附着边。在绘图区选取图 7.3.21 所示的边为附着边。

（5）设置平整钣金壁的高度和折弯参数。在 Height: 下拉列表中选择 Height: 选项，并在其后的文本框中输入数值 30；在 Angle 下拉列表中选择 Angle 选项，并在其后的文本框中输入数值 105；在 Clearance mode: 下拉列表中选择 No Clearance 选项。

（6）设置折弯圆弧。在对话框中选中 With Bend 复选框。

（7）单击 确定 按钮，完成平整壁的创建，如图 7.3.22b 所示。

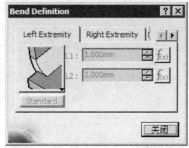

图 7.3.20　"Bend Definition" 对话框

选取此边

图 7.3.21　定义附着边

Step2. 部分平整壁。

（1）打开模型 D:\dbv521.1\work\ch07\ch07.03\ch07.03.03\Wall_On_Edge_Definition_02. CAT Part，如图 7.3.22a 所示。

a）创建前

b）创建后

图 7.3.22　部分平整壁

（2）选择命令。选择下拉菜单 插入 ➡ Walls ▶ ➡ Wall On Edge... 命令，系统弹出"Wall On Edge Definition"对话框。

（3）设置创建折弯的类型。在对话框 Type: 下拉列表中选择 Automatic 选项。

（4）设置折弯圆弧。在对话框中取消选中 □ With Bend 复选框。

（5）设置平整钣金壁的高度和折弯参数。在 Height: ▼ 下拉列表中选择 Height: 选项，并在其后的文本框中输入数值 10；在 Angle ▼ 下拉列表中选择 Angle 选项，并在其后的文本框中输入数值 180；在 Clearance mode: 下拉列表中选择 No Clearance 选项。

（6）定义附着边。在绘图区选取图 7.3.23 所示的边为附着边。

（7）定义限制参数。单击 Extremities 选项卡，在 Left offset: 文本框中输入数值-5，在 Right offset: 文本框中输入数值-5。

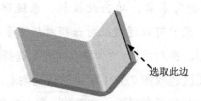

选取此边

图 7.3.23　定义附着边

（8）单击 ● 确定 按钮，完成平整壁的创建，如图 7.3.24b 所示。

Step 3. 自定义形状的平整壁。

（1）打开模型 D:\dbv521.1\work\ch07\ch07.03\ch07.03.03\Wall_On_Edge_Definition_03.CAT Part，如图 7.3.24a 所示。

a）创建前　　　　　　　　　　　　　　　　　　　　b）创建后

图 7.3.24　自定义形状的平整壁

（2）选择命令。选择下拉菜单 插入 ➡ Walls ▶ ➡ Wall On Edge... 命令，系统弹出"Wall On Edge Definition"对话框。

（3）设置创建折弯的类型。在对话框 Type: 下拉列表中选择 Sketch Based 选项。

（4）定义附着边。在绘图区选取图 7.3.25 所示的边为附着边。

（5）定义草图平面并绘制截面草图。单击 📝 按钮，在绘图区选取图 7.3.26 所示的模型表面为草图平面；绘制图 7.3.27 所示的截面草图；单击 📤 按钮退出草图环境。

（6）单击 ● 确定 按钮，完成平整壁的创建，如图 7.3.24b 所示。

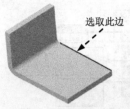

选取此边

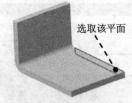
选取该平面

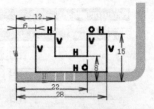

图 7.3.25　定义附着边　　　图 7.3.26　定义草图平面　　　图 7.3.27　截面草图

2. 凸缘

凸缘是一种可以定义其侧面形状的钣金薄壁，其壁厚与第一钣金壁相同。在创建凸缘附加钣金壁时，须先在现有的钣金壁（第一钣金壁）上选取某条边线作为附加钣金壁的附着边，其次需要定义其侧面形状和尺寸等参数。下面介绍图 7.3.28 所示的凸缘的创建过程。

Step1. 打开模型 D:\dbv521.1\work\ch07\ch07.03\ch07.03.03\Flange_Definition.CATPart，如图 7.3.28a 所示。

a）创建前

b）创建后

图 7.3.28　凸缘

Step2. 选择命令。选择下拉菜单 插入 ➡ Walls ➡ Swept Walls ➡
 Flange... 命令，系统弹出图 7.3.29 所示的 "Flange Definition" 对话框。

图 7.3.29 所示 "Flange Definition" 对话框中的部分说明如下：

- Basic ▼ 下拉列表：用于设置创建凸缘的类型，其包括 Basic 选项和 Relimited 选项。
  - ☑ Basic 选项：用于设置创建的凸缘完全附着在指定的边上。
  - ☑ Relimited 选项：用于设置创建的凸缘截止在指定的点上。
  - ☑ Length: 文本框：用于定义凸缘的长度值。
  - ☑ 下拉列表：用于设置长度的类型，其包括 选项、 选项、 选项和 选项。
  - ☑ Angle: 文本框：用于定义凸缘的折弯角度。
- 下拉列表：用于设置限制折弯角的方式，其包括 选项和 选项。
  - ☑ 选项：用于设置从第一钣金壁绕附着边旋转到凸缘钣金壁所形成的角度限制折弯。
  - ☑ 选项：用于设置从第一钣金壁绕 Y 轴旋转到凸缘钣金壁所形成的角度的反角度限制折弯。
- Radius: 文本框：用于指定折弯的半径值。

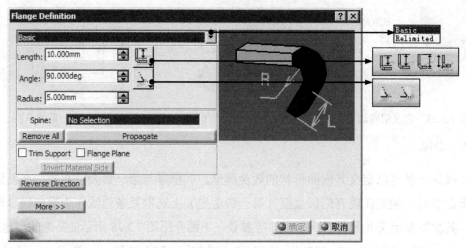

图 7.3.29　"Flange Definition" 对话框

- **Remove All** 按钮：用于清除所选择的附着边。 **Spine:** 文本框：单击此文本框，用户可以在绘图区选取凸缘的附着边。

- **Propagate** 按钮：用于选择与指定边相切的所有边。

- **Trim Support** 复选框：用于设置裁剪指定的边线，如图 7.3.30 所示。

a）未裁剪

b）裁剪后

图 7.3.30　裁剪对比

- **Flange Plane** 复选框：选取该复选框后，可选取一平面作为凸缘平面。

- **Invert Material Side** 按钮：用于更改材料边，如图 7.3.31 所示。

a）更改前

b）更改后

图 7.3.31　更改材料边对比

- **Reverse Direction** 按钮：用于更改凸缘的方向，如图 7.3.32 所示。

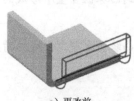

a）更改前

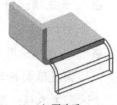

b）更改后

图 7.3.32　更改凸缘方向对比

- More >> 按钮：用于显示 "Flange Definition" 对话框的更多参数。单击此按钮，"Flange Definition" 对话框显示图 7.3.33 所示的更多参数。

Step3. 定义附着边。在绘图区选取图 7.3.34 所示的边为附着边。

Step4. 定义创建的凸缘类型。在对话框的 Basic ▼ 下拉列表中选择 Basic 选项。

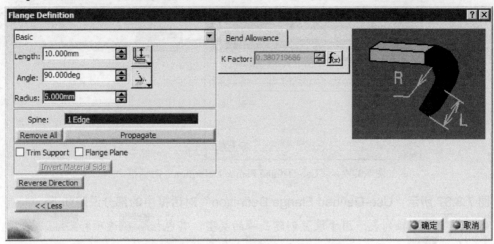

图 7.3.33　"Flange Definition" 对话框

Step5. 设置凸缘参数。在 Length: 文本框中输入值 10，然后在 下拉列表中选择 选项；在 Angle: 文本框中输入数值 90，在其后的 下拉列表中选择 选项；在 Radius: 文本框中输入数值 5；单击 Reverse Direction 按钮调整图 7.3.35 所示的凸缘方向。

Step6. 单击 确定 按钮，完成凸缘的创建，如图 7.3.36b 所示。

图 7.3.34　定义附着边

图 7.3.35　调整后的凸缘方向

3. 用户凸缘

用户凸缘是一种可以自定义其截面形状的钣金薄壁，其壁厚与第一钣金壁相同。在创建时，须先在现有的钣金壁（第一钣金壁）上选取某条边线作为附加钣金壁的附着边，其次需要定义其侧面形状和尺寸等参数。下面介绍创建图 7.3.36 所示的用户凸缘的一般过程：

a) 创建前

b) 创建后

图 7.3.36　用户凸缘

Step1. 打开模型 D:\dbv521.1\work\ch07\ch07.03\ch07.03.03\User-Defined_Flange_ Definition.CATPart，如图 7.3.36a 所示。

Step2. 选择命令。选择下拉菜单 插入 ➡ Walls ▸ ➡ Swept Walls ▸ ➡ User Flange... 命令，系统弹出图 7.3.37 所示的"User-Defined Flange Definition"对话框。

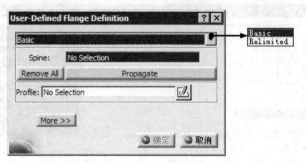

图 7.3.37 "Use-Defined Flange Definition" 对话框

图 7.3.37 所示 "Use-Defined Flange Definition" 对话框中的部分说明如下：

- Basic ▾ 下拉列表：用于设置创建凸缘的类型，其包括 Basic 选项和 Relimited 选项。
  - ☑ Basic 选项：用于设置创建的凸缘完全附着在指定的边上。
  - ☑ Relimited 选项：用于设置创建的凸缘在附着边的起始位置和终止位置。
- Spine: 文本框：单击此文本框，用户可以在绘图区选取凸缘的附着边。
- Remove All 按钮：用于清除所选择的附着边。
- Propagate 按钮：用于选择与指定边相切的所有边。
- Profile: 文本框：单击此文本框，用户可以在绘图区选取凸缘的截面轮廓。
- ✐ 按钮：用于绘制截面草图。
- More >> 按钮：用于显示"Use-Defined Flange Definition"对话框的更多参数。单击此按钮，"Use-Defined Flange Definition"对话框显示图 7.3.38 所示的更多参数。

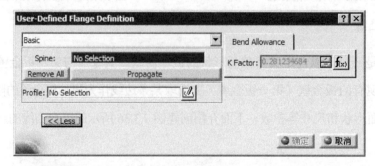

图 7.3.38 "use-defined Flange Definition" 对话框

Step3. 定义附着边。在"User-Defined Flange Definition"对话框单击 Spine: 文本框，然后在绘图区选取图 7.3.39 所示的边为附着边。

Step4. 绘制截面草图。单击 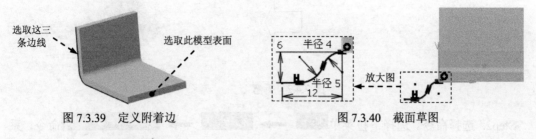 按钮，选取图 7.3.39 所示的模型表面为草图平面，绘制图 7.3.40 所示的截面草图；单击 按钮退出草图环境。

图 7.3.39　定义附着边　　　　　　　　　图 7.3.40　截面草图

Step5. 单击 确定 按钮，完成用户凸缘的创建，如图 7.3.36b 所示。

7.4　钣金的折弯

7.4.1　钣金折弯概述

钣金折弯是将钣金的平面区域弯曲某个角度，图 7.4.1 是一个典型的折弯特征。在进行折弯操作时，应注意折弯特征仅能在钣金的平面区域建立，不能跨越另一个折弯特征。

钣金折弯特征包括三个要素（图 7.4.1）：

● 折弯线：确定折弯位置和折弯形状的几何线。
● 折弯角度：控制折弯的弯曲程度。
● 折弯半径：折弯处的内侧或外侧半径。

图 7.4.1　折弯特征三个要素

7.4.2　选取钣金折弯命令

选取钣金折弯命令有如下两种方法：

方法一：在"Bending"工具栏中单击 按钮。

方法二：选择下拉菜单 插入 ➡ Bending ▸ ➡ Bend From Flat... 命令。

7.4.3　折弯操作

Step1. 打开模型 D:\dbv521.1\work\ch07\ch07.04\ch07.04.03\Bend_From_Flat_Definition.

CATPart，如图 7.4.2a 所示。

a）创建前   b）创建后

图 7.4.2　折弯

Step2. 选择命令。选择下拉菜单 **插入** ➡ **Bending ▶** ➡ **Bend From Flat...** 命令，系统弹出图 7.4.3 所示的 "Bend From Flat Definition" 对话框。

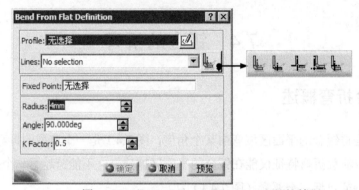

图 7.4.3　"Bend From Flat Definition" 对话框

图 7.4.3 所示 "Bend From Flat Definition" 对话框中的部分说明如下：

● Profile: 文本框：单击此文本框，用户可以在绘图区选取现有的折弯草图。

● 按钮：用于绘制折弯草图。

● Lines: 下拉列表：用于选择折弯草图中的折弯线，以便于定义折弯线的类型。

● 下拉列表：用于定义折弯线的类型，其包括 选项、 选项、 选项、 选项和 选项。

　☑ 选项：用于设置折弯半径对称分布于折弯线两侧，如图 7.4.4 所示。

　☑ 选项：用于设置折弯半径与折弯线相切，如图 7.4.5 所示。

图 7.4.4　Axis   图 7.4.5　BTL Base Feature

　☑ 选项：用于设置折弯线为折弯后两个钣金壁板内表面的交叉线，如图 7.4.6 所示。

　☑ 选项：用于设置折弯线为折弯后两个钣金壁板外表面的交叉线，如图 7.4.7 所示示。

图 7.4.6　IML　　　　　　　　　　　　　　图 7.4.7　OML

☑　⌐ 选项：使折弯半径与折弯线相切，并且使折弯线在折弯侧平面内，如图 7.4.8
　　所示。

- Radius: 文本框：用于定义折弯半径。

- Angle: 文本框：用于的定义折弯角度。

- K Factor : 文本框：用于定义折弯系数。

Step3. 绘制折弯草图。在"视图"工具栏的 ⌐ 下拉列表中选择 ⌐ 选项，然后在对话框
中单击 ⌐ 按钮，之后选取图 7.4.9 所示的模型表面为草图平面，并绘制图 7.4.10 所示的折弯
草图；单击 ⌐ 按钮退出草图环境。

Step4. 定义折弯线的类型。在 ⌐ 下拉列表中选择"Axis"选项 ⌐ 。

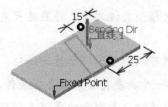

图 7.4.8　BTL Support

选取此模型表面

图 7.4.9　定义草图平面

Step5. 定义固定侧。单击 Fixed Point: 文本框，选取图 7.3.11 所示的点为固定点以确定该
点所在的一侧为折弯固定侧。

Step6. 定义折弯参数。在 Radius: 文本框中输入数值 4，在 Angle: 文本框中输入数值 90，
其他参数保持系统默认设置值。

Step7. 单击 ⌐ 确定 按钮，完成折弯的创建，如图 7.4.2b 所示。

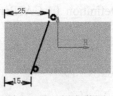

图 7.4.10　折弯草图

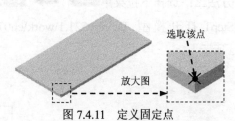

选取该点

放大图

图 7.4.11　定义固定点

7.5　钣金的折叠

7.5.1　关于钣金折叠

可以将展开钣金壁部分或全部重新折弯，使其还原至展开前的状态，这就是钣金的折叠，如图 7.5.1 所示。

　a）原钣金件　　　　　　　　　b）展开钣金件　　　　　　　c）钣金的折叠

图 7.5.1　折叠

使用折叠的注意事项：

●　如果进行展开操作（增加一个展开特征），只是为了查看钣金件在一个二维（平面）平整状态下的外观，那么在执行下一个操作之前必须将之前创建的展开特征删除。

●　不要增加不必要的展开/折叠特征，否则会增大模型文件大小，并且延长更新模型时间或可能导致更新失败。

●　如果需要在二维平整状态下建立某些特征，则可以先增加一个展开特征，在二维平面状态下在进行某些特征的创建，然后增加一个折叠特征来恢复钣金件原 来的三维状态。注意：在此情况下，无需删除展开特征，否则会使参照其创建的其他特征更新失败。

7.5.2　钣金折叠的一般操作过程

选取钣金折弯回去命令有如下两种方法：

方法一： 在 "Bending" 工具栏的 ▨ 下拉列表中选择 ▨ 选项。

方法二： 选择下拉菜单 插入 ➡ Bending ▶ ➡ ▨ Folding... 命令。

Step1. 打开模型 D:\dbv521.1\work\ch07\ch07.05\Folding_Definition_01.CATPart，如图 7.5.2a 所示。

　　　a）折弯前　　　　　　　　　　　　　　　　　　　　　b）折弯后

图 7.5.2　折弯回去

Step2. 选择命令。选择下拉菜单 插入 ➡ Bending ▶ ➡ Folding... 命令，系统弹出图 7.5.3 所示的 "Folding Definition" 对话框。

图 7.5.3 所示 "Folding Definition" 对话框中的部分说明如下：

- Reference Face : 文本框：用于选取折弯固定几何平面。
- Fold Faces : 下拉列表：用于选择折弯面。
- Angle: 文本框：用于定义折弯角度值。
- Angle type : 下拉列表：用于定义折弯角度类型，其包括 Natural 选项、Defined 选项和 Spring back 选项。
  - ☑ Natural 选项：用于设置使用展开前的折弯角度值。
  - ☑ Defined 选项：用于设置使用用户自定义的角度值。
  - ☑ Spring back 选项：用于使用用户自定义的角度值的补角值。
- Select All 按钮：用于自动选取所有折弯面。
- Unselect 按钮：用于自动取消选取所有折弯面。

图 7.5.3　"Folding Definition" 对话框

Step3. 定义固定几何平面。在 "视图" 工具栏的 下拉列表中选择 选项，然后在绘图区选取图 7.5.4 所示的平面为固定几何平面。

Step4. 定义折弯面。在对话框中单击 Select All 按钮，选取图 7.5.5 所示的折弯面。

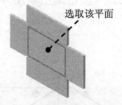

图 7.5.4　定义固定几何平面

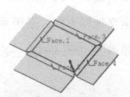

图 7.5.5　定义折弯面

Step5. 单击 确定 按钮，完成折叠的创建，如图 7.5.2b 所示。

7.6 钣金支架设计范例

本范例是讲述一个钣金支架在创建第一钣金壁特征的基础上，通过添加附加钣金壁、倒角特征以及在其壁上的切削特征来创建完成的，希望读者在这些应用上，能熟练掌握。钣金件模型及模型树如图 7.6.1 所示。

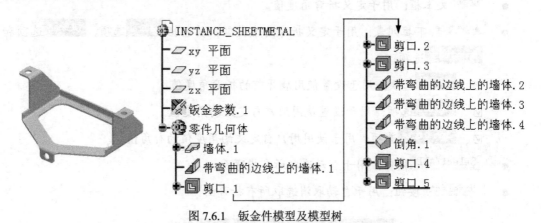

图 7.6.1 钣金件模型及模型树

Step1. 新建一个钣金件模型，命名为 INSTANCE_SHEETMETAL。

Step2. 设置钣金参数。选择下拉菜单 插入 —▶ Sheet Metal Parameters... 命令，系统弹出 "Sheet Metal Parameters" 对话框。在 Thickness: 文本框中输入值 4，在 Default Bend Radius: 文本框中输入值 4；单击 Bend Extremities 选项卡，然后在 Minimum with no relief ▾ 下拉列表中选择 Minimum with no relief 选项。单击 ● 确定 按钮完成钣金参数的设置。

Step3. 创建图 7.6.2 所示的平整钣金壁特征——墙体 1。

（1）选择命令。选择下拉菜单 插入 —▶ Walls ▶ —▶ Wall... 命令。

（2）定义截面草图平面。在对话框中单击 按钮，在特征树中选取 xy 平面为草图平面。

（3）绘制截面草图。绘制图 7.6.3 所示的截面草图，单击 按钮退出草图环境。

（4）定义加厚方向。采用系统默认加厚方向。

（5）单击 ● 确定 按钮，完成墙体 1 的创建。

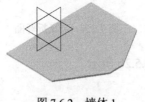

图 7.6.2 墙体 1

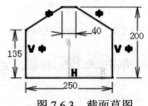

图 7.6.3 截面草图

Step4. 创建图 7.6.4 所示的平整附加钣金壁特征——带弯曲的边线上的墙体 1。

（1）选择命令。选择下拉菜单 插入 ➡ Walls ▶ ➡ 🗐 Wall On Edge... 命令。

（2）定义创建折弯类型。在对话框中 Type: 下拉列表中选择 Automatic 选项。

（3）定义附着边。在绘图区选取图 7.6.5 所示的边为附着边。

（4）设置参数。在 Height: ▼ 下拉列表中选择 Height: 选项，并在其后的文本框中输入值 100，在 Angle ▼ 下拉列表中选择 Angle 选项，并在其后的文本框中输入值 90，并选中 ☐ With Bend 复选框。

（5）设置止裂槽参数。单击 🖳 按钮，在 🗾 下拉列表中选择 "Closed" 选项 🗾。

（6）单击 ⬤ 确定 按钮，完成带弯曲的边线上的墙体 1 的创建。

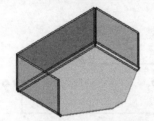

图 7.6.4 带弯曲的边线上的墙体 1

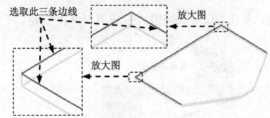

图 7.6.5 定义附着边

Step5. 创建图 7.6.6 所示的切削特征——剪口 1。

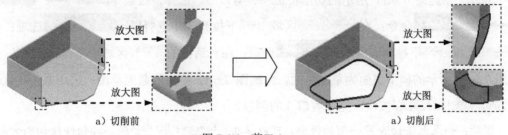

a）切削前　　　　　　　　　　　　　　a）切削后

图 7.6.6 剪口 1

（1）选择命令。选择下拉菜单 插入 ➡ Cutting ▶ ➡ 🗐 Cut Out... 命令。

（2）设置切削参数。在 Cutout Type 区域 Type: 下拉列表中选择 Sheetmetal standard 选项；在 End Limit 区域 Type: 下拉列表中选择 Up to next 选项。

（3）定义截面草图。在对话框的 Profile: 区域中单击 🖉 按钮，选取图 7.6.7 所示的模型表面为草图平面，绘制图 7.6.8 所示的截面草图；单击 🖆 按钮退出草图环境。

（4）定义轮廓方向。采用系统默认的轮廓方向。

（5）单击 ⬤ 确定 按钮，完成剪口 1 的创建。

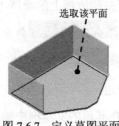

图 7.6.7 定义草图平面

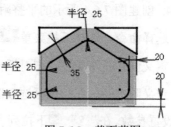

图 7.6.8 截面草图

Step6. 创建图 7.6.9 所示的切削特征——剪口 2。选择下拉菜单 插入 ➡ Cutting ▶ ➡ Cut Out... 命令；在 Cutout Type 区域 Type: 下拉列表中选择 Sheetmetal standard 选项；在 End Limit 区域 Type: 下拉列表中选择 Up to next 选项；在对话框的 Profile: 区域中单击 按钮，选取图 7.6.9 所示的模型表面为草图平面，绘制图 7.6.10 所示的截面草图；采用系统默认轮廓方向，单击 确定 按钮，完成剪口 2 的创建。

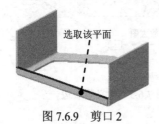

图 7.6.9 剪口 2

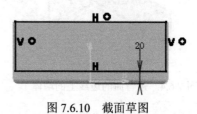

图 7.6.10 截面草图

Step7. 创建图 7.6.11 所示的切削特征——剪口 3。选择下拉菜单 插入 ➡ Cutting ▶ ➡ Cut Out... 命令；在 Cutout Type 区域 Type: 下拉列表中选择 Sheetmetal standard 选项；在 End Limit 区域 Type: 下拉列表中选择 Up to last 选项；在对话框的 Profile: 区域中单击 按钮，选取图 7.6.11 所示的模型表面为草图平面，绘制图 7.6.12 所示的截面草图；采用系统默认轮廓方向，单击 确定 按钮，完成剪口 3 的创建。

说明：如果无法切除另一侧的钣金，可以单击 Reverse Direction 按钮修改切削方向。

Step8. 创建图 7.6.13 所示的平整附加钣金壁特征——带弯曲的边线上的墙体 2。选择下拉菜单 插入 ➡ Walls ▶ ➡ Wall On Edge... 命令；在对话框中 Type: 的下拉列表中选择 Automatic 选项，选取图 7.6.14 所示的边为附着边；在 Height: ▼ 下拉列表中选择 Height: 选项，并在其后的文本框中输入值 30，在 Angle ▼ 下拉列表中选择 Angle 选项，并在其后的文本框中输入值 90，并选中 With Bend 复选框；单击 按钮，系统弹出 "Bend Definition" 对话框；在 下拉列表中选择 "Curved shape" 选项 ；单击 确定 按钮，完成带弯曲的边线上的墙体 2 的创建。

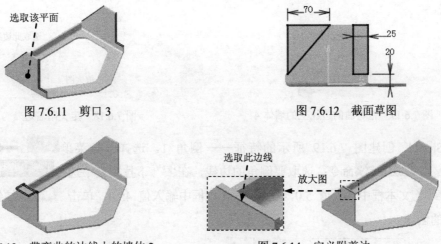

图 7.6.11　剪口 3　　　　　　　　　　图 7.6.12　截面草图

图 7.6.13　带弯曲的边线上的墙体 2　　　图 7.6.14　定义附着边

Step9. 创建图 7.6.15 所示的平整附加钣金壁特征——带弯曲的边线上的墙体 3。选择下拉菜单 插入 ➙ Walls ➙ Wall On Edge... 命令；在对话框中 Type: 的下拉列表中选择 Automatic 选项，选取图 7.6.16 所示的边为附着边；在 Height: 下拉列表中选择 Height: 选项，并在其后的文本框中输入值 30，在 Angle 下拉列表中选择 Angle 选项，并在其后的文本框中输入值 90，并选中 With Bend 复选框；单击 按钮，系统弹出 "Bend Definition" 对话框；单击 Right Extremity 选项卡，在 下拉列表中选择 "Curved shape" 选项 ；单击 确定 按钮，完成带弯曲的边线上的墙体 3 的创建。

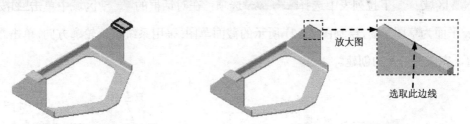

图 7.6.15　带弯曲的边线上的墙体 3　　　图 7.6.16　定义附着边

Step10. 创建图 7.6.17 所示的平整附加钣金壁特征——带弯曲的边线上的墙体 4。选择下拉菜单 插入 ➙ Walls ➙ Wall On Edge... 命令；在对话框中 Type: 的下拉列表中选择 Automatic 选项，选取图 7.6.18 所示的边为附着边；在 Height: 下拉列表中选择 Height: 选项，并在其后的文本框中输入值 30，在 Angle 下拉列表中选择 Angle 选项，并在其后的文本框中输入值 90，并选中 With Bend 复选框；单击 按钮，系统弹出 "Bend Definition" 对话框；在 下拉列表中选择 "Curved shape" 选项 ；单击 Right Extremity 选项卡，在 下拉列表中选择 "Curved shape" 选项 ；单击 确定 按钮，完成带弯曲的边线上的墙体 4 的创建。

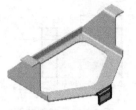

图 7.6.17　带弯曲的边线上的墙体 4

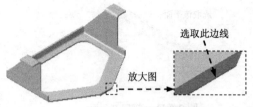

图 7.6.18　定义附着边

Step11. 创建图 7.6.19 所示的特征——倒角 1。选择下拉菜单 插入 ➡ Cutting ▶ ➡ Chamfer... 命令；选取要倒角的边线，在 Type: 下拉列表中选择 Length1/Angle 选项，在 Length 1: 文本框中输入值 5.0，在 Angle: 文本框中输入值 45.0；单击 ● 确定 按钮，完成倒角 1 的创建。

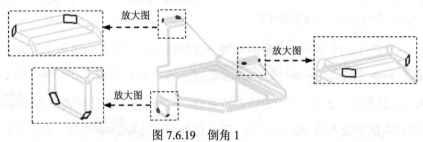

图 7.6.19　倒角 1

Step12. 创建图 7.6.20 所示的切削特征——剪口 4。选择下拉菜单 插入 ➡ Cutting ▶ ➡ Cut Out... 命令；在 Cutout Type 区域 Type: 下拉列表中选择 Sheetmetal standard 选项；在 End Limit 区域 Type: 下拉列表中选择 Up to next 选项；在对话框的 Profile: 区域中单击 🖉 按钮，选取 xy 平面为草图平面,绘制图 7.6.21 所示的截面草图;采用系统默认轮廓方向,单击 ● 确定 按钮，完成剪口 4 的创建。

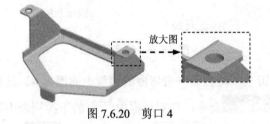

图 7.6.20　剪口 4

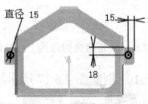

图 7.6.21　截面草图

Step13. 创建图 7.6.22 所示的切削特征——剪口 5。选择下拉菜单 插入 ➡ Cutting ▶ ➡ Cut Out... 命令；在 Cutout Type 区域 Type: 下拉列表中选择 Sheetmetal standard 选项；在 End Limit 区域 Type: 下拉列表中选择 Up to next 选项；在对话框的 Profile: 区域中单击 🖉 按钮，选取 zx 平面为草图平面,绘制图 7.6.23 所示的截面草图;采用系统默认轮廓方向,单击 ● 确定 按钮，完成剪口 5 的创建。

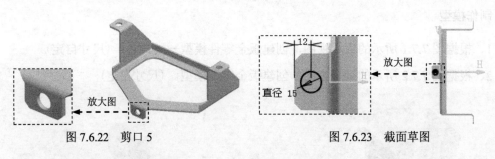

图 7.6.22　剪口 5　　　　　　　　　图 7.6.23　截面草图

Step14. 保存钣金件模型文件。

7.7 习　　题

一、选择题

1、在进行钣金设计时需要进入下列哪个工作台（　　）

A. Generative Sheetmetal Design

B. Functional Molded Part

C. 零件设计

D. Functional Tolerancing & Annotation

2、关于拉伸钣金壁，下列说法正确的是（　　）

A. 拉伸钣金壁的截面线串可以是不封闭的

B. 拉伸钣金壁的截面线串必须是封闭的

C. 拉伸钣金壁的方向不可以改变

D. 以上说法均不正确

3、下列图标哪个是创建钣金壁命令（　　）

A.　　　　　　　　　　　B.

C.　　　　　　　　　　　D.

4、下列哪个命令可以实现图 1 到图 2 的效果（　　）

A.

B.

C.

D.

图 1　　　　　　　　　　　图 2

5、下图的止裂槽属于哪种形式（　　）

A.

B.

C.

D.

放大图

二、制作模型

1、根据图 7.7.1 所示的钣金视图，创建钣金零件模型——铜芯。（尺寸自定）

2、根据图 7.7.2 所示的钣金视图，创建钣金零件模型。（尺寸自定）

图 7.7.1   铜芯   图 7.7.2   支架

读者意见反馈卡

尊敬的读者:

感谢您购买机械工业出版社出版的图书!

我们一直致力于 CAD、CAPP、PDM、CAM 和 CAE 等相关技术的跟踪,希望能将更多优秀作者的宝贵经验与技巧介绍给您。当然,我们的工作离不开您的支持。如果您在看完本书之后,有什么好的批评和建议,或是有一些感兴趣的技术话题,都可以直接与我联系。

责任编辑: 管晓伟

注: 本书下载文件夹中含有该"读者意见反馈卡"的电子文档,您可将填写后的文件采用电子邮件的方式发给本书的责任编辑或主编。

E-mail: 詹熙达 zhanygjames@163.com ; 管晓伟 guancmp@163.com。

请认真填写本卡,并通过邮寄或 *E-mail* 传给我们,我们将奉送精美礼品或购书优惠卡。

书名:《CATIA V5R21 机械设计教程 (高校本科教材)》

1. 读者个人资料:

姓名: _____ 性别: ___ 年龄: ____ 职业: _____ 职务: _____ 学历: _____

专业: _____ 单位名称: _____ 电话: _____ 手机: _____

邮寄地址 _____ 邮编: _____ E-mail: _____

2. 影响您购买本书的因素 (可以选择多项):

☐内容 ☐作者 ☐价格

☐朋友推荐 ☐出版社品牌 ☐书评广告

☐工作单位 (就读学校) 指定 ☐内容提要、前言或目录 ☐封面封底

☐购买了本书所属丛书中的其他图书 ☐其他_____

3. 您对本书的总体感觉:

☐很好 ☐一般 ☐不好

4. 您认为本书的语言文字水平:

☐很好 ☐一般 ☐不好

5. 您认为本书的版式编排:

☐很好 ☐一般 ☐不好

6. 您认为 CATIA 其他哪些方面的内容是您所迫切需要的?

_____

7. 其他哪些 CAD/CAM/CAE 方面的图书是您所需要的?

_____

8. 认为我们的图书在叙述方式、内容选择等方面还有哪些需要改进的?

_____

如若邮寄,请填好本卡后寄至:

北京市百万庄大街 22 号机械工业出版社汽车分社 管晓伟 (收)

邮编: 100037 联系电话: (010) 88379949 传真: (010) 68329090

如需本书或其他图书,可与机械工业出版社网站联系邮购:

http://www.golden-book.com 咨询电话: (010) 88379639, 88379641, 88379643。